DELIUS KLASING

PRAXISWISSEN

ROLF DREYER

UKW-FUNK-BETRIEBSZEUGNIS (SRC)

SPRECHFUNKZEUGNIS
FÜR DIE BINNENSCHIFFFAHRT (UBI)

DELIUS KLASING VERLAG

Von Rolf Dreyer sind auch die folgenden Titel im Delius Klasing Verlag erschienen:

Sportbootführerschein See
Sportküstenschifferschein + Sportbootführerschein See
Übungen und Aufgaben Navigation Sportbootführerschein See + Sportküstenschifferschein
Übungsbogen Sportküstenschifferschein
15 amtliche Frage- und Antwortbogen sowie 10 amtliche Navigationsaufgaben mit Musterlösungen für die schriftliche Prüfung
10 Karten- und Gezeitenaufgaben mit Lösungen für die mündliche Prüfung
Begleitheft für die Ausbildung und Prüfung Sportküstenschifferschein
Skippertraining – Planen, Führen und Entscheiden

Bibliografische Information der Deutschen Nationalbibliothek
Die Deutsche Nationalbibliothek verzeichnet diese Publikation in der Deutschen Nationalbibliografie; detaillierte bibliografische Daten sind im Internet über http://www.dnb.dnb.de abrufbar.

13. aktualisierte Auflage
ISBN 978-3-667-11508-9

Lektorat: Felix Wagner
Umschlaggestaltung: Gabriele Engel
Layout und Zeichnungen: Rolf Dreyer, Bielefeld
Fotonachweis: Umschlag vorn: Rolf Dreyer (oben), Elling (u. l.), ICOM (u. M.)
X-Yachts (U. r.); Umschlag hinten: Rolf Dreyer (oben), ICOM (unten);
Seiten 6, 26, 30, 33, 34, 37, 39, 40, 59: Imtech Marine;
Seite 26: ELNA; Seite 27: Dantronik; Seiten 25, 29, 158, 159:
ICOM; Seiten 28, 29: SIMRAD; Seite 43: UK Hydrographic Office;
Seite 57: Wasser- und Schifffahrtsamt Cuxhaven; Seite 100: Kiesel
Gesamtherstellung: PRINT CONSULT GmbH, München
Printed in Slovakia 2023

Delius Klasing Verlag, Siekerwall 21, D-33602 Bielefeld
Tel.: 0521/559-0, Fax: 0521/559-115
E-Mail: info@delius-klasing.de, www.delius-klasing.de

Achtung! Verlag und Autor übernehmen keine Gewähr für die Richtigkeit der in diesem Buch angegebenen Kanäle, Rufnummern (MMSI) und KüFuSt. Das Buch ersetzt keine amtlichen Veröffentlichungen.

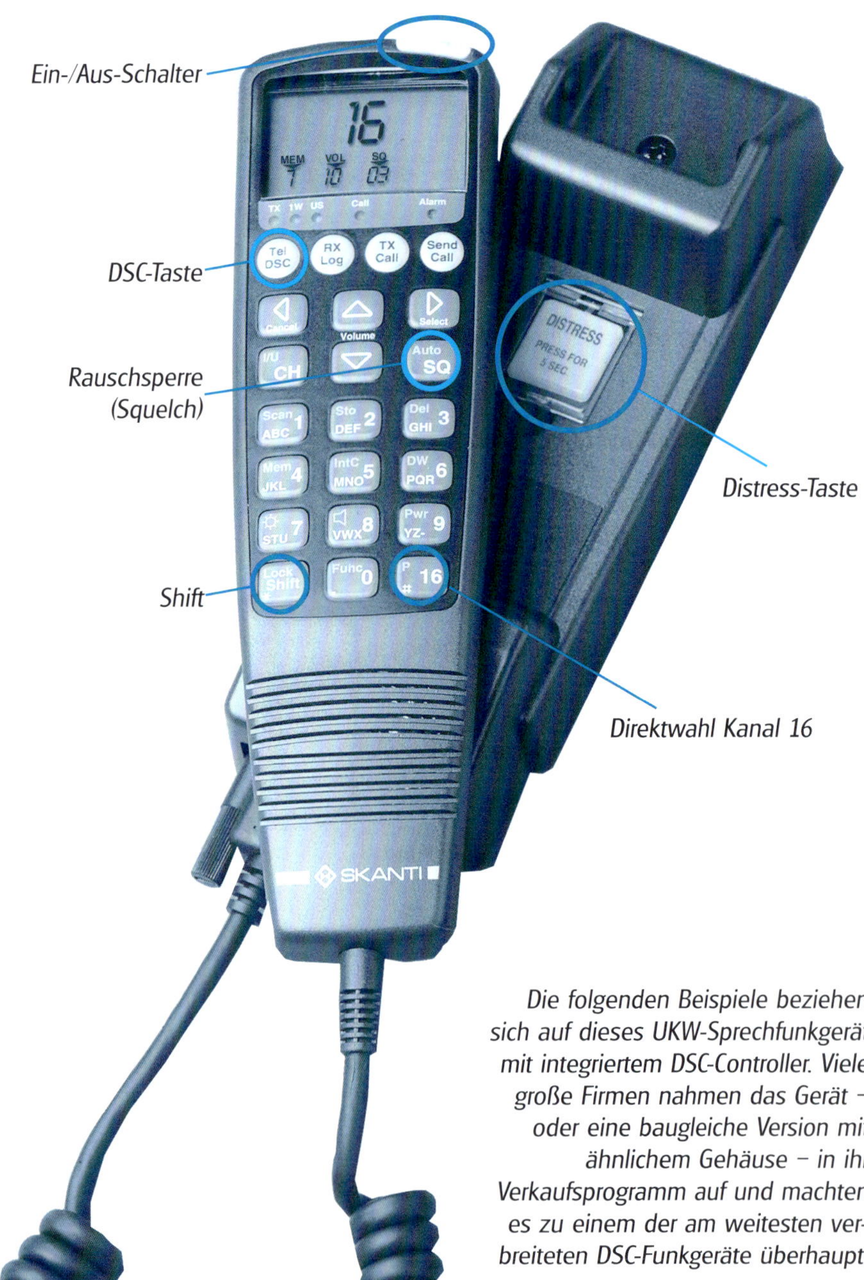

Die folgenden Beispiele beziehen sich auf dieses UKW-Sprechfunkgerät mit integriertem DSC-Controller. Viele große Firmen nahmen das Gerät – oder eine baugleiche Version mit ähnlichem Gehäuse – in ihr Verkaufsprogramm auf und machten es zu einem der am weitesten verbreiteten DSC-Funkgeräte überhaupt.

Schritt 1: Das sollte die ganze Crew wissen

UKW-Sprechfunk

In Küstennähe ist ein UKW-Sprechfunkgerät das wichtigste Kommunikationsmittel zum Land und das einzige zu anderen Schiffen. Ein Handy kann kein Funkgerät ersetzen. Nicht nur liegt dessen Reichweite weit unter der eines UKW-Sprechfunkgerätes, auch kann man damit die umliegende Schifffahrt und die landseitigen Schifffahrtseinrichtungen nicht erreichen. Per UKW ist dies sogar kostenlos möglich. Abgesehen von wenigen offenen Booten verfügen daher nahezu alle Boote und Yachten über ein UKW-Sprechfunkgerät. Es befindet sich zumeist unter Deck am Kartentisch.

Ein-/Ausschalten des Gerätes

Für das UKW-Sprechfunkgerät gibt es in der Regel einen eigenen Stromkreis. Vor dem Einschalten muss daher zunächst an der Schalttafel der Schalter UKW (oder VHF – Very High Frequency) umgelegt werden. Dann kann das Funkgerät eingeschaltet werden. Wenn es – wie üblich – an den GPS-Navigator angeschlossen ist, muss auch er eingeschaltet sein, damit im Notfall automatisch die aktuelle Position und die Zeit übertragen werden.

Distress-Taste

Wenn die Distress-Taste, die mit einer Abdeckkappe geschützt ist, fünf Sekunden lang gedrückt wird, dann wird ein **DSC-Notalarm** gesendet. Er enthält u. a. die **MMSI**, die 9-stellige Rufnummer des Schiffs und die aktuelle Position mit der dazugehörigen Zeit. Position und Zeit liefert ein GPS-Navigator.

DSC-Notalarm (Distress Alert)

D 211512680 CH 16 S
5358N 00755E 1842
UNDESIGNATED

D = Distress (Seenot)
211512680 = MMSI des Havaristen
CH 16 S = Notverkehr auf Kanal 16 Simplex
5358N 00755E = Position 53°58'N 007°55'E
1842 = Zur Position gehörende Zeit 1842 UTC
UNDESIGNATED = keine Angabe der Notfallart

Dieser Notalarm wird von Funkstellen empfangen, die mit einem DSC-Controller für UKW ausgerüstet sind, und automatisch gespeichert. Das sind zum einen Schiffe in der Umgebung, zum anderen – in A1-Gebieten (s. Karte auf Seite 206) – das nächste **MRCC** (Maritime Rescue Co-ordination Centre, Seenotleitstelle). In Deutschland ist das MRCC die zentrale Leitstelle (Bremen) der Deutschen Gesellschaft zur Rettung Schiffbrüchiger, DGzRS. Das MRCC bestätigt umgehend den Empfang des Notalarms, sodass der Havarist (und die umliegende Schifffahrt) darüber informiert werden, dass sofort die Rettungsmaßnahmen eingeleitet werden.

Hinweise

➡ Es gibt keine Möglichkeit, die Funktion der Distress-Taste zu testen.

➡ Nur der Schiffsführer darf eine gefährliche Lage zum Notfall erklären. Notalarme dürfen nur auf Anweisung des Schiffsführers gesendet werden.

Skipper über Bord! (GMDSS)

Für alle Segler ist die Vorstellung, dass eine Person über Bord geht und nicht umgehend wieder geborgen werden kann, ein Albtraum. Das folgende Beispiel behandelt den Fall zweier Segler, bei dem – in einem A1-Gebiet – um 1842 UTC der Skipper über Bord geht und vom anderen nicht gerettet werden kann.

Schiffsname: Arcturus
Rufzeichen: DA1221
MMSI: 211512680

Punkt 1:
Hörer abnehmen, Distress-Taste fünf Sekunden lang gedrückt halten.

Punkt 2:
Hörer wieder einhängen, Display beobachten. Nach spätestens 15 Sekunden wird der Empfang des DSC-Notalarms vom MRCC oder einer anderen Küstenfunkstelle bestätigt. Im Display erscheint von lauten Signaltönen begleitet die folgende Anzeige:

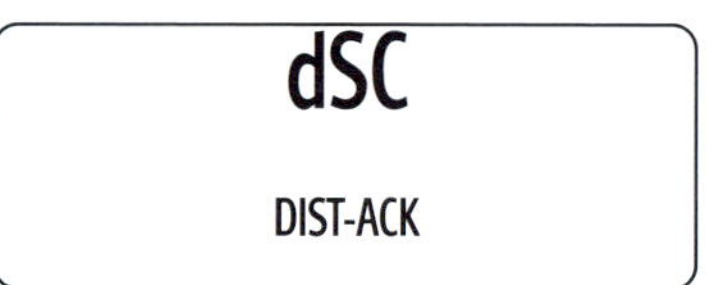

Dabei bedeutet „DIST-ACK“ Distress Acknowledgement = Notfall-Bestätigung. Danach – oder falls keine Notfall-Bestätigung eingeht etwa 15 Sekunden später – sollen nähere Angaben zum Notfall gemacht werden. Dies erfolgt im Sprechfunk auf Kanal 16:

Punkt 3: Hörer abnehmen; das Alarmsignal verstummt. Die Sendetaste auf der Hörer-Innenseite drücken und bei gedrückter Sendetaste langsam und deutlich sprechen:

Mayday
This is
Arcturus Arcturus Arcturus
call sign DA1221 211512680
Skipper overboard. I am alone and
I cannot rescue the Skipper.
Over

Mayday
Hier ist
Arcturus Arcturus Arcturus/DA1221 211512680
Skipper über Bord! Ich bin allein und kann
den Skipper nicht retten.
Over

Hinweise

➡ Schifffahrtssprache ist Englisch; außerhalb Deutschlands muss die Landessprache oder englisch gesprochen werden.

➡ Es ist möglich, die Notfallart „Mann über Bord" zusammen mit dem DSC-Notalarm zu senden. Dies verlangt aber eine eingehende Kenntnis der Bedienung des Gerätes, kostet wertvolle Zeit und erspart nicht Punkt 3.

Damit ist eine Sprechfunkverbindung zum MRCC hergestellt. Zum Sprechen muss die Sendetaste gedrückt und zum Hören losgelassen werden (**Wechselsprechen**).

Das MRCC hat inzwischen über die MMSI auf die Schiffsdaten zugegriffen (Typ, Größe, Name, Rufzeichen, zulässige Personenzahl). Mit der in Punkt 3 abgegebenen Meldung (**Eröffnung des Notverkehrs**) erfährt es erste Umstände des Notfalls. Das MRCC wird nun z. B. fragen, wann der Skipper über Bord gegangen ist, wie weit sich das Boot von der Unfallstelle entfernt hat, ob der Skipper eine Rettungsweste trägt und ob er noch zu sehen ist. Es wird das schnellstmögliche Verkehrsmittel (Hubschrauber, Rettungskreuzer) einsetzen und im Rahmen seiner Möglichkeiten Ratschläge für das Verhalten an Bord geben. Dabei wird es vor jedem Anruf einmal „Mayday" sagen. Ggf. wird es auch die Schiffe in der Nähe des Havaristen zur Hilfeleistung auffordern (Mayday Relay, s. Seite 48).

Auch Schiffe haben möglicherweise den DSC-Notalarm, die DSC-Bestätigung und den anschließenden Notverkehr empfangen. Fahrzeuge in der Nähe kommen sofort zu Hilfe; sie teilen dies auf Kanal 16 mit (s. Seite 44).

GMDSS

Die Möglichkeit, über eine Distress-Taste vollautomatisch einen Notalarm auszulösen, wurde 1992 mit Einführung des GMDSS geschaffen und von der Schifffahrt als revolutionäre Verbesserung der Notalarm-Übermittlung angesehen. Bis dahin hatte es katastrophale Schwierigkeiten bei der Abgabe und Aufnahme von Notmeldungen gegeben (z. B. Achille Lauro, Estonia).

Durch das **GMDSS** (Global Maritime Distress and Safety System = weltweites Seenot- und Sicherheitsfunksystem für die Schifffahrt) können in einem Notfall Rettungsleitstellen (MRCC) und die umliegende Schifffahrt schnell, sicher und umfassend alarmiert und eine koordinierte **Suche und Rettung (SAR, Search and Rescue)** unverzüglich eingeleitet werden. Im nebenstehenden Beispiel wurde das digitale Alarmierungs- und Anrufverfahren **DSC** (Digital Selective Calling = digitaler Selektivruf) verwendet. Weitere Informationen zum GMDSS in Schritt 2, Seite 17 ff.

Skipper über Bord! (NON-GMDSS)

Mit einem Funkgerät ohne Distress-Taste müssen alle Angaben zum Notfall gesprochen werden. Das ist im Ernstfall gar nicht so einfach. Die meisten Menschen können kaum noch richtig reden, sobald sie oder andere sich in Lebensgefahr befinden. In manchen Notfällen (Feuer, Sinken) ist das Funkgerät zudem nur noch kurzzeitig sendebereit, sodass es auf jede Sekunde ankommt.

Liegt der Havarist weit entfernt, so wird er nur schwer zu verstehen sein. Stets sollte eine Notmeldung langsam und deutlich, zum Mitschreiben geeignet und möglichst in englischer Sprache gesendet werden – im Stress ein nahezu unmögliches Anliegen.

Im obigen Beispiel (Skipper über Bord) muss die an Bord verbliebene Person zunächst die Position des Schiffes bestimmen (GPS), Kanal 16 einstellen, den Hörer aus der Halterung nehmen, die Sendetaste drücken und dann langsam sprechen:

Mayday Mayday Mayday
This is
Arcturus Arcturus Arcturus call sign DA1221[1]
Mayday Arcturus call sign DA1221[1]
Position 53°58'N 007°55'E at 1842 UTC
Skipper overboard. I am alone and
I cannot rescue the Skipper.
Over

Mayday Mayday Mayday
Hier ist
Arcturus Arcturus Arcturus/DA1221[1]
Mayday Arcturus/DA1221[1]
Position 53°58'N 007°55'E um 1842 UTC
Skipper über Bord! Ich bin allein und kann
den Skipper nicht retten.
Over

Form und Aufbau dieser Meldung entsprechen den Vorschriften des GMDSS.

[1] Bei Funkgeräten mit DSC-Controller muss auch die MMSI (einmal) gesprochen werden.

Sprechfunk-Grundlagen

Ultrakurzwellen breiten sich geradlinig (quasioptisch) aus und folgen nicht der Erdkrümmung. Berge können die Ausbreitung behindern. Ein Empfang ist also nur aus relativ geringer Entfernung möglich. Um die Reichweite zu erhöhen, werden die etwa 1 m langen Antennen vertikal auf hohe Masten montiert – wo auch keine metallischen Gegenstände die Abstrahlung beeinträchtigen können. Segelyachten können so etwa 30 Seemeilen weit funken, und zwar unabhängig von atmosphärischen Störungen („Sonnenwind") und bei jeder Wetterlage.

UKW nennt man den Frequenzbereich zwischen 30 und 300 MHz. Für UKW-Sprechfunk wird aber nur der Frequenzbereich 156 bis 162 MHz genutzt. Um sich nicht Frequenzen einprägen zu müssen, wurden 55 **Kanäle** geschaffen, denen jeweils feste Frequenzen zugeordnet sind. Anstelle die Frequenz eines Senders einzustellen, braucht man nur einen **Kanal** zu wählen. Jedoch darf nicht jeder beliebige Kanal benutzt werden. Zur reibungslosen Abwicklung dürfen bestimmte Gespräche nur auf bestimmten Kanälen geführt werden (s. Seite 205).

Die drei Funkerregeln

1. Erst hören, dann senden. Nur senden, wenn der Kanal frei ist, keinen laufenden Verkehr stören.
2. Immer den eigenen Stationsnamen (Schiffsname und/oder Rufzeichen) nennen
3. Keine unnötigen oder unwichtigen Aussendungen; keine beleidigenden Ausdrücke; keine Musik

Wichtige Kanäle im Seefunk

Kanal 16 wird weltweit als **Notkanal** verwendet. Wenn ein Schiff eine Notmeldung auf UKW aussenden will, dann auf Kanal 16. Vor vielen Küsten („A1-Gebiete") hören Rettungsleitstellen oder Küstenwachen ständig Kanal 16 ab. Bei Seenot wird auch der Funkverkehr zur Suche und Rettung auf Kanal 16 abgewickelt. Wenn kein Notverkehr (= Rang 1) herrscht, dürfen auf Kanal 16 Dringlichkeitsmeldungen (= Rang 2) oder Sicherheitsmeldungen (= Rang 3) ausgesendet werden (s. Seite 13). Anrufe, um Routine-Funkverbindungen (= Rang 4) aufzubauen (s. Seite 14), sind auf Kanal 16 zu vermeiden. Sie sollten möglichst auf einem anderen Kanal, einem „Arbeitskanal", erfolgen. Daher heißt Kanal 16 auch **Not-, Dringlichkeits-, Sicherheits- und Anrufkanal**. Für Routine-Verkehr ist Kanal 16 gesperrt.

Kanal 06 für die Seeschifffahrt. In großen Seenotfällen wird Kanal 06 zusätzlich zu Kanal 16 für Notverkehr genutzt – für Funkverkehr mit Luftfahrzeugen und für die Koordination der Suche und Rettung.

Kanal 08 für die Seeschifffahrt

Kanal 72 für die Seeschifffahrt

Kanal 77 für die Seeschifffahrt .

Kanal 13 für die Sicherheit der Seeschifffahrt

Kanal 75 für die Navigation (Schiffsführung)

Kanal 76 für die Navigation (Schiffsführung)

Kanal 72 für Sportboote (nur in Deutschland)

Kanal 69 für Sportboote (nur in Deutschland)

Kanal 70 nur für DSC-Signale (s. Seiten 7, 15). Jedes Schiff auf See muss ständig auf Kanal 70 empfangsbereit sein.

IMO-Entschließung A.954(23)

Im Jahr 2005 wurde die Entschließung A.954(23) der International Maritime Organization, der UN-Organisation für Seeschifffahrt, in Deutschland umgesetzt. Sie bezweckt die – nach Einführung des AIS (s. Seite 58) – richtige Benutzung der Kanäle und verlangt, dass Kanal 16 nicht mehr als Anrufkanal verwendet wird, wie es früher zumeist praktiziert wurde. Im offenen Sprachanruf ist seitdem – wo immer möglich – der Arbeitskanal zu verwenden; das ist der Kanal, auf dem anschließend auch gesprochen wird – für die Seeschifffahrt Kanal 06, für die Sportschifffahrt in Deutschland Kanal 72 oder Kanal 69. Zu weiteren Kanälen für den Schiff-Schiff-Verkehr und zu den Kanälen im Revier- und Hafenfunk (mit Küstenfunkstellen) s. Seiten 204, 205. Auch für Routine-Anrufe wurden Empfehlungen gegeben – s. dazu Seite 14.

Das oben beschriebene Verfahren des Wechselsprechens auf einer Frequenz wird als **Simplex-Verkehr** bezeichnet. Um dem Gesprächspartner anzuzeigen, dass eine Antwort erwünscht wird, sagt man **Over** (Bitte kommen). Schiff–Schiff-Verkehr wird immer im Simplex-Betrieb abgewickelt.

Zum Gegensprechen (**Duplex-Verkehr**) werden zwei Frequenzen benötigt, sodass wie beim Telefonieren gleichzeitig gehört und gesprochen werden kann. Dies ist nur auf Duplex-Kanälen (s. Seite 205) möglich – mit teuren Duplex-Funkgeräten (s. Seite 26). Wird auf einem Duplex-Kanal – mit einem Simplex-Funkgerät – gesprochen, so nennt man dies **Semi-Duplex-Verkehr**.

Fragen 72 – 76, 103, 106 – 108, 111, 132, 138, 139, 153 (SRC), 85 – 87 (UBI)

Mit der **Rauschsperre** (Englisch: squelch, abgekürzt **SQL** oder **SQ**) kann die Verständigung verbessert werden. Die Rauschsperre unterdrückt das Rauschen, indem sie die Empfindlichkeit des Empfängers verringert. Der Schwellenwert der Rauschsperre (Empfindlichkeit) kann durch Drücken der Tasten SQ und ▲ bzw. ▼ verändert werden. Bei eingeschalteter Rauschsperre ist kein Rauschen hörbar; Sender in großer Entfernung, die nur schwach strahlen, werden unterdrückt. Ist die Rauschsperre ausgeschaltet oder wird der Schwellenwert heruntergefahren, so rauscht es, aber schwache Sender können nun empfangen werden.

Ist auch bei ausgeschalteter Rauschsperre kein Rauschen vernehmbar, so strahlt ein Sender. Der Kanal ist dann nicht frei, es darf nicht gesendet werden (Funkerregel 1).

Außer in einem Notfall muss vor jedem Anruf zunächst in den Kanal gehört und die Rauschsperre ausgeschaltet werden. Wenn bereits Funkverkehr läuft, sind eigene Anrufe (Routineverkehr) zurückzustellen.

UKW-Sprechfunkgeräte besitzen eine **Sendeleistung von 25 Watt**. Damit beträgt die Sprechfunkreichweite etwa 30 sm – bei 15 m Antennenhöhe. Um nicht für ein Routinegespräch mit einem Schiff oder einer Küstenfunkstelle in der Nähe den Funkverkehr weiträumig zu blockieren, soll die Sendeleistung auf **1 Watt** reduziert werden (ausreichend für etwa 5 Seemeilen). Not-, Dringlichkeits- und Sicherheitsmeldungen (s. Schritt 3) dagegen werden immer mit voller Sendeleistung ausgestrahlt.

Ein Seefunkgerät nimmt im Empfangsbetrieb etwa 0,5 Ampere Strom auf und im Sendebetrieb etwa 6 Ampere. Mit 60 Ah Batteriekapazität könnte das Funkgerät theoretisch 120 Stunden lang Funkverkehr empfangen.

Ein funktionsbereites Funkgerät bezeichnet man als **Funkstelle** (**FuSt**). Befindet es sich an Bord eines (nicht dauernd verankerten) Seeschiffes, so heißt es **Seefunkstelle** (**SeeFuSt**); Funkstellen auf Binnenschiffen werden als **Schiffsfunkstellen** bezeichnet. Neben den SeeFuSt gibt es im Seefunk die **Küstenfunkstellen** (**KüFuSt**). Diese werden unterschieden in KüFuSt für den **öffentlichen Verkehr** (Einrichtungen einer Telefongesellschaft) und KüFuSt für den **nicht-öffentlichen Verkehr** (z.B. Verkehrszentralen, Häfen, Schleusen, Brücken, Lotsen). Funkverkehr zwischen SeeFuSt sowie zwischen SeeFuSt und KüFuSt heißt **mobiler Seefunkdienst**.

Rangfolge im Funkverkehr

Folgende Rangfolge gilt im Funkverkehr:

1. Notverkehr (Mayday)
2. Dringlichkeitsverkehr (Pan Pan)
3. Sicherheitsverkehr (Sécurité)
4. Sonstiger Verkehr (Routineverkehr)

Das Kunstwort **Mayday** ist das Sprechfunk-Notzeichen. Es leitet sich aus dem französischen „veuillez m'aider" (= Helft mir!) ab, soll französisch ausgesprochen werden (mädeh) und zeigt an, dass ein Schiff oder eine Person von einer ernsten und unmittelbaren Gefahr bedroht ist und sofortige Hilfe benötigt. Während des Notverkehrs wird das Wort „Mayday" vor jedem Anruf gesprochen.

Alle Funkstellen, die das Notzeichen oder einen Notalarm empfangen, müssen sofort jeden anderen Funkverkehr abbrechen und prüfen, ob sie helfen können. Der Notverkehr hat unbedingten Vorrang vor jedem anderen Funkverkehr. Die Abwicklung des Notverkehrs ist international einheitlich geregelt. Mehr dazu s. Schritt 3, Seiten 42 ff.

Das Dringlichkeitszeichen besteht aus der Gruppe der Wörter **Pan Pan** (nach dem französischen la panne, gesprochen pann pann). Es zeigt an, dass die rufende FuSt eine sehr dringende Meldung auszusenden hat, welche die Sicherheit einer Person oder eines Fahrzeugs betrifft. Das Dringlichkeitszeichen ist z. B. dann zu verwenden, wenn eine gefährliche Lage eingetreten ist, die möglicherweise zu einem Notfall führt, oder wenn medizinische Hilfe dringend benötigt wird. Es muss vor dem Aussenden einer Dringlichkeitsmeldung dreimal gesprochen werden. Mehr dazu s. Schritt 3, Seite 51.

Das Sicherheitszeichen **Sécurité** (gesprochen ßehküriteh) zeigt an, dass die rufende FuSt eine wichtige nautische Warnnachricht oder eine wichtige Wetterwarnung auszusenden hat. Sicherheitsmeldungen werden zumeist von KüFuSt, selten von Schiffen gesendet. Mehr dazu s. Schritt 3, Seite 52.

Hinweis

➡ Alle Sprechfunkzeichen werden französisch ausgesprochen. Weitere Sprechfunkzeichen des Notverkehrs werden auf den Seiten 47 ff. und 79 vorgestellt.

Rufzeichen, MMSI

Funkgeräte müssen bei der Bundesnetzagentur, Außenstelle Hamburg, angemeldet werden. Das schreibt das Telekommunikationsgesetz (TKG) vor. Die Betriebsgenehmigung wird in Form einer **Ship Station Licence** (Zuteilungsurkunde, früher Frequenzzuteilungsurkunde) erteilt, in der neben dem Namen des Schiffes dessen Rufzeichen und MMSI angegeben sind, und muss – im Original – an Bord mitgeführt werden. Schiffe, die in ein Seeschiffsregister eines Amtsgerichts eingetragen sind, erhalten ihr **Unterscheidungssignal** (das sie beim Eintrag in das Seeschiffsregister erhalten) als **Rufzeichen**. Für deutsche Schiffe besteht das Unterscheidungssignal aus vier Buchstaben aus der Gruppe DAAA bis DRZZ. (Die DDR verwendete Rufzeichen aus der Reihe Y2AA bis Y9ZZ.) Deutsche Fahrzeuge ab 15 Meter Länge müssen, kleinere können registriert werden. Nichtregistrierte Seeschiffe erhalten ein **Rufzeichen** von der Bundesnetzagentur aus der Reihe zwischen DA2000 und DR9999. Rufzeichen werden immer mithilfe der internationalen Buchstabiertafel (s. Seite 202) buchstabiert.
Schiffe mit DSC-Controller oder Epirb erhalten eine 9-stellige Rufnummer (**MMSI** = Maritime Mobile Service Identity); sie wird in Funkgeräte und Seenotfunkbojen fest einprogrammiert. Die ersten drei Stellen sind die **Seefunkkennzahl MID** (Maritime Identification Digits); Deutschland hatte zwei MIDs erhalten – 211 und 218 (DDR); Dänemark hat die MID 219, Holland 244. – Auch KüFuSt haben MMSI; hier werden der Seefunkkennzahl zwei Nullen vorangestellt (z. B. 002111240). MMSI, die mit einer Null beginnen (z. B. 021125230) sind Gruppenrufnummern; so kann mit einer Nummer eine Gruppe von Fahrzeugen gleichzeitig angerufen werden (z. B. alle Schiffe der Wasserschutzpolizei oder einer Reederei).

Offener Sprachanruf

Gemäß den Richtlinien der Internationalen Fernmeldemeldeunion (ITU) soll bei Anrufen der Kategorie Routine höchstens drei Mal der Name der gerufenen Funkstelle und ggf. ein Mal deren Rufzeichen gesprochen werden. Dann folgen die Worte *Hier ist (This is)* und höchstens drei Mal der Name des rufenden Schiffes sowie ein Mal das eigene Rufzeichen und zuletzt das Wort *Over* (Bitte kommen):

Polaris Polaris Polaris/DF6357 (max. 3 x)
Hier ist
Infinity Infinity Infinity/DH9362 (max. 3 x)
Over

Bei guten Verhältnissen wird 1:2 empfohlen:

Polaris/DF6357 (1 x)
Hier ist
Infinity Infinity/DH9362 (2 x)
Over

Die International Maritime Organization (IMO) hingegen empfiehlt für den Normalfall 1:2 und bei erschwerten Bedingungen 2:2 – was der ITU ja auch nicht widerspricht.

Soll ein anderes Schiff angerufen werden, was diesen Anruf nicht erwartet, so wird man stets 3:3 wählen. Erwartet das Schiff hingegen den Anruf, so reicht 1:2 (oder sogar 1:1) aus. 1:2 reicht auch aus, wenn eine KüFuSt, z. B. ein Hafen, auf deren Arbeitskanal angerufen wird, weil auf diesem Arbeitskanal nur die KüFuSt betreffende Anrufe ankommen. Wird die KüFuSt jedoch auf Kanal 16 angerufen, weil deren Arbeitskanal unbekannt ist, so wählt man 2:2 oder 3:3.

Anrufe an alle Funkstellen und Anrufe von besonderer Wichtigkeit erfolgen – bis auf wenige Ausnahmen – immer 3:3.

Anrufverfahren

Es gibt zwei Möglichkeiten, um eine Funkverbindung aufzubauen, den **offenen Sprachanruf** und **den digitalen Selektivruf (DSC)**. Ist die Rufnummer (MMSI) des gerufenen Schiffes bekannt, kann es direkt – wie beim Telefonieren – angerufen werden.

Andernfalls muss ein offener Sprachanruf gemacht werden. Dazu wählt die rufende Funkstelle einen Arbeitskanal aus, prüft, ob dieser Kanal frei ist, und spricht dann höchstens drei Mal den Namen der gerufenen Funkstelle. Dann folgen die Worte *Hier ist* (*this is*) und höchstens drei Mal der eigene Name. Bei guten Bedingungen soll der Name der gerufenen Funkstelle ein Mal und der eigene Name zwei Mal gesprochen werden. Bei Schiffen wird – sofern bekannt – das Rufzeichen angegeben, aber immer nur ein Mal.

Hinweis

➡ Wurde eine unbekannte Funkstelle per DSC angerufen, so lautet der Sprachanruf: *Name – Hier ist – Name Rufzeichen MMSI.* Ist der Anrufer der per DSC gerufenen Funkstelle bekannt: *Name – Hier ist – Name.*

Schiff–Schiff-Verkehr (Routine)

Der sonstige Verkehr (s. Seite 12) wird auch als Routineverkehr bezeichnet. Hier ein Beispiel aus der Sportschifffahrt:

1. Kanal 72 einstellen und prüfen, ob der Kanal frei ist, insbesondere ob kein Seenotverkehr abgewickelt wird.

2. Reduzierte Leistung, Rauschsperre kurz ausschalten.
3. Wenn Kanal 72 frei ist, Sendetaste drücken und sprechen:

Pinta/DD7639
Hier ist
Tina Tina/DE9247
Over

Pinta antwortet:
Tina
Hier ist
Pinta
Ich höre.
Over

Tina antwortet:
Moin Manfred, wo steht ihr gerade?
Over

Hi, wie gehts dir. Wir ...

Digitaler Selektivruf – DSC

Ein DSC-Controller macht das offene Sprachanrufverfahren überflüssig. Per DSC werden MMSI, Arbeitskanal und Priorität übermittelt. Wie beim Telefon wird dann ein optisches und ein akustisches Signal ausgelöst und es muss nur der Hörer abgenommen werden. Das Funkgerät wird automatisch eingestellt. Neben Einzelanrufen (Selektivrufen) sind Rufe an alle FuSt und Gruppenrufe möglich (Beispiele auf Seite 64 ff.). Bei Manöverabsprachen und Vereinbarungen, die auch andere Schiffe betreffen könnten, soll nicht per DSC, sondern offen angerufen werden.

Während des Gesprächs entfallen Anrufe und „Over". Nachteilig beim Sprachanruf ist, dass Kanal 72 ständig abgehört werden muss. Wenn hier keine Funkverbindung zustande kommt, könnte Tina versuchen, Pinta mit einem Anruf auf Kanal 16 zu erreichen.

Pinta/DD7639
Hier ist
Tina Tina/DE9247
Kanal 72
Over

Tina antwortet wie links beschrieben, sagt jedoch anstelle von *Ich höre* nunmehr *OK Kanal 72*. Danach schalten beide auf Kanal 72 um und führen den Funkverkehr wie nebenstehend beschrieben.

Mit einem DSC-Controller kann der Sprachanruf durch einen **digitalen Selektivruf (DSC)** ersetzt werden. Dazu werden MMSI, Arbeitskanal (72) und Rangfolge (Routine) als DSC gesendet. Auf dem gerufenen Schiff klingelt dann das Funkgerät und wie beim Telefon muss nur der Hörer abgenommen werden. Dann ertönt auch bei der rufenden FuSt ein Signalton – als Zeichen, dass nun das Gespräch beginnen kann. Die Einstellung der Funkgeräte erfolgt automatisch. Ein Beispiel findet der Leser auf Seite 64.

Bei unbekannter MMSI muss das gerufene Schiff im offenen Sprachanruf gerufen und genau beschrieben werden. Das folgende Beispiel behandelt den **Funkverkehr zwischen den Brücken** eines Tankers und eines unbekannten Frachters, die beide in einem Verkehrstrennungsgebiet fahren (Kanal 06):

All Stations All Stations All Stations
This is
Comco Comco Comco call sign DDTW
Vessel in position 50°32'N 0°05'E
course 255°, speed 14 knots
I am the tanker on your starboard side.
In 12 minutes I must alter my course
to 180°.
Over

An alle Funkstellen (3 x)
Hier ist
Comco Comco Comco/DDTW
Schiff auf Position 50°32'N 0°05'E
Kurs 255°, Fahrt 14 Knoten
Ich bin der Tanker an Ihrer Steuerbordseite.
In 12 Minuten muss ich meinen Kurs
auf 180° ändern.
Over

Comco
This is
Emeralde Emeralde call sign ELKJ4
Understood. 180° OK.
I pass your stern.

Comco
Hier ist
Emeralde Emeralde/ELKJ4
Verstanden. 180° OK.
Ich passiere hinter Ihrem Heck.

Hinweise

➡ Comco kann den Kurs und die Fahrt des gerufenen Schiffes an seinem Radargerät ablesen.

➡ Mithilfe des Automatischen Identifikationssystems AIS (s. Seite 58) kann Comco die Daten des Schiffes Emeralde auf einem Bildschirm ablesen. Das unbekannte Schiff kann direkt angerufen werden.

Mit dem Funkgerät telefonieren

Wer früher von Bord aus telefonieren wollte, musste eine KüFuSt für den **öffentlichen Funkverkehr** anrufen und sich dort manuell ein Gespräch vermitteln lassen. Heute werden Handys oder Satellitentelefone eingesetzt. Eine Telefongesellschaft bietet diesen Dienst noch in Deutschland an. Doch die Gebühren sind hoch: 52,- Euro/Saison Grundgebühr, 0,60 Euro/Minute (deutsches Festnetz), 0,75 Euro/Minute (deutsches Mobilfunknetz). Auch ankommende Anrufe werden dem Schiff in Rechnung gestellt. Um angerufen werden zu können, muss man entweder ständig empfangsbereit sein oder die **Sammelanrufe** abhören. Darin verliest die KüFuSt die Namen derjenigen Schiffe, für die angerufen worden ist (Extra-Gebühr: 12,- Euro für die einmalige Erwähnung im Sammelanruf). Um am „öffentlichen Funkverkehr" teilnehmen zu können, ist ein Vertrag mit einer Telefongesellschaft („Abrechnungsgesellschaft") und eine Anmeldung bei der BNetzA erforderlich. Kunden einer Abrechnungsgesellschaft erhalten deren **Abrechnungskennung** (englisch AAIC, Accounting Authority Identification Code). Damit wird angezeigt, über welche Telefongesellschaft das Gespräch abgerechnet wird, z. B. DP07 (gesprochen: Delta Papa null sieben).

Hinweis

➡ So wird mit dem Funkgerät telefoniert: Den Arbeitskanal dem DP07-Merkblatt entnehmen und einstellen. Rauschsperre kurz ausschalten. Wenn frei, Sendetaste einmal drücken. Nachdem das Freizeichen ertönt, Sendetaste drücken und die Küstenfunkstelle anrufen: *Ortsname Radio Hier ist Schiffsname/Rufzeichen Over.*

Schritt 2: GMDSS

Das alte Funksystem

Im alten Funksystem, das auch schon auf dem SOLAS-Abkommen von 1974 (s. Seite 53) beruhte, mussten sich die Schiffe bei einem Notfall gegenseitig helfen und die Rettung auch eigenständig organisieren. Hilfe von Land konnte nur in Küstennähe geleistet werden. Auf hoher See, fernab von den Küsten waren die Schiffe allein auf sich angewiesen. Um sich untereinander helfen zu können, mussten alle Schiffe auf See ununterbrochen die international festgelegten Notfrequenzen (z. B. Kanal 16) abhören. Dies gehörte zu den Pflichten des Funkers.

Seine Aufgabe war es auch, andere Schiffe zu alarmieren, falls das eigene Schiff in Not geriet. Mit der damals verfügbaren Technik war dies häufig mit erheblichen Schwierigkeiten verbunden, weshalb oftmals der Funker und nicht der Kapitän als Letzter das sinkende Schiff verließ – denn er war bis zuletzt bemüht, irgendein anderes Schiff zu erreichen. Ein Schiff in Not konnte zwar per

- Sprechfunk auf den Frequenzbereichen Grenzwelle GW, Kurzwelle KW und Ultrakurzwelle UKW,
- Funkfernschreiben auf den Frequenzbereichen Grenzwelle GW und Kurzwelle KW,
- Morse-Telegrafiefunk auf den Frequenzbereichen Mittelwelle MW und Kurzwelle KW

um Hilfe rufen. Im Idealfall war damit auch ein weltweiter Funkverkehr möglich – de facto konnte jedoch häufig nicht einmal jenseits der GW-Reichweite (ca. 300 sm) eine Sprechfunkverbindung aufgebaut werden. Und selbst wenn ein Kontakt hergestellt war, konnten die erforderlichen Informationen oftmals nur unvollständig und verstümmelt übermittelt oder aufgenommen werden. Denn verständlicherweise ist die Aufregung beim Untergang eines Schiffes so groß, dass nicht selten Entscheidendes vergessen oder nicht verstanden wird.

Wenn ein Funker die Notmeldung eines Schiffes empfangen hatte, musste er sofort, ohne Zeit zu verlieren und ohne zuvor seinen Kapitän zu konsultieren, dem Havaristen antworten („Empfangsbestätigung"). Erst danach unterrichtete er den Kapitän, der seinerseits umgehend dafür zu sorgen hatte, dass das Schiff Kurs auf den Havaristen aufnahm und ihm mit größtmöglicher Geschwindigkeit zu Hilfe eilte. Erschien die Suche und Rettung zu schwierig für ein Schiff allein, so musste die empfangene Notmeldung an andere Schiffe weitergeleitet werden. Rettungseinrichtungen an Land konnten dabei kaum helfen.

Ohne leistungsfähige Kommunikationseinrichtungen waren die Schiffe zumeist allein auf sich angewiesen und konnten auch nicht mit wichtigen Warnungen versorgt werden. So segelte 1957 das deutsche Segelschulschiff Pamir ahnungslos direkt in den Hurrican „Carrie", der kurz zuvor seine Zugbahn um fast 180° geändert hatte. Die Pamir sank daraufhin auf dem Nordatlantik.

Das alte Funksystem hatte vier entscheidende Schwächen:

1. Schwierigkeiten bei der Abgabe, Übermittlung und Aufnahme von Notmeldungen
2. unzulängliche Einbeziehung der Rettungseinrichtungen an Land
3. fehlende Koordination der Rettungsmittel durch eine übergeordnete Leitstelle
4. nicht hinreichende Versorgung der Schifffahrt mit nautischen Warnungen

Fortschritte in der Kommunikationstechnik, insbesondere durch Satelliten, veranlassten 1987/1988 die UN-Unterorganisationen **ITU** (International Telecommunication Union, Genf) und **IMO** (International Maritime Organization, London), den Seefunk neu zu organisieren.

Sprechfunk-Reichweiten (analoge Übertragung)

Ultrakurzwelle (UKW/VHF):	ca. 30 sm
Grenzwelle (GW/MF):	ca. 150 bis 300 sm
Kurzwelle (KW/HF):	theoretisch weltweit

DSC-Reichweiten (digitale Übertragung)

Bis zum Doppelten der Sprechfunkreichweite

Reform des alten Funksystems

Eine Reform des alten Funksystems sollte die Probleme beseitigen. Die Ziele waren:

1. Die Schiffe sollten ihre Rettungsmaßnahmen nicht mehr selbst organisieren. Diese Aufgabe sollten maritime Rettungsleitstellen (MRCC) an Land übernehmen.

2. Solche Leitstellen mussten aufgebaut werden. Sie sollten die Rettungseinsätze auf allen Weltmeeren organisieren können. Sobald ein Schiff in Not geriet, sollten sie hierüber informiert werden und dann alle im Seegebiet des Havaristen befindlichen Schiffe in die Rettungsmaßnahmen einbeziehen können.

3. Daher durften die Notalarme nicht mehr nur die umliegenden Schiffe erreichen. Vielmehr musste gewährleistet werden, dass jedes Schiff in Not selbst eine Rettungsleitstelle an Land alarmieren kann. Jedes Schiff musste also in die Lage versetzt werden, in einem Notfall eine Sprechfunkverbindung zu einer Rettungsleitstelle aufbauen zu können.

4. Dazu wurden vier Seegebiete A1 bis A4 definiert. Während früher Schiffe vor allem nach ihrer Größe mit Funkeinrichtungen ausgerüstet wurden, sollte die Funkausrüstung nun vom zu befahrenden Seegebiet abhängig gemacht werden. Schiffe sollten nur noch solche Seegebiete befahren dürfen, für die sie so ausgerüstet waren, dass sie jederzeit eine Sprechfunkverbindung zum Land hatten.

Fragen 56, 127 (SRC)

5. Während früher die Schiffe erst um Hilfe riefen, nachdem der Seenotfall eingetreten war, sollten sie zukünftig bereits eine Rettungsleitstelle (s. Seite 46) informieren, wenn ein mögliches Problem vorhanden ist – und zwar per DSC-Dringlichkeitsruf.

6. Auf jedem Schiff sollte für den Notfall eine Alarmierung per Knopfdruck möglich sein. Würde auch der Knopfdruck vergessen, so sollte beim Untergang des Schiffes vollautomatisch Alarm ausgelöst werden. Ein Schiff sollte auch über mehrere unabhängige Alarmierungsmöglichkeiten verfügen.

7. Menschliches Versagen sollte auch bei der Aufnahme von Notalarmen ausgeschlossen werden. Alle Notalarme sollten automatisch gespeichert und in Fällen, wo alle Mann an Deck gebraucht wurden (Fischer), auch automatisch weitergeleitet werden können.

8. Um es nach Möglichkeit gar nicht erst zu Notfällen kommen zu lassen, sollten alle Schiffe ständig und automatisch mit allen Informationen versorgt werden, die für eine sichere Durchführung der Reise notwendig sind.

Einführung des GMDSS

Die weltweite Neuorganisation des Seefunks erfolgte zwischen dem 1.2.1992 und dem 31.1.1999. Sie wurde **GMDSS** (Global Maritime Distress and Safety System, Weltweites Seenot- und Sicherheitsfunksystem für die Schifffahrt) genannt. Das **GMDSS** ist eine weltweit einheitliche Sammlung von rechtlichen und technischen Vorschriften. Sie wurden eingeführt, um in Notfällen (Mayday), in Dringlichkeitsfällen (Pan Pan) und Sicherheitsfällen (Sécurité, s. jeweils Seite 12 f.) schnell und genau alarmieren zu können.

Dazu wurde der (analoge) Sprechfunk durch ein digitales Alarmierungs- und Anrufverfahren (DSC-Controller) ergänzt. Zudem wurden der bereits vorhandende – und bewährte – Inmarsat-Satellitenseefunk (s. Seite 31) sowie das ebenfalls schon existierende Funkfernschreibverfahren Navtex (s. Seite 31) in das neue Funksystem GMDSS integriert.

In alter Form beibehalten wurde der Funkverkehr zwischen den Brücken der Schiffe (s. Seite 14 f.). Hier und bei Kontakten mit KüFuSt sollte per UKW-Sprechfunk wie bisher verkehrt werden. Im Übrigen änderte sich der gesamte Seefunk vollständig. Dies hat vier wichtige Konsequenzen:

1. Rettungsleitstellen überwachen den Sprechfunkverkehr auf den Notfrequenzen (UKW: Kanal 16) und per DSC-Controller (UKW: Kanal 70) den Eingang von Anrufen und Alarmen.

2. An Bord ist Funkwache durch Menschen überflüssig. Das übernimmt der DSC-Controller (für UKW auf Kanal 70). Bei Alarmen hupt er und bei Anrufen, die das Schiff betreffen, schellt er wie ein Telefon und zeigt in beiden Fällen an, was los ist.

3. Bei Verbindungen über große Entfernungen wird nicht mehr der technisch an-

spruchsvolle und dennoch unsichere Kurzwellenfunk, sondern das schnelle, einfache Satellitentelefon genommen.

4. Alle wichtigen, die Fahrt betreffenden Informationen, die der Funker früher zu verschiedenen Zeiten auf verschiedenen Frequenzen abhören und aufschreiben musste, werden heute automatisch an Bord ausgedruckt.

Damit war der Funker überflüssig geworden und wurde wegrationalisiert (woraus sich als fünfte Konsequenz ein Anstieg der Fehlalarme auf über 90 % ergab). Lediglich wenn ein Schiff in Not geriet, war es erforderlich, dass die Rettungsleitstellen mit anderen Schiffen kommunizierten.

Dafür musste allerdings das gesamte Brückenpersonal auf allen Schiffen der Welt eine Funkausbildung erhalten. Jeder Kapitän und alle nautischen Offiziere mussten wieder auf eine Seefahrtschule gehen. Sie mussten die GMDSS-Rechtsvorschriften lernen, mit den neuen Funkeinrichtungen vertraut werden und am Ende ein Seefunkzeugnis erwerben.

Es ist wichtig, diese Hintergründe zu kennen, um die Auswirkungen auf die Sportschifffahrt zu verstehen.

So hat 2005 die Regierung verfügt, dass jeder Skipper eines Sportbootes ein Funkzeugnis besitzen muss, das ihn zum Betrieb der an Bord befindlichen Funkgeräte berechtigt: Für ein UKW-Gerät mit DSC das SRC, für GW/KW und Inmarsat das LRC. Verstöße werden mit einem Bußgeld von 150,- Euro geahndet.

GMDSS-Funkausrüstung

Laut SOLAS-Übereinkommen (s. Seite 53) müssen ausrüstungspflichtige Schiffe – nicht Sportboote – über Funkeinrichtungen verfügen, mit denen

1. **Schiff-zu-Land-Notalarme** mit wenigstens zwei unterschiedlichen Einrichtungen gesendet werden können, die mit verschiedenen funktechnischen Systemen arbeiten. Hierzu dürfen je nach Fahrtgebiet des Schiffes verwendet werden:
   - DSC-Controller für UKW/GW/KW
   - Satellitenseefunkanlagen des Typs Inmarsat-B, -C oder -F (s. Seite 33)
   - Satelliten-Seenotfunkbaken (Epirbs) für Cospas-Sarsat (s. Seite 36)
   - UKW-Seenotfunkbaken (nicht am Markt)

2. **von Land weiterübermittelte Notalarme anderer Schiffe** empfangen werden können (s. Seite 21); zulässig hierfür sind – in Abhängigkeit vom Fahrtgebiet:
   - DSC-Controller für UKW/GW/KW
   - Navtex-Empfänger (s. Seite 31)
   - EGC-Empfänger (s. Seite 34)
   - KW-Funkfernschreiber (nur Polargebiete)

3. **Schiff-zu-Schiff-Notalarme** gesendet und empfangen werden können. Hierzu dürfen je nach Fahrtgebiet eingesetzt werden:
   - DSC-Controller für UKW/GW/KW
   - UKW-Seenotfunkbaken

4. der zur **Organisation der Suche und Rettung** erforderliche Funkverkehr gesendet und empfangen werden kann; zugelassen sind je nach Fahrtgebiet:

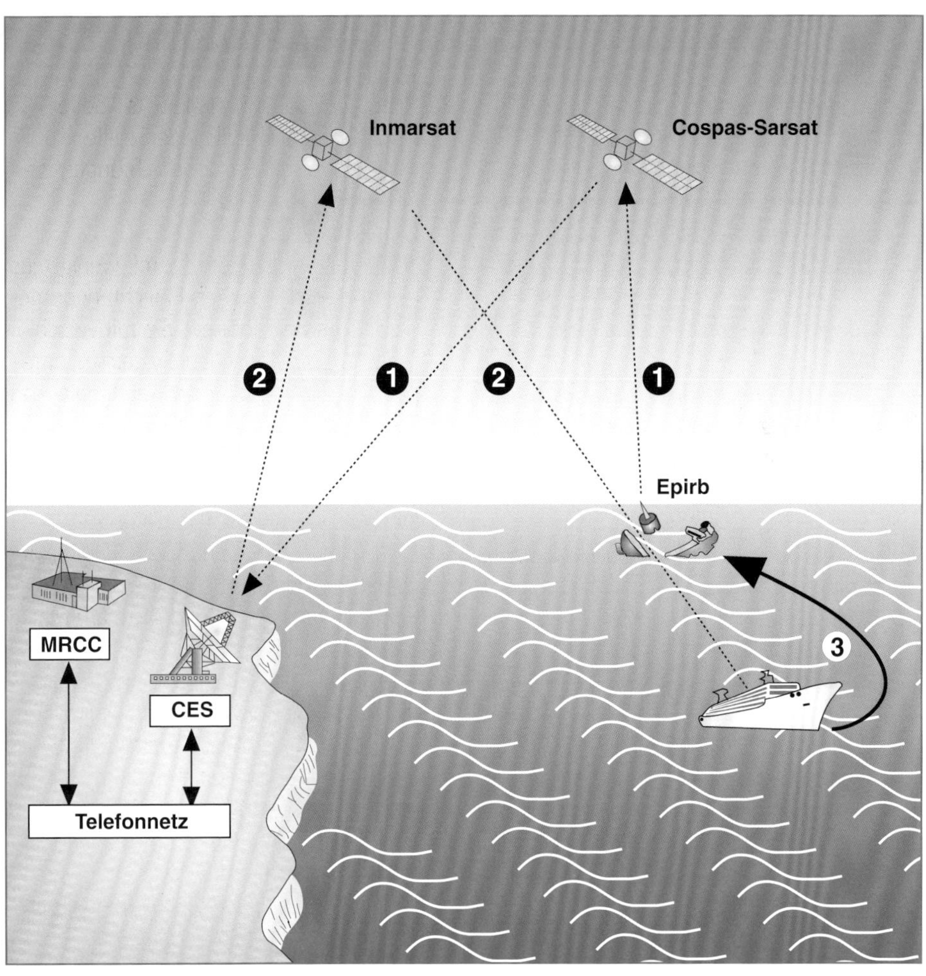

Alarmierungskonzept des GMDSS für die hohe See: Ein Schiff sinkt, die Seenotfunkbake (Cospas-Sarsat-Epirb, s. Seite 36) löst automatisch Alarm aus, wenn sie im Wasser schwimmt. Dieser Alarm wird über einen Cospas-Sarsat-Satelliten an eine Küstenerdfunkstelle (CES, Coast Earth Station) und weiter über das Telefonfestnetz an (zur Sicherheit) drei Rettungsleitstellen (MRCC) übertragen. Dort trifft der Alarm – je nach Typ der Epirb zwischen 3 Minuten und 4 Stunden später – ein. Als „Enhanced Group Call" (s. Seite 34) wird der Alarm über einen Inmarsat-Satelliten an alle Schiffe im Seegebiet des Havaristen weitergeleitet. Diese Schiffe müssen sich umgehend bei der Rettungsleitstelle melden und können daraufhin in die Rettungsmaßnahmen einbezogen werden.

- UKW-/GW-/KW-Sprechfunkgeräte
- Satellitenseefunkanlagen des Typs Inmarsat-A, -B oder -C

5. der **Funkverkehr vor Ort** zwischen Rettern und Havaristen geführt werden kann; verwendet werden dürfen nur:
   - UKW-Sprechfunkgeräte

6. **Ortungssignale gesendet** werden können (Ortungssignale werden von Überlebensfahrzeugen abgegeben, um insbesondere bei verminderter Sicht leichter gefunden zu werden); zugelassen sind:
   - Radartransponder (SART, s. Seite 40)

7. **Ortungssignale empfangen** werden können; verwendbar sind:
   - X-Band-Radargeräte (3-cm-Band)

8. **Maritime Sicherheitsinformationen (MSI) empfangen** werden können; einsetzbar sind in Abhängigkeit vom zu befahrenden Seegebiet:
   - Navtex-Empfänger (s. Seite 31)
   - Satellitenseefunkanlagen des Typs Inmarsat-EGC (s. Seite 34)
   - KW-Funkfernschreiber (s. Seite 30)

9. **Maritime Sicherheitsinformationen gesendet** werden können; zulässig sind je nach Fahrtgebiet des Schiffes:
   - UKW-/GW-/KW-Sprechfunkgeräte,
   - GW-/KW-Funkfernschreiber,
   - Satellitenseefunkanlagen für Inmarsat-A, -B oder -C (s. Seite 31 ff.)

10. **allgemeiner Funkverkehr zwischen Schiff und Land** gesendet und empfangen werden kann; zugelassen sind je nach Seegebiet:
   - UKW-/GW-/KW-Sprechfunkgeräte jeweils mit DSC-Controller
   - Satellitenseefunkanlagen für Inmarsat-A, -B oder -C

11. **Funkverkehr zwischen den Brücken der Schiffe** gesendet und empfangen werden kann; hierfür dürfen verwendet werden:
   - UKW-Sprechfunkgeräte

GMDSS-Seegebiete

Während im alten Seefunksystem die vorgeschriebene Funkausrüstung allein von der Größe des Schiffes abhängig war, wird sie im GMDSS durch das Fahrtgebiet bestimmt. Die Fahrtgebiete orientieren sich an der an den jeweiligen Küsten vorhandenen Funkversorgung. Vier Seegebiete wurden für das GMDSS festgelegt (s. Seiten 206 und 207):

Seegebiet (Sea Area) A1

Ein von der zuständigen Verwaltung festgelegtes Gebiet innerhalb der Sprechfunkreichweite mindestens einer UKW-KüFuSt, die ununterbrochen für DSC-Alarmierungen zur Verfügung steht.

Seegebiet (Sea Area) A2

Ein von der zuständigen Verwaltung festgelegtes Gebiet (ohne Seegebiet A1) innerhalb der Sprechfunkreichweite mindestens einer GW-KüFuSt, die ununterbrochen für DSC-Alarmierungen zur Verfügung steht.

Seegebiet (Sea Area) A3

Ein Gebiet (ohne Seegebiete A1 und A2) innerhalb der Überdeckung eines geostationären Inmarsat-Satelliten (70°N bis 70°S), der ununterbrochen für Alarmierungen zur Verfügung steht.

Seegebiet (Sea Area) A4

Ein Gebiet außerhalb der Seegebiete A1, A2 und A3 (alle Gebiete jenseits von 70° Breite).

Alarmierung in Notfällen

In A1-Gebieten (s. Seiten 206, 207) überwachen Rettungsleitstellen oder Küstenwachen ständig die Kanäle 16 und 70. Außerhalb der A1-Gebiete ist ein UKW-Sprechfunkgerät – auch mit DSC-Controller – kein zuverlässiges Mittel zur Notfallalarmierung.

GMDSS-Mindestausrüstung für SOLAS-Fahrzeuge

Ausrüstung	A1	A2	A3	A4
UKW-Sprechfunkgerät mit DSC	x	x	x[3]	x[3]
GW-Sprechfunkgerät mit DSC	x[2]	x	x	x
2 Inmarsat-F/-C-Satellitenfunkgeräte			x[2]	
2 KW-Sprechfunkgeräte mit DSC und Telex			x[2]	x
Navtex-Empfänger	x	x	x	x
Inmarsat-EGC-Empfänger	x[1]	x[1]	x[3]	x[3]
1 bis 2 Transponder für Suche und Rettung (SART)	x	x	x	x
Epirb	x[2]	x	x	x
1 bis 3 UKW-Handsprechfunkgeräte	x	x	x	x
121,5-MHz-Sender und -Empfänger	x	x	x	x

[1] In Gebieten ohne Navtex-Versorgung
[2] wahlweise eines der Geräte
[3] gedoppelt

Alarmierung im Notfall

Im Notfall sollten Alarme in folgender Reihenfolge abgegeben werden:

A1-Gebiet
1. UKW-DSC (Notalarm)
2. UKW-Sprechfunk (Notmeldung)
3. GW-DSC (Notalarm)
4. Inmarsat (A/B, C)
5. Epirb (Cospas-Sarsat)

A2-Gebiet
1. GW-DSC (Notalarm)
2. Inmarsat (A/B, C)
3. UKW-DSC (Notalarm)
4. UKW-Sprechfunk (Notmeldung)
5. Epirb (Cospas-Sarsat)

A3-Gebiet
1. Inmarsat (A/B, C) und/oder KW-DSC
2. GW-DSC (Notalarm)
3. Epirb (Cospas-Sarsat)

A4-Gebiet
1. KW-DSC
2. GW-DSC (Notalarm)
3. Epirb (Cospas-Sarsat)

Beachte
1. Ein UKW-Notalarm (Kanal 70) wird automatisch empfangen, sofern das Gerät eingeschaltet ist. Eine UKW-Notmeldung auf Kanal 16 wird nur empfangen, wenn Kanal 16 abgehört wird. Schiffe müssen dies tun, Sportboote sollten es.

2. GW-/KW-DSC und Inmarsat erfordern das Allgemeine Funkbetriebszeugnis (LRC).

GMDSS-Funkeinrichtungen

Die GMDSS-Funkeinrichtungen können in vier Gruppen eingeteilt werden:

1. DSC-Controller, Funkgeräte
2. Warn- und Informationsfunk
3. Inmarsat-Satellitenseefunk
4. Weitere Hilfen für den Notfall

Digitaler Selektivruf, MMSI

Jeder kennt es vom Handy. Ein Signal ertönt und ein Anruf oder eine SMS kommt an. Im Seefunk nennt man das **digitalen Selektivruf**. Er wird digital auf **Kanal 70** übertragen. Eine SMS im Seefunk ist jedoch kein netter Spaß, sondern tödlicher Ernst, nämlich ein Notalarm. Nun ist ein Schiff in Not oder ein Menschenleben bedroht. Jetzt wird sofort Hilfe benötigt.

Die Rufnummer einer FuSt heißt **MMSI** (Maritime Mobile Service Identity); sie ist immer neunstellig (s. auch Seite 13). Bei Schiffen sind die ersten drei Ziffern die **MID** (Maritime Identification Digits, **Seefunkkennzahl**). Das ist die Landesvorwahl. Deutschland hat im Seefunk nicht +49, sondern 211. (Die DDR hatte 218.) Die MMSI einer deutschen SeeFuSt lautet z. B.:

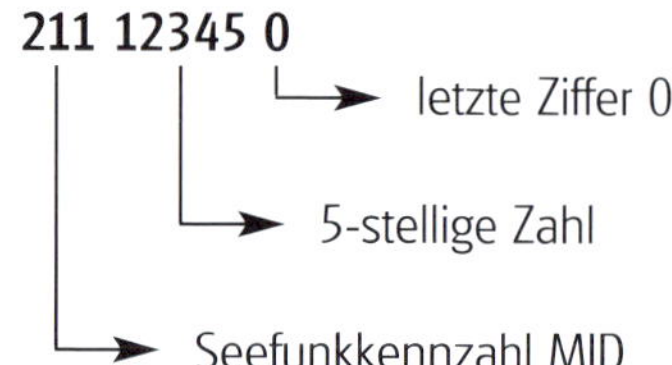

Fragen 58, 61, 62, 64, 67, 107, 109, 110 (SRC)

Die **MMSI von KüFuSt** beginnen immer mit zwei Nullen und dann folgt der Landeskenner (Beispiele s. Seiten 206, 207). **Gruppenrufnummern** beginnen stets mit einer Null. Mit einer MMSI kann dann eine Gruppe von SeeFuSt angerufen werden (z. B. alle Fahrzeuge der Küstenwache oder Reederei).

DSC-Controller

Der DSC-Controller ist in der Sportschifffahrt häufig in das UKW-Sprechfunkgerät integriert (s. Seite 6). Seine Funktionen sind:

1. Alarmierung im Seenotfall
   Wird die Distress-Taste fünf Sekunden lang gedrückt gehalten, so wird ein digitaler Notalarm gesendet (s. Seite 7). Der Notalarm wird automatisch so lange wiederholt, bis der Empfang per DSC bestätigt wird – oder der Havarist ihn abschaltet.
2. Funkwache
   Der DSC-Controller überwacht Kanal 70 und gibt bei einem digitalen Selektivruf an das eigene Schiff oder an alle Schiffe ein optisches und ein akustisches Signal.
3. Kanalsteuerung
   Der DSC-Controller steuert das Funkgerät. Der Anrufer gibt den Kanal ein. Nimmt der Angerufene das Gespräch an (den Hörer ab), wird dieser Kanal automatisch bei beiden Funkgeräten eingestellt. Nur noch Sendetaste drücken und sprechen – fertig.

DSC-Controller für die Sportschifffahrt gehören zur **Klasse D**. Ausrüstungspflichtige Schiffe müssen DSC-Controller der **Klasse A** oder **B** verwenden. Solche DSC-Controller können einen DSC-Notalarm per DSC:

1. bestätigen – und damit die automatische Wiederholung des Notalarms abschalten; daher dürfen Sportboote keinen Notalarm per DSC bestätigen, s. Seite 43)
2. weiterleiten – manche sogar vollautomatisch

Einen digitalen Selektivruf senden

Drei Einstellungen sind erforderlich:

1. An wen geht der Anruf?
   Wird der Anruf **an alle** oder **an eine** FuSt gerichtet? Im zweiten Fall wird die Rufnummer eingegeben oder dem Telefonbuch entnommen.
2. Wie wichtig ist der Ruf?
   Distress, wenn Menschenleben bedroht ist
   Urgency, wenn die Sicherheit betroffen ist
   Safety, wenn gewarnt wird
   Routine in allen anderen Fällen
3. Auf welchem Kanal soll gesprochen werden?
   Kanal 16 bei Distress, Urgency und Safety
   Kanal 13 oder **06** für Verkehr mit Seeschiffen
   Kanal 72 oder **69** für Sportboote

Nachteile: Menüführung immer auf Englisch und von Gerät zu Gerät sehr unterschiedlich.

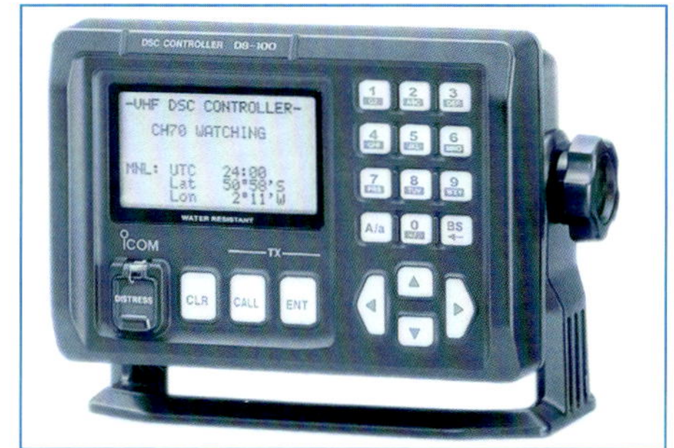

DSC-Controller (Prüfungsgerät, s. Seite 158)

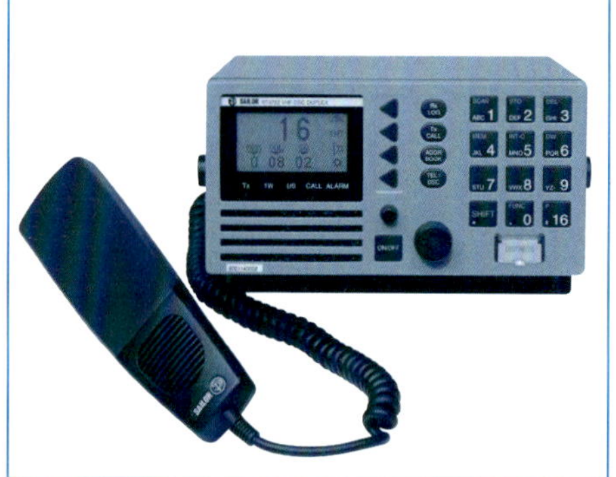

Sailor RT 4722 Duplex-Gerät (s. Seite 11) mit integriertem DSC-Controller, Klasse A. Mit der Taste Tel/DSC wird umgeschaltet zwischen Funkberieb (Tel) und DSC-Betrieb.

Sailor A1. Kompaktes UKW-Funkgerät mit integriertem DSC-Controller Klasse D.

UKW-Funkgeräte

Anders als DSC-Controller, die schwierig zu bedienen sind (s. Seite 62 ff.) und sich in der Menüführung teilweise erheblich unterscheiden, sind UKW-Funkgeräte einfach zu bedienen und ähneln einander sehr. Die wichtigsten Einstellmöglichkeiten sind am Funkgerät rechts oben erkennbar.

Die oberste Taste *F* bildet den Einstieg in das Grundmenü. Hier können z. B. Helligkeit und Kontrast des Displays verändert werden. Mit der Taste *1/25* wird die **Sendeleistung** gewählt. Taste *D/W* steht für Dual Watch – **Zweikanalüberwachung**. Wird diese Taste gedrückt, wenn ein Arbeitskanal eingestellt ist, so springen Anzeige und Empfänger ständig zwischen Kanal 16 und dem Arbeitskanal hin und her. Die unterste Taste *SCN* steht für **Scanning**. Hier können automatisch mehrere Kanäle nacheinander abgehört (gescannt) werden.

Der Drehknopf *Sq* (Squelch = Rauschsperre) steuert die **Rauschsperre**. Zu Beginn eines Gesprächs wird die Rauschsperre aufgedreht, bis es rauscht, und dann gleich wieder so weit zurückgedreht, bis das Rauschen verschwindet. Mit dem Drehknopf *Vol* oben rechts wird die **Lautstärke** des Lautsprechers angepasst, während mit dem großen Knopf unten der **Kanal** eingestellt wird. Taste *16* schaltet – ohne lang drehen zu müssen – sofort zurück auf **Kanal 16**. Die **Sendetaste** befindet sich vorn an der Sprechmuschel. Mehr braucht man nicht, um zu funken. Zum Funkgerät, das in der Prüfung verwendet wird, s. Seite 159.

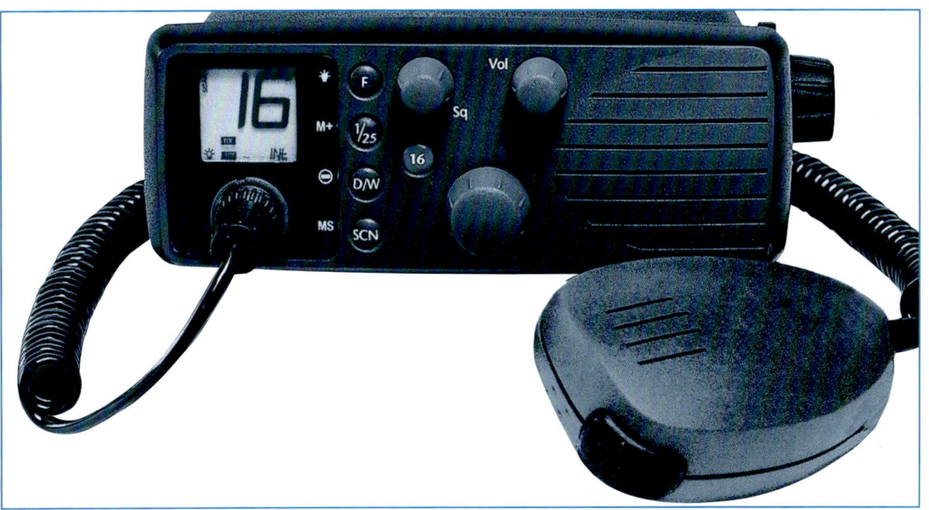

Über die Antenne wird die Sendeleistung abgeführt. Würde bei einem Funkgerät ohne Antenne die Sendetaste gedrückt, so würde es sofort durchbrennen. Viele Yachten führen für Fall, dass die Antenne verloren geht (Mastbruch), eine Ersatzantenne mit. Sie muss natürlich für den Frequenzbereich des Funkgerätes ausgelegt sein. Das Antennenkabel sollte gelegentlich überprüft werden. Ist das Kabel oder die äußere Isolierung (Mantel) beschädigt, so rauscht das Funkgerät auf allen Kanälen. Dann muss das Kabel umgehend erneuert werden.

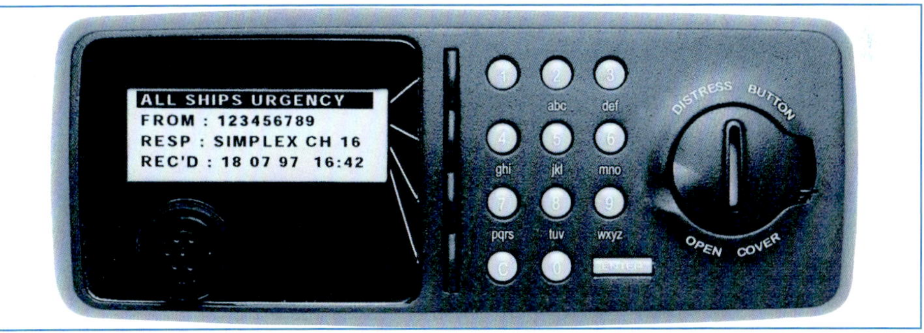

Diese Funkgeräte wurden „ordnungsgemäß in Verkehr gebracht". Das ist die erste Voraussetzung dafür, dass ein Funkgerät zum See- oder Binnenschifffahrtsfunk zugelassen wird. Wenn ein Funkgerät ordnungsgemäß in Verkehr gebracht worden ist, trägt es ein CE-Zeichen (Zulassung für die Sportschifffahrt) oder ein Steuerradzulassungszeichen (Zulassung für die Berufs- und die Sportschifffahrt. Darauf sollte beim Kauf geachtet werden.

SIMRAD RS 87. Laut Betriebsanleitung beträgt die Betriebsspannung 10,8 bis 15,5 V, d. h. das Gerät benötigt eine Gleichspannung zwischen 10,8 und 15,5 Volt. Der untere Wert gibt an, wann das Funkgerät ausfällt, wenn der Bordakku (gegen Ende seiner Lebenszeit) tief entladen wird. Man beachte: Aus der Steckdose zu Hause kommt Wechselstrom, ein Akku (an Bord) liefert Gleichstrom.

SIMRAD RD 68. UKW-Kompaktgerät (66 mm hoch, 185 mm breit, 168 mm tief) mit integriertem DSC-Controller. Es kann flachbündig und wasserdicht am Steuerstand eingebaut werden.

Das UKW-Sprechfunkgerät IC-M501 EURO (unten) mit separatem DSC-Controller DS-100 (oben) wird in der Prüfung eingesetzt (Seite 158). Das große Display des Controllers kann acht Zeilen darstellen. Das macht die Bedienung übersichtlich und schnell erlernbar. Auch die großen Tasten erleichtern die Arbeit. Dieses Gerät ist eine Kombi-Funkanlage für See- und Binnenschifffahrtsfunk. Sie kann zwischen Seefunk und Binnenschifffahrtsfunk umgeschaltet werden und erspart ggf. die Anschaffung eines zweiten Funkgerätes. Denn ein Seefunkgerät darf nicht im Binnenschifffahrtsfunk betrieben werden.

Große Schiffe verwenden Handsprechfunkgeräte für Funkverkehr an Bord. Sie sind auch in einem Beiboot, einer Rettungsinsel oder einem Überlebensfahrzeug einsetzbar.

Warn- und Informationsfunk

Nautische Warnnachrichten, Sturm- und Starkwindwarnungen, Wettervorhersagen sowie alle dringenden, sicherheitsrelevanten Meldungen werden als maritime Sicherheits-Informationen (**Maritime Safety Informations, MSI**) bezeichnet. Der Umfang dieser Informationen hat seit Einführung des GMDSS erheblich zugenommen, womit sowohl den gestiegenen Informationsbedürfnissen der weltweiten Schifffahrt als auch den Möglichkeiten moderner Kommunikation Rechnung getragen wurde. Die maritimen Sicherheitsinformationen werden nach **Kennbuchstaben** in acht Kategorien gegliedert:

Fragen 16, 46, 104, 158 (SRC)

A Nautische Warnnachrichten[1]
B Meteorologische Warnnachrichten
C Eisberichte
D SAR-Meldungen
E Wettervorhersagen
F Informationen über Lotsendienste
G AIS-Informationen
J GPS-Informationen

Vor Einführung des GMDSS musste der Funker die Aussendungen verschiedener KüFuSt abhören, die jeweils zu verschiedenen Zeiten auf verschiedenen Frequenzen sendeten. Im GMDSS werden MSI automatisch an Bord ausgedruckt – egal wo sich das Schiff befindet. Der MSI-Dienst ist ein international koordiniertes Netz von Sendeeinrichtungen, die ihre Informationen von den jeweiligen nationalen

- hydrografischen Diensten
- Wetterdiensten
- Seenotleitstellen (MRCC)
- Eis-Patrouillen

erhalten. Die Verbreitung von MSI erfolgt über drei Systeme:

1. internationaler Navtex-Dienst für A1- bis A3-Gebiete mit Navtex-Versorgung
2. internationaler Safetynet-Dienst für A1- bis A3-Gebiete ohne Navtex-Versorgung
3. KW-Funkfernschreiben für A4-Gebiete (Polarregionen jenseits von 70° Breite)

Alle ausrüstungspflichtigen Schiffe müssen in jedem Fahrtgebiet eine ständige Empfangsbereitschaft für maritime Sicherheitsinformationen sicherstellen. Damit soll nicht nur die Versorgung der Schifffahrt mit nautischen und meteorologischen Warnungen gewährleistet sein, sondern auch ihre jederzeitige Einsetzbarkeit für Such- und Rettungsmaßnahmen (s. Seiten 20, 22).

Maritime Sicherheitsinformationen werden üblicherweise nur in einem Dienst verbreitet. Routinemeldungen werden zu festgelegten Sendezeiten, außerplanmäßige Meldungen (z. B. Sturmwarnungen oder weiterverbreitete Notmeldungen) werden sofort nach ihrem Eintreffen gesendet.

Für die Sportschifffahrt sind nicht alle Meldungen von Interesse, nautische Warnnachrichten, Wettervorhersagen, Sturm- und Starkwindwarnungen hingegen schon.

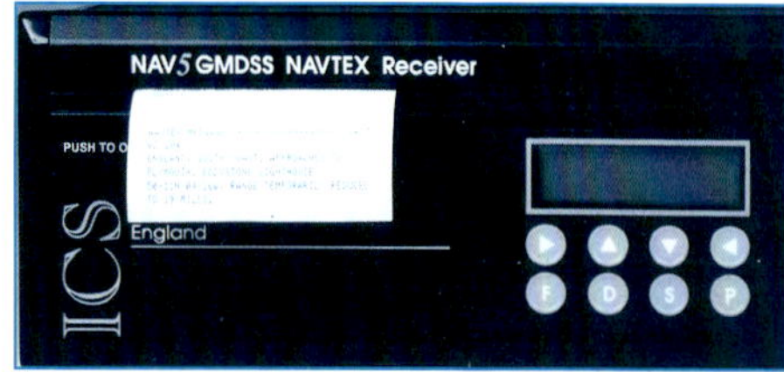

Klassischer Navtex-Empfänger mit Papierstreifen

[1] In Deutschland verbreiten Verkehrszentralen (s. Seite 54) über ihre Arbeitskanäle (s. Seite 204) nautische Warnnachrichten, aber nur die für ihren eigenen Zuständigkeitsbereich relevanten.

Navtex

Ein Navtex-Gerät ist ein Funkfernschreibempfänger (**Navtex** = Navigational Telex; Telex = Fernschreiben), der MSI auf einen Papierstreifen ausdruckt oder auf einem Display anzeigt. Navtex-Meldungen werden auf Mittelwelle 518 kHz ausgestrahlt und sind je nach Sender bis zu einer Entfernung zwischen 110 und 640 sm zu empfangen. Sie werden alle vier Stunden in englischer Sprache verbreitet; einige Länder – auch Deutschland – fügen eine landessprachliche Übersetzung auf 490 kHz an. Die Meldungen werden durch eine vierstellige Gruppe eingeleitet: Kennbuchstabe des Senders, Kennbuchstabe der Meldung (siehe links) und zweistellige Nachrichtennummer.

Sendungen bestimmter KüFuSt sowie Nachrichten mit bestimmten Kennbuchstaben können unterdrückt werden, sodass nur die relevanten Meldungen empfangen werden. Eine Yacht in der westlichen Ostsee kann so z. B. alle für die Nordsee bestimmten Meldungen sowie die Eisberichte und Lotseninformationen abwimmeln. Warnnachrichten und SAR-Meldungen lassen sich nicht unterdrücken.

Der **Seewarndienst Emden** (Verkehrszentrale Ems an der Knock) koordiniert alle Meldungen aus dem deutschen Seewarngebiet. Das deutsche Seewarngebiet stimmt mit dem Einsatzgebiet der deutschen Seenotrettungsflotte (s. Seite 208) überein. Die Meldungen werden über den Navtex-Sender Pinneberg auf 518 kHz (Kennbuchstabe S) und auf 490 kHz (Kennbuchstabe L) verbreitet; die Reichweite beträgt etwa 400 km.

Safetynet

Im Safetynet werden maritime Sicherheitsinformationen über die Inmarsat-Satelliten ausgestrahlt (s. unten). Sie können fast alle Seegebiete erreichen. Nur die Polarregionen müssen über Kurzwelle versorgt werden.

Die Seegebiete der Welt wurden in 16 **Navareas** (Navigational Areas, Schifffahrtsgebiete) eingeteilt. Die Navareas stimmen mit den **Metareas** (Meteorological Areas) überein, sodass die nautischen und die meteorologischen Meldungen immer dasselbe Gebiet betreffen. Jede Navarea wurde einem Land zugeordnet. Das Land hat die Gesamtverantwortung für seine Area. Dazu muss es alle Meldungen für seine Area koordinieren und über Inmarsat-Satelliten verbreiten. Deutschland betreut keine Navarea.

Inmarsat-Satellitenseefunk

Die Satellitentelefone haben den GW- und KW-Funkverkehr praktisch verdrängt. Sie sind viel einfacher zu bedienen als GW- oder KW-Funkanlagen, und das Schiff kann von jedem Telefon aus angerufen werden. Zwei Satellitensysteme werden im GMDSS genutzt:

1. Das Inmarsat-System. Es verwendet vier geostationäre (fest über dem Äquator stationierte) Satelliten und kann Telefonate, Fax und Telex sowie Daten und Filme übertragen. Zu den Daten zählen auch Alarmsignale, die von Schiffen in Not ausgesendet werden. Das ist natürlich besonders wichtig. Sollten alle Kanäle des

Satelliten belegt sein, wenn ein Notsignal eintrifft, so wird eine bestehende Verbindung unterbrochen und dafür das Notsignal weitergeleitet. Da die Satelliten sehr hoch positioniert sind, ist immer einer erreichbar (siehe unten). Inmarsat-Satelliten empfangen seit dem 1.12.2006 keine Epirb-Signale mehr.

2. Das Cospas-Sarsat-System arbeitet mit geostationären und mit polumlaufenden Satelliten und deckt die ganze Erde ab. Es kann aber nur Epirb-Signale übermitteln.

Die **Inmarsat** (International Mobile Satellite Organization, London) wurde 1979 gegründet, um Satelliten für den Seefunk zu nutzen. Die Gründung geht auf eine Initiative der IMO im Jahre 1966 zurück; 55 Staaten beteiligten sich. Ende der 1980er-Jahre, bevor das GMDSS eingeführt wurde, nutzten bereits mehr als 7600 Schiffe und zahlreiche nichtmaritime Kunden die Inmarsat-Dienste. Das GMDSS hat die Inmarsat-Dienste dann offiziell in den Seefunk integriert.

Heute betreibt die Inmarsat ein weltweites Satellitennetz[1] für mobilen Telefonverkehr und Datenübertragung. Inzwischen existieren über 250 000 Inmarsat-Anschlüsse, davon nur 22 000 im maritimen Bereich. Vier geostationäre Satelliten „leuchten" aus knapp 35 600 km Höhe den ganzen Globus bis etwa 70° Breite aus. Für den Fall von Betriebsstörungen sind Ersatzsatelliten bereits im All positioniert. Jeder Satellit versorgt einen der vier **Ausleuchtbereiche**: Die Satelliten AOR-E (Atlantic-Ocean-Region-East) auf 015,5°W und AOR-W auf 054°W bedienen den Atlantik, POR auf 178°E den Pazifik und der Satellit IOR auf 064,5°E den Indik. Diese Satelliten bilden das **Raumsegment**.

Das **Bodensegment** besteht aus Küstenerdfunkstellen (Coast Earth Stations, CES) sowie aus Steuer- und Kontrolleinrichtungen für die Satelliten. Die **Küstenerdfunkstellen** stehen im Eigentum von Telefongesellschaften. Sie haben große Antennenschüsseln von 12 bis 14 m Durchmesser aufgestellt und auf die Satelliten ausgerichtet. Damit wird die Verbindung in die Telefonnetze hergestellt. In Deutschland bietet **France Telecom** die Inmarsat-Dienste an. Von hier aus können die Satelliten Atlantik-Ost und Indischer Ozean direkt erreicht werden. Bei anderen Satelliten (z. B. POR) wird zunächst ein „Routing" zu einer Küstenerdfunkstelle (z. B. Santa Paula, USA) geschaltet, die im Ausleuchtbereich des Satelliten liegt. Das dritte Segment bilden die **Schiffserdfunkstellen** (Ship Earth Stations, SES).

Satellitentelefonie

Ein betriebsbereites Inmarsat-Satellitentelefon kann direkt angewählt werden. Der Satellitenvorwahl 00870 wird die Rufnummer des Satellitentelefons angehängt.

Jede Inmarsat-Anlage auf einem deutschen Schiff muss bei der Bundesnetzagentur, Hamburg, angemeldet werden. Schließlich ist noch ein Vertrag mit einem Inmarsat-Provider, z. B. Xantic, abzuschließen.

[1] Von den insgesamt elf Satelliten nutzt GMDSS vier.

Inmarsat-Dienste A, B, und F

Direktwahl in die öffentlichen Telefonnetze, Telexbetrieb und Datenübertragung bietet Inmarsat seit 1982 – inzwischen in der vierten Satellitengeneration. **Inmarsat-A** war der erste Dienst (2007 eingestellt). 1995 kam der digitale Nachfolger auf den Markt: **Inmarsat-B**; Antennen und Anlagen wurden etwas kleiner und die Übertragungsqualität besser.

Den Stand der Technik setzte Ende 2001 **Inmarsat-F**. Inzwischen gibt es eine komplette Produktfamilie, bestehend aus Inmarsat-Fleet 77, Inmarsat-Fleet 55 und Inmarsat-Fleet 33. **Inmarsat-Fleet 77** ist speziell für den maritimen Bereich konzipiert, GMDSS-zugelassen und erlaubt neben dem Sprachverkehr und Fax auch eine Datenübertragung im ISDN-Modus (bis zu 128 kbit/s, Abrechnung nach Zeit) und im MPDS-Modus (Mobile Packet Data Service, Abrechnung nach Datenvolumen). Mit MPDS kann das lokale Netzwerk auf einem Schiff vollständig in das Netzwerk und Informationssystem seiner Reederei integriert werden. Inmarsat-Fleet 77-Geräte kosten etwa 20 000 Euro.

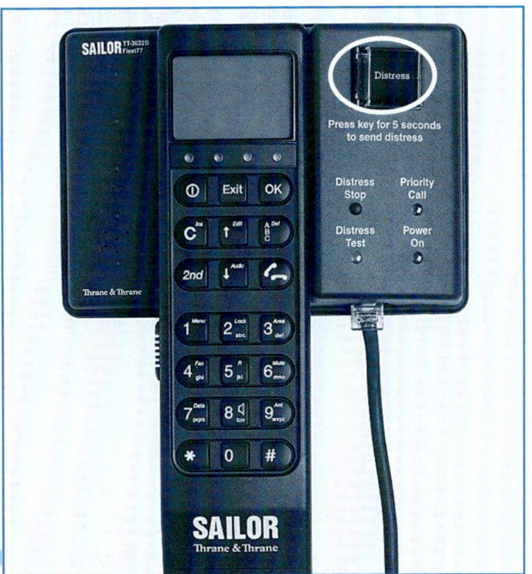

Satellitentelefon mit Distress-Taste (Fleet 77)

Die Parabolantenne misst 0,85 m, wiegt 27 kg und lagert unter einer mächtigen Haube. Sie ist das größte Teil einer solchen Inmarsat-Anlage. Auf vielen großen Schiffen kann man schon von weitem die weiße Antennenhaube sehen; sie ist oft oben auf das Peildeck montiert. Die Antenne muss ständig auf den Satelliten ausgerichtet sein. Mehrere Elektromotoren steuern deshalb die Schüssel, um sofort alle Schiffsbewegungen auszugleichen.

Inmarsat-Fleet 55 ist auf 64 kbit/s begrenzt und kommt mit kleineren Antennen aus. Für größere Yachten wurde **Inmarsat-Fleet 33** geschaffen. Fleet 33 bietet Telefon-, Daten- und Internetverkehr im Circuit-Mode mit bis zu 9,6 kbit/s und im MPDS-Mode. Die Antenne misst 0,4 m, die Unter-Deck-Einheit 31 x 18 x 8 cm. Fleet 55 und 33 sind nur in der **Spot-Beam-Abdeckung** nutzbar (nicht in allen zentralen Teilen der Ozeane) und daher auch nicht für das GMDSS zugelassen.

2007 wurde **Inmarsat-FleetBroadband** mit 432 kbit/s und noch kleineren Antennen (Durchmesser: 60 cm, Gewicht: 18 kg) eingeführt. Erstmals sind Sprach- und Datenübertragung mit Hochgeschwindigkeit gleichzeitig möglich. Die Version für die Sportschifffahrt erreicht 284 kbit/s; die Antenne ist – mit weniger als 30 cm Durchmesser – kleiner als Fleet 33 und wiegt nur 3 kg.

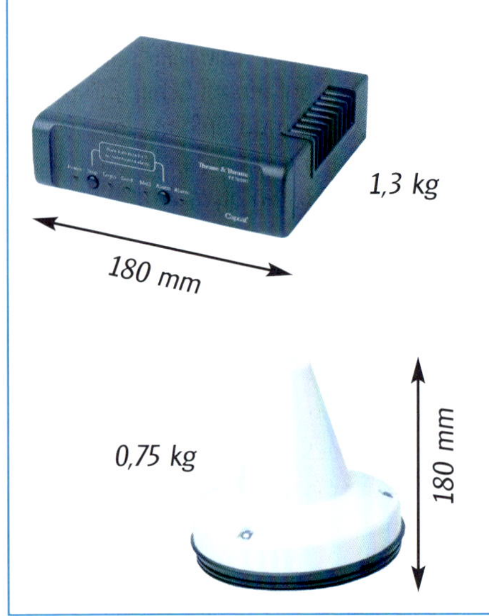

Inmarsat-C-Terminal mit Antenne. Zusätzlich wird ein PC benötigt.

Inmarsat-C, Mini-C

Der **Inmarsat-C-Dienst** wurde nur für Datentransfer eingerichtet. Sprache kann wegen der langsamen Datenrate (600 bit/s) nicht übertragen werden. Inmarsat-C eignet sich besonders für maritime Sicherheitsinformationen. Sie können natürlich auch per Inmarsat-A und -B empfangen werden, aber das ist teurer. Auch Fax und E-Mail kann Inmarsat-C verschicken – aber sehr langsam. Inmarsat-C-Geräte und -Antennen sind leicht und platzsparend und verbrauchen nur wenig Strom. Speziell für kleinere Yachten wurde **Inmarsat-Mini-C** geschaffen. Manche Blauwassersegler sind so – von fast allen Teilen der Welt – mit der Heimat verbunden.

Erst mit einem **EGC-Empfänger** (Enhanced Group Call, erweiterter Gruppenruf, den nur autorisierte Stellen senden dürfen) wird ein Inmarsat-C-Gerät GMDSS-tauglich. Nur mit einem EGC-Empfänger können maritime Sicherheitsinformationen außerhalb der Navtex-Gebiete empfangen werden. Eine EGC-Einrichtung ist normalerweise in jede Inmarsat-Seefunkanlage integriert; sie kann aber auch als Einzelgerät mit eigener Antenne betrieben werden. In jedem Fall muss ein GPS-Navigator angeschlossen sein. Damit kennt der EGC-Empfänger seinen Standort und kann aus den zahlreichen von Satelliten ausgestrahlten Nachrichten diejenigen herausfiltern, die sein Gebiet betreffen. Wenn ein MRCC einen Notalarm aus einem A3-Gebiet erhält, definiert es ein Seegebiet um den Havaristen herum und leitet die Notmeldung als „enhanced group call" an alle Schiffe in diesem Seegebiet weiter (s. Seite 21). Inmarsat-Seefunkanlagen haben eine Distress-Taste wie ein DSC-Controller. Im Notfall kann damit über Satellit Alarm ausgelöst werden.

Iridium, Globalstar

Eine kostengünstige Alternative zu Inmarsat ist ein **Iridium-Handy** (ca. 1,50 US-Dollar/min weltweit, Handy ab 1500,- Euro). Iridium arbeitet nicht wie Inmarsat mit geostationären Satelliten, sondern mit 66 + 6 **LEO-Satelliten** (LEO = Low Earth Orbit, erdnaher Orbit), sodass eine sehr gute Sprachqualität mit erheblich geringerer Verzögerung erreicht wird. Diese Satelliten fliegen in Nord-Süd-Richtung auf festen Bahnen über beide Pole um die Erde und ermöglichen weltweites Telefonieren.

Selbst die polaren Gebiete (A4), wo Inmarsat-Nutzer nicht telefonieren können, sind versorgt. Iridium erlaubt neben Sprachkommunikation auch Datenübertragung mit einer Geschwindigkeit von 9,6 kbit/s. Auch SMS-Verkehr ist möglich. Ein Iridium-Handy ist klein (140 x 60 x 27 mm), leicht (250 g) und besitzt eine integrierte SOS-Funktion. Aber es verlangt Sichtkontakt zu einem Satelliten.

Globalstar deckt mit 48 LEO-Satelliten die Erde bis zu den Polarkreisen ab. Die Preise für Globalstar-Mobilfunkgeräte entsprechen etwa denen für Iridium, die Gesprächsgebühren liegen zum Teil darunter.

IsatPhone Pro

2010 brachte auch Inmarsat ein Satelliten-Handy heraus, das IsatPhone Pro. Das Handy arbeitet mit drei Inmarsat-Satelliten der vierten Generation. Daraus sollen hohe Sprachqualität und stabile Satellitenverbindungen resultieren. Die Bedienung soll nicht schwerer sein als die eines GSM-Handys: die integrierte Antenne aus dem Gerät senkrecht nach oben drehen und die Rufnummer wählen – fertig. Das Isat-Phone Pro ist noch kleiner und wiegt betriebsbereit nur 279 g; sein Akku soll bis zu 100 Stunden Stand-by und bis zu 8 Stunden Gesprächszeit ermöglichen. Ein robustes Gehäuse soll auch einen Außeneinsatz unter härtesten Bedingungen vertragen.

Die Satelliten-Handys von Iridium, Globalstar und Inmarsat können zeugnisfrei verwendet werden, besitzen aber keine GMDSS-Zulassung. Das gilt auch für das TracPhone V7.

Mini-VSAT TracPhone V7

Die amerikanische Firma **KVH Industries** hat 2010 die endgültige US-Zulassung für ihr **TracPhone V7** zum Einsatz auf Schiffen und Sportbooten erhalten. Auch das CE-Zeichen wurde erteilt. Das TracPhone V7 stellt eine Satellitenverbindung mit einer Übertragungsrate von 512 Kb/s (Upload) und 2 Mb/s (Download) her und ermöglicht ein **WLAN an Bord**. Zwei Telefone (Voice over IP, VoIP) sind anschließbar. Mit einer 60 cm großen Antenne und sieben Satelliten werden alle Seegebiete weltweit abgedeckt – ausgenommen die zentralen Teile der Ozeane auf südlicher Breite.

Weitere Hilfsmittel für den Notfall

Epirbs sind Seenotfunkbojen (Emergency Position Indicating Radio Beacons). Epirbs senden ihre Notalarme an Satelliten, die sie – wie alle Notalarme – mit höchster Priorität über Küstenerdfunkstellen und das Telefonnetz weiterleiten – sicherheitshalber immer an mehrere Rettungsleitstellen.

Eine Epirb bleibt – sofern sie nicht wieder ausgeschaltet wird – 48 Stunden lang aktiv, damit die Daten ständig aktualisiert werden können. Die Epirbs auf großen Schiffen sind etwa 50 bis 70 cm hoch; für Sportboote werden Epirbs angeboten, die nur wenig größer als eine Zigarettenschachtel sind.

Schiffe fahren Epirbs an Deck, sodass sie aufschwimmen, wenn das Schiff sinkt. Ein Wasserdruckauslöser aktiviert die Epirb dann automatisch. Solche Epirbs lösen Alarm aus, wenn man sie aus der Halterung nimmt, ohne sie zuvor auszuschalten. Das hat schon einige Fehlarme verursacht. Auf Yachten wird die Epirb unter Deck aufbewahrt – zusammen mit den pyrotechnischen Notsignalen. Dann muss sie im Notfall – und nur dann – von Hand aktiviert werden.

Die Kontrolle einer Epirb beschränkt sich auf die Überprüfung des Haltbarkeitsdatums der Batterie und des Wasserdruckauslösers sowie Funktionstests gemäß Betriebsanleitung.

Epirbs können auch die Suche und Rettung erleichtern. Sie enthalten einen 121,5-MHz-Sender (s. Seiten 23 und 37/38), große Bojen sogar einen Transponder für Suche und Rettung, SART (s. Seite 40).

Cospas-Sarsat

Cospas-Sarsat ist ein weltweites, satellitengestütztes System zur Suche und Rettung. Es ortet Alarme von Schiffen, Flugzeugen und von Land, bestimmt die Position und leitet sie zur Erde weiter. Cospas-Sarsat wird von 43 Staaten betrieben. Es wird in zwei Versionen angeboten: Leosar und Leosar-Geosar.

In der **Basisversion** (Leosar) arbeitet es mit zwei russischen Cospas- und mindestens zwei amerikanischen Sarsat-Satelliten. Dies sind polumlaufende **LEO-Satelliten** (Low Earth Orbit, erdnahe Umlaufbahn). Die Satelliten fliegen also alle auf derselben festen Bahn um die Erde, in Nord-Süd-Richtung von Pol zu Pol, während sich die Erde unter den Satelliten hinwegdreht. Die Satelliten fliegen mit etwa 25 000 km/h Geschwindigkeit, die Cospas-Satelliten in 1000 km, die Sarsat-Satelliten in 850 km Höhe. Die Satelliten können daher nur relativ kleine Gebiete über-wachen (6000 km Durchmesser). Für eine Erdumrundung benötigen sie rund 100 Minuten.

Daraus folgen drei typische Eigenschaften:

1. Abdeckung der ganzen Erde, auch der Polargebiete (A4)
2. Längere Alarmierungszeiten
3. Ungenauere Positionsangaben

Sobald eine Epirb aktiviert wird, sendet sie ihre Signale in den Himmel. Irgendwann fliegt ein Satellit über die Epirb hinweg, empfängt ihre Signale – Notzeichen und MMSI. Weil sich der Satellit mit hoher Geschwindigkeit der Boje nähert, verändert sich die Frequenz der von der Epirb abgestrahlten Funkwellen – und genauso, wenn er sich wieder von ihr entfernt. Diese Frequenzen und die MMSI werden vom Satelliten gespeichert – und sobald er eine der 44 Empfangseinrichtungen (Local User Terminal, **LUT**) auf der Erde überfliegt – zur Erde gesendet. Wenn von mindestens zwei Satelliten solche Daten vorliegen, kann das LUT nach dem Doppler-Prinzip (das auch in der Verkehrsüberwachung zur Geschwindigkeitsmessung benutzt wird) den Standort der Epirb bestimmen. Dann sendet es ihn, die zugehörige Uhrzeit und die MMSI an ein Mission Control Centre (**MCC**).

Von hier aus werden die Daten über das Telefonnetz an drei MRCCs, in den USA, in Australien und in Bremen, übermittelt. Durchschnittlich 43 Minuten (Schwankung zwischen 30 Minuten und vier Stunden), nachdem die Epirb aktiviert wurde, erreicht der Alarm die Rettungsleitstellen. Sie leiten den Alarm sofort an die beiden zuständigen Rettungsleitstellen weiter: Das ist zum einen der Flaggenstaat – also das MRCC in dem Staat, unter dessen Flagge das Schiff fährt – und zum anderen das MRCC, das für die Suche und Rettung in dem Gebiet zuständig ist, in dem die Epirb geortet wurde. Zur Zuständigkeit des deutschen MRCC siehe Seite 208.

Die geringe Flughöhe erlaubt, preisgünstige, kleine und leichte Signalgeber zu verwenden:

1. Geringere Sendeleistung der Signalgeber; es wird mit 5 W gesendet, was nur kleine Batterien erfordert.
2. Eine Positionsangabe durch die Epirb ist nicht erforderlich.

In der Basisversion arbeitet Cospas-Sarsat auf zwei Frequenzen: 121,5 MHz (internationale Flugfunknotfrequenz, kann aber auch von Schiffen gepeilt werden) und 406 MHz.[1] Eine Epirb, die nur auf 121,5 MHz arbeitet, hat zwei deutliche Nachteile: Sie kann nicht identifiziert (keine MMSI) und der Ort der Epirb kann nur ungenau bestimmt werden (mittlerer Fehler: 17,2 km). Weil sie so preiswert sind, werden die Signalgeber dennoch in vielen Flugzeugen, Yachten und auch bei Expeditionen mitgeführt. Die Ortung durch Satelliten auf 121,5 MHz wurde allerdings am 1. Februar 2009 eingestellt.

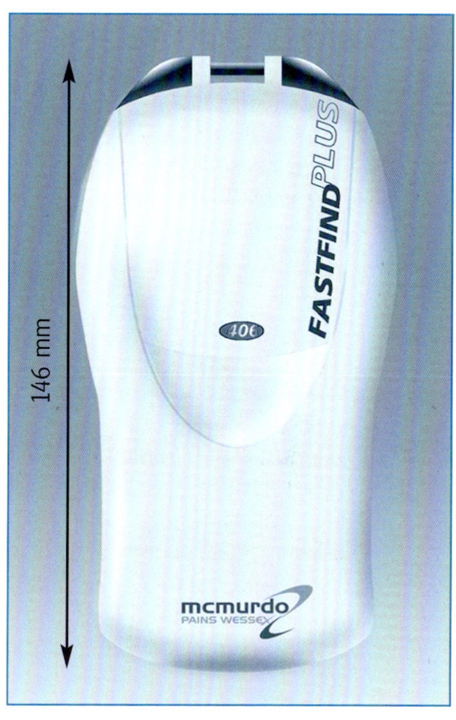

Cospas-Sarsat-Epirb

Diese Nachteile haben die **406-MHz-Baken** nicht. Sie senden die MMSI und ermitteln mit 96-prozentiger Wahrscheinlichkeit den Ort auf 5 km genau. Die meisten 406-MHz-Epirbs senden gleichzeitig auch auf 121,5 MHz, damit sie besser gefunden werden können. Suchflugzeuge und Schiffe können auf 121,5 MHz peilen und einen Zielflug oder eine Zielfahrt zur Seenotfunkbake durchführen. So eine Zielfahrt heißt **Homing**.

1 Manche Baken senden auch auf 243 MHz. Nachteilig ist dabei, dass diese Signale nur von Sarsat-Satelliten empfangen und nicht an alle LUTs weitergeleitet werden können. Die technischen Eigenschaften entsprechen denen der 121,5-MHz-Baken.

Das Cospas-Sarsat-System hat bewiesen, dass es mit seinen erdnahen Satelliten Notsignale aufspüren und orten kann. Es ist überall auf der Welt erfolgreich eingesetzt worden: Seit seinem Start im Jahr 1982 wurden – bis Ende 2019 – 51 429 Menschen in 15 523 Notfällen gerettet, allein im Jahr 2019 wurden 2691 Menschen aus 992 Notlagen geborgen.

Cospas-Sarsat/Leosar-Geosar

Die Betreiber haben das System dennoch weiterentwickelt und die LEO-Satelliten durch **GEO-Satelliten** (Geostationary Earth Orbit, geostationäre Erdumlaufbahn) in 36 000 km Höhe ergänzt. Hierzu wurden die Wettersatelliten GOES-E, GOES-W, GOES-9, MSG und INSAT-2A sowie einige Ersatzsatelliten mit 406-MHz-Empfängern bestückt.

Dieses System heißt **Cospas-Sarsat/ Leosar-Geosar**. Weil geostationäre Satelliten nicht den Standort bestimmen können, muss die Epirb ihn selbst ermitteln – mit einem eingebauten GPS-Empfänger. Im Ausleuchtbereich der GEO-Satelliten wird der Alarm, die MMSI und die Position in wenigen Minuten an die MRCCs übermittelt. In A4-Gebieten arbeiten diese Epirbs wie Leosar-Epirbs.

Cospas-Sarsat/Meosar

Das europäische Satelliten-Navigationssystem **Galileo** mit seinen in 23 222 km Höhe (Medium Earth Orbit) fliegenden **MEO-Satelliten** erlaubt ebenfalls eine Alarmierung per Epirb. Somit gibt es Systeme zur Suche und Rettung (SAR) mithilfe von Satelliten im

- Low Earth Orbit (LEOSAR)
- Medium Earth Orbit (MEOSAR)
- Geostationary Earth Orbit (GEOSAR)

Galileo ist weltweit verfügbar, kann den Ort der Epirb auf drei Meter genau bestimmen, den Alarm in drei Minuten an eine Rettungsleitstelle übermitteln und sogar eine Empfangsbestäigung der Rettungsleitstelle an die Epirb senden.

➠ Jede Epirb muss registriert werden. Dazu fordere man vom Verkäufer ein Antragsformular, auf dem die Epirb samt Zulassungsnummer eingetragen ist. Der Käufer fügt noch seine persönlichen Daten und die seines Schiffes hinzu. Auf diese Angaben kann die Rettungsleitstelle in einem Notfall zugreifen. Mit dem Formular wird die Genehmigung bei der BNetzA Hamburg beantragt. Wenig später erhält man die „Zuteilungsurkunde“ (s. Seite 61) mit der MMSI. Diese MMSI muss der Verkäufer in die Epirb einprogrammieren, weil der Havarist nur über die MMSI identifizierbar ist. MMSI, Seriennummer und die Haltbarkeitsdaten von Batterie und Wasserdruckauslöser müssen auf die Epirb aufgedruckt sein.

Transponder

Der Begriff Transponder stammt aus der **Radartechnik**. Radar wird in der Schifffahrt zur Navigation eingesetzt und um Kollisionen zu vermeiden. Ein Radargerät sendet kurze Impulse und wartet, ob ein Echo zurückkommt. Dieses wird dann am Bildschirm angezeigt. Damit also ein Objekt am Radarschirm erkennbar ist, muss es ausreichende

Größe und gute Reflexionseigenschaften besitzen. Kleine Yachten erzeugen oftmals ein schwaches Echo, das am Radarschirm nicht wahrgenommen oder übersehen wird.

Das Kunstwort „**Transponder**“ setzt sich aus den beiden Begriffen „Transmitter“ (Sender) und „Responder“ (Antworter) zusammen. Wenn ein Radartransponder Radarstrahlen (eines fremden Fahrzeugs) empfängt, antwortet er auf derselben Frequenz und erzeugt damit auf dem Radarschirm ein gut erkennbares Zeichen. In der Schifffahrt werden drei Transpondertypen für unterschiedliche Zwecke eingesetzt, von denen nur der Dritte zum GMDSS gehört:

1. Radarantwortbaken (Racon)
2. Aktive Radarreflektoren (Zielverstärker)
3. Transponder für Suche und Rettung (SART)

Einige Seezeichen sind mit **Radarantwortbaken** ausgestattet (in Seekarten mit **Racon** bezeichnet, daher auch Raconbaken genannt). Diese erzeugen auf dem Radarschirm einen auffälligen radialen Balken, gelegentlich auch einen aus Punkten und Balken zusammengesetzten Morsebuchstaben, der dann in der Seekarte angegeben ist. Damit ist eine eindeutige Identifizierung des Seezeichens am Radarschirm möglich, was die Navigation und die Ortsbestimmung erheblich vereinfacht.

Um die Radarsichtigkeit eines kleinen Fahrzeugs oder einer Tonne zu verbessern, werden sie oftmals mit einem Radarreflektor, einer Art Katzenauge für Radarstrahlen bestückt. Auf Booten, die im Gegensatz zu Tonnen nicht an festen Orten liegen, ist ein Radarreflektor oftmals unzureichend; vor allem in dichtem Nebel ist ein Kunststoff- oder Holzboot mithilfe von Radar häufig nicht mehr zu orten. Solche Fahrzeuge werden besser mit einem **aktiven Radarreflektor** ausgestattet. Dies ist ein Transponder, der einer Reflexionsfläche von 80 m^2 entspricht und mit Sicherheit erkannt wird.

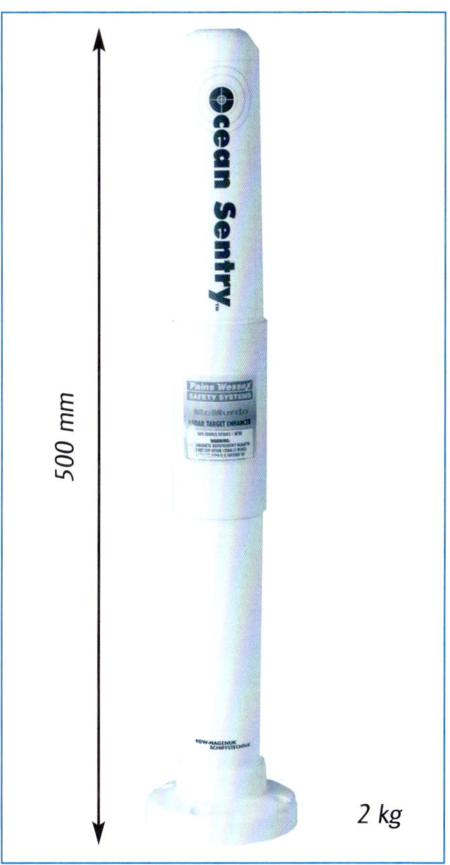

Aktivradarreflektor Ocean Sentry

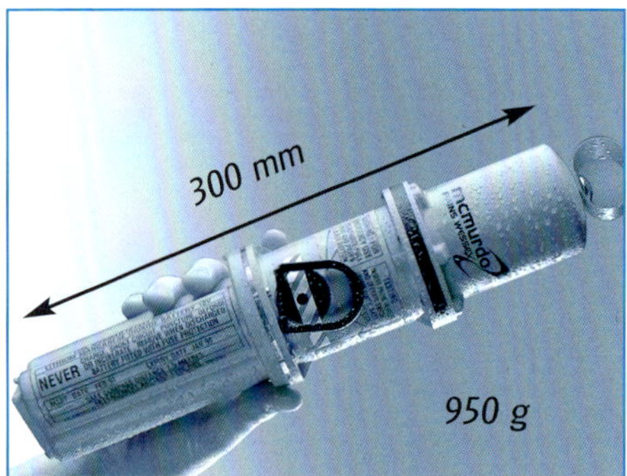

Transponder für Suche und Rettung (SART)

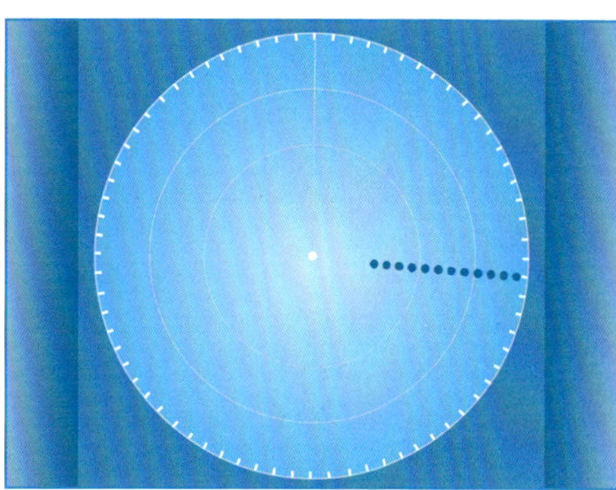

SART in der Radaranzeige (095°)

Transponder für Suche und Rettung (SART)

Die Abkürzung **SART** steht für **Search and Rescue Transponder** und zeigt an, dass diese Transponder ausschließlich zur Suche und Rettung von Schiffbrüchigen eingesetzt werden dürfen. Ein SART ist das wichtigste Hilfsmittel bei der Suche nach Schiffbrüchigen. Der Transponder für Suche und Rettung kann auf dem Schiff oder dem Rettungsboot fest installiert sein (Berufsschifffahrt) oder als tragbares Gerät an Bord oder im Rettungsboot eingesetzt werden (Sportschifffahrt). Ein tragbarer SART kann manuell oder automatisch beim Eintauchen in Wasser aktiviert werden.

Den IMO-Empfehlungen zufolge soll ein Transponder für Suche und Rettung, der 1 m über der Wasseroberfläche montiert ist, aus mindestens 5 sm zu orten sein. Dabei wird eine Antennenhöhe (des suchenden Radargerätes) von 15 m angenommen. Tests haben gezeigt, dass die Ortung eines SART bei 15 m Radarantennenhöhe und glattem Wasser aus folgender Entfernung möglich ist:

1,8 sm	wenn der SART flach auf dem Boden des Rettungsbootes liegt
2,0 sm	wenn der SART im Wasser schwimmt
2,5 sm	wenn der SART aufrecht auf dem Boden des Rettungsbootes steht

Hoher Seegang verschlechtert die Werte erheblich. Sehr viel erfolgversprechender ist die Suche aus der Luft. Bei 1000 ft Flughöhe kann ein moderner Radartransponder (SART) problemlos aus 40 sm geortet werden.

Radartransponder senden im Frequenzbereich 9 GHz und können damit nur von **X-Band-Radargeräten** (auch als 3-cm-Band bezeichnet) empfangen werden, bei denen die Frequenz der Trägerwellen zwischen 9320 und 9500 MHz liegt. Die auf großen Schiffen zusätzlich vorhandenen S-Band-Radargeräte (10-cm-Band), welche zwar die Küstenlinien

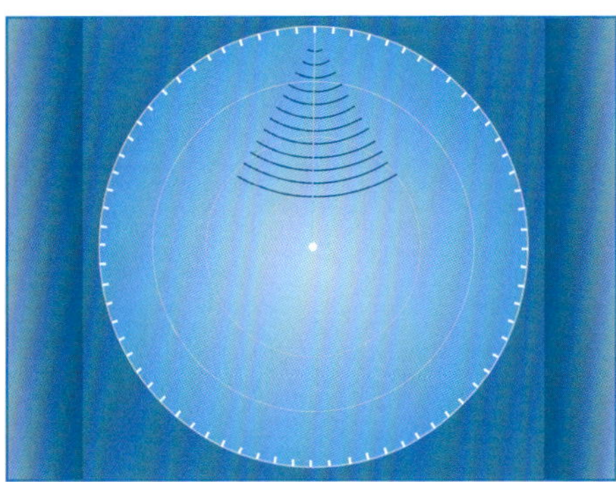

SART voraus in weniger als 1 sm Entfernung

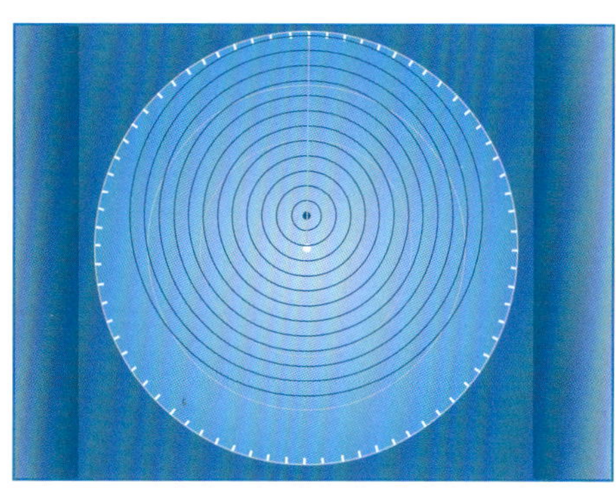

SART unmittelbar voraus

weniger deutlich abbilden, aber weniger durch Regen und Seegang gestört werden, können keine SART-Signale anzeigen.

Ein aktivierter Radartransponder (SART) erzeugt auf dem Radarschirm eine auffällige Kette von 12 Punkten. Daraus kann sowohl die Richtung zum Radartransponder wie auch dessen Entfernung abgeleitet werden, wobei die systembedingte Verzögerung der SART-Antwort dazu führen kann, dass die tatsächliche Position zwischen 150 und 1000 m näher als die angezeigte Position liegt.

Bei der Suche nach einem SART soll das Radargerät auf einen Entfernungsbereich von 6 bis 12 sm eingestellt sein. Da der Abstand zwischen den Punkten ungefähr 0,6 sm beträgt, könnte bei einem größeren Messbereich das SART-Signal nicht mehr als Folge von Einzelpunkten erkennbar sein.

Bei Annäherung auf weniger als 1 sm an den Transponder werden zunächst konzentrische Kreisbögen und schließlich Kreise dargestellt.

Der Radartransponder zeigt optisch und akustisch an, wenn er von einem Radar erfasst wird.

Handsprechfunkgeräte

UKW-Handsprechfunkgeräte (s. Seite 29) können – auf großen Schiffen – für den Funkverkehr an Bord sowie in Rettungsinseln, Rettungsbooten und Überlebensfahrzeugen eingesetzt werden. Dazu müssen sie wasserdicht sein und über Kanal 16 sowie mindestens einen weiteren Kanal verfügen. Empfohlen ist die Ausrüstung mit den Kanälen 06, 13, 15, 16 und 17.

Es dürfen nur zugelassene, angemeldete Geräte eingesetzt werden. Handsprechfunkgeräte haben 1 Watt Nennleistung und dürfen auch anstelle einer stationären UKW-Funkanlage verwendet werden, sind jedoch stets an ein Schiff gebunden. Für den Notfall sind originalverpackte Reservebatterien wertvoll.

Schritt 3: Not-, Dringlichkeits-, Sicherheitsverkehr

Das Kunstwort **Mayday** ist – wie bereits auf Seite 12 beschrieben – das Sprechfunk-Notzeichen. Es zeigt an, dass ein Schiff oder eine Person von einer ernsten und unmittelbaren Gefahr bedroht ist und sofortige Hilfe benötigt.

Wie schon erwähnt, muss jeder, der das Wort „Mayday" hört, sofort jedes andere Funkgespräch abbrechen und prüfen, ob er helfen kann.

Gerät ein Schiff in Not, so kann es über UKW auf zwei Arten um Hilfe rufen:

1. GMDSS
   Drücken der Distress-Taste; dies löst einen digitalen Notalarm aus

2. NON-GMDSS
   Senden einer gesprochenen Notmeldung, i. Allg. auf Kanal 16 (s. Seite 45).

Nur der Schiffsführer darf eine gefährliche Lage zum Notfall erklären (s. Seite 8). Notalarme oder Notmeldungen dürfen nur auf Anweisung des Schiffsführers gesendet werden. Natürlich darf auch ein Notalarm gesendet werden, wenn der Skipper über Bord fällt und die Crew nicht in der Lage ist, ihn unverzüglich zu bergen (s. Seite 8).

Rettungsleitstellen MRCC

In den Küstengewässern vieler Länder wird Kanal 16 ständig überwacht – durch KüFuSt, die Coastguard oder durch eine Maritime Rettungsleitstelle (MRCC[1], Maritime Rescue Co-ordination Centre). Diese Gebiete heißen **A1-Seegebiete** (s. Seiten 22, 206, 207).

Das deutsche MRCC ist die zentrale Leitstelle der Deutschen Gesellschaft zur Rettung Schiffbrüchiger **DGzRS** in Bremen. Die Leitstelle überwacht die Kanäle 16 und 70 über fernbediente KüFuSt vor der gesamten deutschen Küste.[2] Es wird mit **Bremen Rescue** gerufen. In den dänischen Gewässern ruft man stattdessen **Lyngby Radio** an. In Großbritannien werden Kanal 16 und Kanal 70 von der Küstenwache (z. B.: **Dover Coastguard**) überwacht, in Frankreich durch die Centres Régionaux Opérationnels de Surveillance et de Sauvetage (z. B. **CROSS Gris-Nez**).

[1] Die Abkürzung RCC steht für Rescue Co-ordination Centre. RCCs koordinieren Einsätze außerhalb der Seeschifffahrt.

[2] Die Seenotleitung kann auch telefonisch alarmiert werden: +49 421 536870. Doch Schiffe in der Nähe werden so nicht erreicht. Und per Handy kann der Havarist nicht den Funkverkehr zur Suche und Rettung unterstützen.

Zur funktechnischen Vorbereitung einer Reise gehört, sich vor Fahrtantritt zu informieren, welche landseitige Funkversorgung vorhanden ist und wo – falls nur UKW-Funk an Bord ist – die A1-Gebiete enden.

Notalarm auslösen

Ein Notalarm wird ausgelöst, indem die Distress-Taste fünf Sekunden lang gedrückt gehalten wird. Das ist auf Seite 8 beschrieben. Ein solcher DSC-Notalarm enthält keine Angaben zur Notfallart (undesignated).

Die Notfallart kann im Notalarm angegeben werden. Dazu ist aus einem Menü eine der folgenden zehn Optionen auszuwählen:

Undesignated (keine Angabe)
Fire Explosion (Feuer, Explosion)
Collision (Kollision)
Grounding (Strandung)
Capsizing (Kentern)
Sinking (Sinken)
Adrift (Manövrierunfähig vertrieben)
Abandoning Ship (Schiff wird verlassen)
Piracy Attack (Piratenüberfall)
Man overboard (Mann über Bord)

Das sieht einfacher aus, als es in Wirklichkeit ist, und es kostet Zeit. Am besten drückt man im Notfall einfach nur die Distress-Taste. Sobald ein Notalarm gesendet ist, startet der DSC-Controller eine interne Stoppuhr, die automatisch etwa alle vier bis fünf Minuten den DSC-Notalarm wiederholt. Die automatische Wiederholung endet, wenn eine andere FuSt den Empfang des Notalarms per DSC bestätigt. Daher dürfen (in Küstennähe) nur KüFuSt einen Notalarm per DSC bestätigen. Fernab von Küsten müsste eine SeeFuSt, die einen Notalarm per DSC bestätigt, zunächst die Seenotleitung übernehmen und den Notalarm per DSC oder Satellit an eine KüFuSt weiterleiten. Auch der Havarist kann die Wiederholung abschalten, indem er das Gerät kurz ausschaltet oder Taste „CLR" drückt.

Seenot-App SafeTrx

Safetrx (Safe Tracks = Sichere Routen) ist eine Seenot- und Tracking-App, die von vielen MRCCs zur Seenotrettung eingesetzt wird – seit 2017 auch von der **DGzRS**. Der User gibt beim Auslaufen aus einem Hafen seinen Zielhafen, die Wegpunkte seiner Route und die voraussichtliche Ankunftszeit ETA in die App ein. Solange eine Netzverbindung besteht, erfasst SafeTrx die Route und sendet die Daten an das zuständige MRCC. Gibt es zwischendurch keine Verbindung zu einem Telefonnetz, so kann die Route natürlich nicht gesendet werden. Erreicht der User den Zielhafen, so muss er dies in seiner App bestätigen. Sollte er es vergessen, wird er per SMS daran erinnert. Verspätet sich das Schiff, so kann die ETA angepasst werden. Geschieht jedoch nichts, so sendet SafeTrx 15 Minuten nach der ETA an mehrere gespeicherte private Notfallkontakte eine SMS. Die sollen dann telefonisch abfragen, ob an Bord alles in Ordnung ist. Erreichen sie niemanden, so müssten sie dies dem MRCC melden. Das MRCC veranlasst nun sofort eine Suche. Da die App auch äußere Merkmale (Bootstyp, Rumpffarbe usw.) des Schiffes speichert und da die gespeicherten Tracks, Wegpunkte und Zielhafen bekannt sind, kann gezielt gesucht und der Havarist schnell gefunden werden. Im Seenotfall kann man über die App auch Alarm auslösen. Und Seewetterberichte sind abrufbar.

Wenn eine KüFuSt einen Notalarm empfängt, bestätigt sie dies sofort per DSC. Der Empfangsbestätigung wird der komplette Notalarm angehängt. Denn sie geht nicht nur an den Havaristen, sondern an alle FuSt. Wer den Notalarm noch nicht empfangen hatte, weiß nun auch Bescheid, und alle wissen, dass das MRCC eingreift.

Notverkehr eröffnen

Falls er dazu noch in der Lage ist, soll der Haravrist nun weitere Einzelheiten nennen. Man sagt, der Havarist soll den Notverkehr eröffnen. Er soll zuerst sprechen und angeben, welche Hilfe benötigt wird und was die Suche und Rettung erleichtert. Insbesondere soll er mitteilen, wie viele Personen in Not sind. Daher müssen alle FuSt nach Empfang eines DSC-Notalarms sofort Kanal 16 abhören (Schreibzeug bereitlegen). So erfahren sie auch den Namen und das Rufzeichen des Havaristen, mit dem sie ihn anrufen und Hilfe anbieten können.

Notalarm bestätigen

Schiffe sollen den Empfang des Notalarms nur bestätigen, wenn sie nahe beim Havaristen liegen und helfen können. Sie müssen warten, bis die KüFuSt den Empfang bestätigt und der Havarist den Notverkehr eröffnet hat. Wenn danach eine Pause eintritt, bestätigen Schiffe den Empfang – allerdings nicht per DSC, sondern per Sprechfunk. Form und Inhalt der Empfangsbestätigung sind genau vorgeschrieben:

Mayday
Bert/DA3344
Hier ist
Ernie/DB8833
Erhalten Mayday

Mayday
Bert call sign DA3344
This is
Ernie call sign DB8833
Received Mayday

Das Rufzeichen des Havaristen ist dem DSC-Notalarm nicht zu entnehmen. Es wird erst mit der Eröffnung des Notverkehrs durch den Havaristen bekannt. Geschieht das nicht, wird er mit seiner MMSI angesprochen:

Mayday
211512680
Hier ist
Ernie/DB8833
Erhalten Mayday

Hinweise

➡ In der Prüfung muss die Meldung unbedingt *Erhalten Mayday* oder *Received Mayday* lauten. Das ist so vorgeschrieben. *Mayday erhalten* oder *Habe Mayday erhalten* wäre falsch und die Prüfung nicht bestanden.

➡ Nur bei der Notalarmbestätigung wird der Name der bestätigenden FuSt und des Havaristen ein Mal gesprochen, im übrigen Not-, Dringlichkeits- und Sicherheitsverkehr (s. Seiten 51, 52) immer drei Mal.

In den seltenen Fällen von Verständigungsschwierigkeiten kann gesendet werden:

– statt *An alle Funkstellen*
  CQ (CHARLIE QUEBEC)

– statt *Hier ist*
DE (DELTA ECHO)

– statt *Erhalten Mayday*
RRR (ROMEO ROMEO ROMEO) MAYDAY

Fernab von Küsten müssen grundsätzlich alle Schiffe, die einen Notalarm empfangen, den Empfang bestätigen. Nur wenn eine KüFuSt den Empfang bestätigt und ein Schiff weit entfernt liegt, darf die Bestätigung entfallen.

Grundsätzlich muss jedes zur Hilfeleistung fähige Schiff auf See, dem gemeldet wird, dass sich Menschen in Seenot befinden, diesen mit größtmöglicher Geschwindigkeit zu Hilfe eilen und ihnen oder dem zuständigen Rettungsdienst hiervon Kenntnis geben. Leistet es keine Hilfe, dann muss der Kapitän im Logbuch darlegen, warum nicht. Das verlangt die Verordnung über die Sicherung der Seefahrt. Yachten sollten ebenso verfahren.

Typischer Ablauf

Der Funkverkehr in einem Seenotfall läuft typischerweise in sieben Schritten ab:

1. Havarist löst Notalarm aus
2. MRCC bestätigt den Empfang per DSC
3. Havarist eröffnet den Notverkehr
4. MRCC erteilt erste Ratschläge
5. Schiffe bestätigen per Sprechfunk
6. Verkehr vor Ort (s. Seite 47)
7. Notverkehr wird beendet (s. Seite 49)

[1] Wenn zuvor bereits ein DSC-Notalarm abgegeben wurde, soll danach auch die MMSI gesprochen werden.

Notmeldung abgeben

Im Gegensatz zu einem digitalen Notalarm versteht man unter einer Notmeldung eine gesprochene Alarmierung – vorzugsweise auf Kanal 16. Der Aufbau einer Notmeldung ist international einheitlich festgelegt, ihr ist ein Notanruf voranzustellen. Der **Notanruf** besteht aus

- dem dreimal zu sprechenden Notzeichen
- den Worten *Hier ist* oder *This is*
- dem drei Mal gesprochenen Schiffsnamen und ein Mal buchstabierten Rufzeichen[1]

Die **Notmeldung** soll sechs Bestandteile umfassen, die nach Möglichkeit in der angegebenen Reihenfolge zu sprechen sind:

- Notzeichen (Mayday)
- Schiffsname und Rufzeichen[1]
- Standortangabe (falls möglich einmal wiederholen, dabei Zahlen in Ziffern sprechen)
- die Art des Notfalls, die Anzahl der Personen an Bord und die erbetene Hilfe
- jede Art von Informationen, die die Hilfeleistung erleichtern können
- das Wort *Over*

Eine Notmeldung wird gesendet, wenn

- der DSC-Notalarm nicht bestätigt wurde
- kein DSC-Controller vorhanden ist oder
- Boote ohne DSC-Controller alarmiert werden sollen

Das MRCC bestätigt den Empfang im Sprechfunk und Punkt 3 entfällt; sonst ist der Ablauf ist gleich. Erhält der Havarist auf seinen Hilferuf keine Antwort, so darf er ihn beliebig oft wiederholen und dabei die Notmeldung auch auf einem anderen Kanal senden.

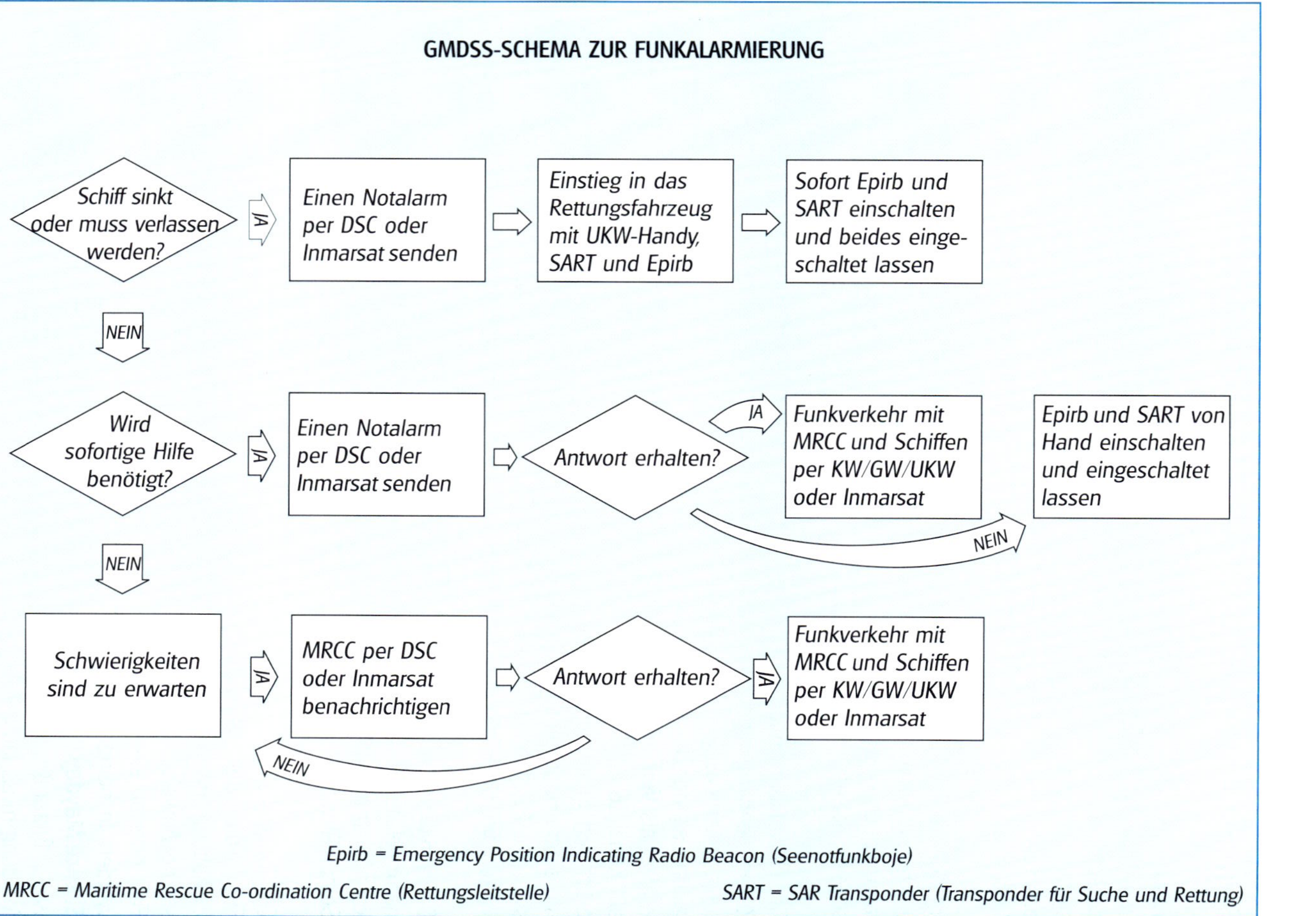
GMDSS-SCHEMA ZUR FUNKALARMIERUNG
Schiff sinkt oder muss verlassen werden?
JA
Einen Notalarm per DSC oder Inmarsat senden
Einstieg in das Rettungsfahrzeug mit UKW-Handy, SART und Epirb
Sofort Epirb und SART einschalten und beides eingeschaltet lassen
NEIN
Wird sofortige Hilfe benötigt?
JA
Einen Notalarm per DSC oder Inmarsat senden
Antwort erhalten?
JA
Funkverkehr mit MRCC und Schiffen per KW/GW/UKW oder Inmarsat
NEIN
Epirb und SART von Hand einschalten und eingeschaltet lassen
NEIN
Schwierigkeiten sind zu erwarten
JA
MRCC per DSC oder Inmarsat benachrichtigen
Antwort erhalten?
JA
Funkverkehr mit MRCC und Schiffen per KW/GW/UKW oder Inmarsat
NEIN
Epirb = Emergency Position Indicating Radio Beacon (Seenotfunkboje)
MRCC = Maritime Rescue Co-ordination Centre (Rettungsleitstelle)
SART = SAR Transponder (Transponder für Suche und Rettung)

Bestimmungen zum Notverkehr

Wenn ein Schiff einen DSC-Notalarm oder eine Notmeldung gesendet hat, ist Kanal 16 ausschließlich für Notverkehr reserviert. Funkstellen, die nicht am Notverkehr teilnehmen, ist das Senden auf allen Frequenzen, auf denen Notverkehr stattfindet, verboten.

Im Notverkehr wird vor jedem Anruf das Notzeichen *Mayday* ein Mal gesprochen. So erfahren auch FuSt, die sich erst später zugeschaltet haben, dass Notverkehr herrscht.

Der Notverkehr umfasst alle Meldungen im Zusammenhang mit der Hilfe, Suche und Rettung. Er kann auf jeder verfügbaren Frequenz geführt werden. In der Nähe der Unfallstelle wird er als **Verkehr vor Ort** bezeichnet und auf Kanal 16 abgewickelt. Damit soll Schiffbrüchigen in einem Rettungsboot, die nur mit einem Handsprechfunkgerät ausgerüstet sind, die Möglichkeit gegeben werden, am Verkehr vor Ort teilzunehmen.

Der Notverkehr wird vom **On-Scene Co-ordinator** geleitet. Er wird vom MRCC ernannt und koordiniert die Rettungsmaßnahmen vor Ort. Seinen Anweisungen müssen Schiffe folgen.

Die Funkstelle, die den Notverkehr leitet, darf FuSt, die den Notverkehr stören, zur Einhaltung der Funkstille auffordern. Eine solche Anweisung kann entweder an alle FuSt oder an eine bestimmte FuSt gerichtet werden. In beiden Fällen wird das Zeichen **Silence Mayday** (französisch ausgesprochen wie ßilaanß mädeh) verwendet. Die Meldung muss lauten:

An alle Funkstellen
Silence Mayday

Labermax (Schiffsname)
Silence Mayday

Schiffe, die von einem Notverkehr Kenntnis haben, müssen diesen verfolgen und in das Schiffstage- oder Logbuch eintragen, selbst wenn sie am Notverkehr nicht teilnehmen. Schiffe, die dem Havaristen nicht helfen können, dürfen die Beobachtung des Notverkehrs erst einstellen, wenn sie die Gewissheit haben, dass Hilfe sichergestellt ist.

SAR-Hubschrauber

Falls nötig, werden Hubschrauber zur Suche und Rettung eingesetzt. Der Funkverkehr mit ihnen erfolgt nach dem Verfahren des Seefunks auf den Kanälen 16 oder 06. Kanal 06 wird gewählt, wenn infolge intensiven Funkverkehrs Kanal 16 überlastet ist. Daher sollte ein Schiff in Not bis zur Ankunft eines SAR-Hubschraubers Kanal 16 abhören. Ein Hubschrauber wird mit **Rescue** und Seitennummer des Hubschraubers gerufen.

Mithilfe der **Zweikanalüberwachung** (Dual Watch) kann neben Kanal 16 ein weiterer Kanal überwacht werden – etwa Kanal 06. Dazu wird Kanal 06 eingestellt und dann die Taste DUAL (s. Seite 159) gedrückt. Nun springt die Anzeige ständig zwischen den Kanälen 16 und 06 hin und her und hakt ein, wenn auf einem Kanal gesendet wird.

Mayday Relay

Erfährt eine FuSt, dass sich ein anderes Fahrzeug in Not befindet, so muss sie diese Notlage weiterleiten, wenn

- das Fahrzeug in Not nicht am Notverkehr teilnehmen kann, es z. B. weder einen Notalarm noch eine Notmeldung sendet,
- ein Notalarm oder eine Notmeldung eines anderen Fahrzeugs empfangen wurde, aber fünf Minuten danach noch keine Empfangsbestätigung einer KüFuSt oder eines anderen Schiffes eingegangen oder
- zusätzliche Hilfe nötig ist (davon sollte auf einem Sportboot in jedem Fall ausgegangen werden).

Die Weiterleitung einer Notlage wird als **Mayday Relay** bezeichnet. Die Meldung soll per Sprechfunk an eine KüFuSt oder ein MRCC gesendet werden, wenn diese eine Hörwache unterhalten und eine zuverlässige Sprechfunkverbindung möglich ist. Ist dies nicht gegeben, so soll die Notlage per DSC an eine KüFuSt weitergeleitet werden (was aber mit den in der Sportschifffahrt und in Prüfungen verwendeten DSC-Controllern nicht möglich ist). Die Meldung lautet z. B.:

Mayday Relay Mayday Relay Mayday Relay
Bremen Rescue (oder andere KüFuSt)
Bremen Rescue (oder andere KüFuSt)
Bremen Rescue (oder andere KüFuSt)
Hier ist
Pinta Pinta Pinta/DA7692
Meine Position ist um 1530 UTC
55°25'N 006°15'E.
Ich beobachte ein unbekanntes gekentertes Segelboot mit rotem Rumpf
in 315°, etwa 0,5 sm entfernt.
Over

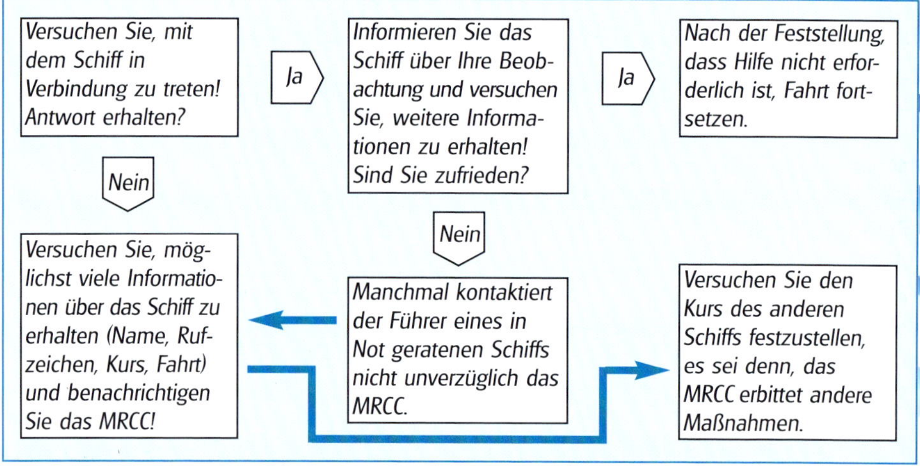

GMDSS-Verhaltensschema für Schiffsführer, die ein anderes Schiff beobachten, das sich anscheinend in Gefahr befindet.

Frage 141 (SRC)

Nur wenn es trotz mehrfacher Versuche nicht gelingt, eine Verbindung zu einer KüFuSt oder einem MRCC herzustellen, soll die Notlage per Sprechfunk (ohne DSC) an alle Schiffe weitergeleitet werden.

Der weitere Ablauf erfolgt wie nach Abgabe eines Notalarms oder einer Notmeldung (s. Seite 45). Die KüFuSt bestätigt den Empfang per Sprechfunk. Daraufhin eröffnet die weiterleitende FuSt den Notverkehr mit einer Lagebeschreibung. Das MRCC erteilt nun erste Ratschläge und organisiert Hilfe. In einer Pause bestätigen Schiffe in der Nähe den Empfang per Sprechfunk. Es folgt der Verkehr vor Ort und schließlich wird der Notverkehr beendet.

Hörwache auf Kanal 16

Nach ausführlicher Diskussion über die Hörwache auf Kanal 16 kam der IMO-Unterausschuss COMSAR 8 im Jahr 2004 zu dem Schluss, dass eine Hörwache auf Kanal 16 für SOLAS-Schiffe (s. Seite 23) auf See erforderlich ist. So soll sichergestellt werden, dass ein Kanal

1. für die Notmeldungen, insbesondere der Nicht-SOLAS-Fahrzeuge (Sportboote), und
2. bei schwierigen Bedingungen für Anrufe

zur Verfügung steht. Zur IMO-Entschließung A954(23) siehe Seite 11.

Silence fini

Sobald der Notverkehr beendet ist, muss jeder benutzte Kanal wieder für normalen Betrieb freigegeben werden – mit dem Zeichen **Silence fini**. Auch dies ist französisch auszusprechen.

Mayday	
An alle Funkstellen	
An alle Funkstellen	
An alle Funkstellen	
Hier ist	
Coconut	
Coconut	
Coconut/DKPL	
2045 UTC	Aktuelle Uhrzeit
Rubin/DIGW	FuSt in Not
Silence fini	Beendigung des Notverkehrs

Einen Fehlalarm widerrufen

Ca. 90 % aller DSC-Notalarme sind Fehlalarme. Bei jedem DSC-Notalarm, der nicht als Fehlalarm erkannt wird, läuft eine Rettungsaktion an. Ein versehentlich ausgelöster DSC-Notalarm muss daher umgehend widerrufen werden. Der Widerruf soll so schnell wie möglich auf Kanal 16 gesendet werden (für weitere Maßnahmen und Fehlalarme von Epirbs s. auch Seite 50):

An alle Funkstellen
An alle Funkstellen
An alle Funkstellen
Hier ist
Uhu Uhu Uhu/DA2351 211106420
Ich widerrufe meinen Notalarm von 1925 UTC
(Please cancel my distress alert of 1925 UTC)

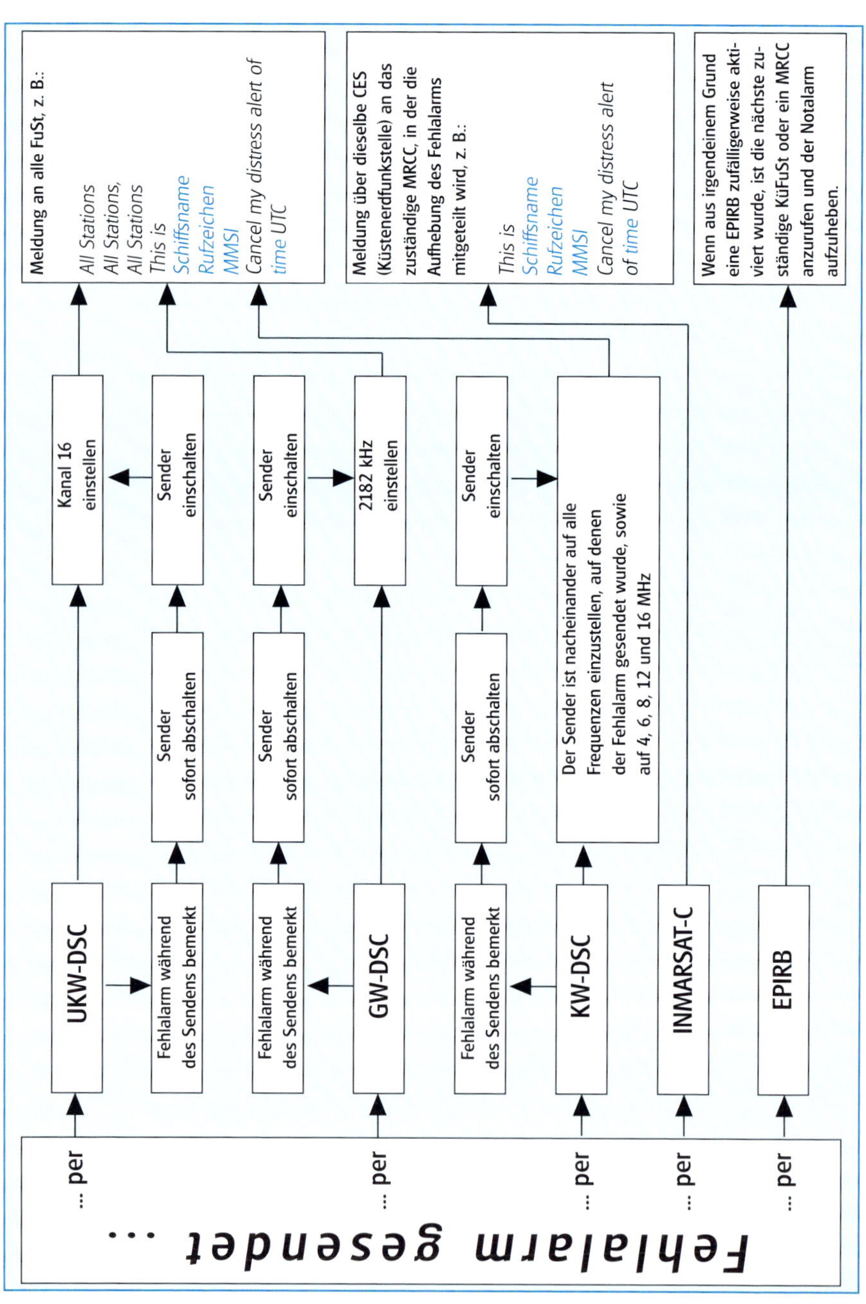

IMO-Anweisung zum Aufheben von Fehlalarmen

Dringlichkeitsverkehr Pan Pan

Das Dringlichkeitszeichen besteht aus der Gruppe der Wörter **Pan Pan**. Es wird wie das französische *panne* ausgesprochen und zeigt an, dass eine sehr dringende Meldung ausgesendet wird, die die Sicherheit einer Person oder eines Fahrzeugs betrifft. Das Dringlichkeitszeichen muss vor dem Anruf drei Mal gesprochen werden.

Die Verbreitung einer Dringlichkeitsmeldung im GMDSS muss in zwei Schritten erfolgen:

1. Ankündigen der Meldung per DSC
2. Aussenden der Meldung im Sprechfunk

Die Ankündigung per DSC erfolgt durch

- Eingabe des Ruftyps (Ruf an alle FuSt oder an eine FuSt)
- Eingabe der Priorität Urgency, Dringlichkeit
- Eingabe des Kanals (Kanal 16; sollte auf Kanal 16 Notverkehr herrschen, muss ein anderer Kanal gewählt werden, Seite 52)

Den Empfang eines DSC-Dringlichkeitsrufs meldet der Controller optisch und akustisch. Das Funkgerät wird automatisch auf den vom Anrufer festgelegten Arbeitskanal eingestellt (auch beim Anrufer). Hier hört man nun die Dringlichkeitsmeldung:

Pan Pan Pan Pan Pan Pan
An alle Funkstellen
An alle Funkstellen
An alle Funkstellen
Hier ist
Rubin Rubin Rubin/DIGW 211222330
Position 54°40'N 010°50'E
Maschinenausfall, manövrierunfähig vertrieben, dringend Schlepphilfe benötigt.
Over[1]

Pan Pan Pan Pan Pan Pan
All stations All stations All stations
This is
Rubin Rubin Rubin
callsign DIGW 211222330
Position 54°40'N 010°50'E
Engine broken down, disabled and adrift
Tug assistence urgently required.
Over[1]

Ein an alle FuSt gerichteter DSC-Dringlichkeitsanruf darf nicht per DSC bestätigt werden. Schiffe, die Hilfeleistung anbieten, antworten per Sprechfunk.

Wenn mit einer Dringlichkeitsmeldung alle FuSt veranlasst wurden, bestimmte Maßnahmen zu ergreifen, so soll die Dringlichkeitsmeldung widerrufen werden, wenn die Maßnahmen nicht mehr erforderlich sind. Dies erfolgt auf dem Kanal der ersten Aussendung (s. Seite 185).

Ein Fahrzeug, das technische Probleme hat, die möglicherweise zu einem Notfall führen können, soll frühzeitig die Küstenwache oder das MRCC informieren (s. Seite 46). Hierzu ist zunächst ein DSC-Dringlichkeitsanruf an das MRCC zu senden und sodann auf Kanal 16 die Dringlichkeitsmeldung abzugeben. Ein Beispiel findet der Leser auf Seite 69.

[1] Im Sendegebiet einer deutschen Verkehrszentrale muss auch die Verkehrszentrale informiert werden (s. Seite 55).

Wird nur ein Dringlichkeitszeichen empfangen, aber keine Meldung, muss dieser Kanal mindestens fünf Minuten lang abgehört werden. Folgt in dieser Zeit keine Dringlichkeitsmeldung, so ist eine KüFuSt über den Empfang zu unterrichten. Erst danach darf der normale Funkverkehr fortgesetzt werden.

Sicherheitsverkehr Sécurité

Das Sicherheitszeichen **Sécurité** wird ebenfalls französisch ausgesprochen und zeigt an, dass eine wichtige nautische Warnung oder eine wichtige Wetterwarnung folgt. Sicherheitsmeldungen werden von KüFuSt, selten auch von Schiffen gesendet.

Eine Sicherheitsmeldung soll in drei Schritten verbreitet werden:

1. Ankündigen der Meldung per DSC
2. Ankündigen der Meldung per Sprechfunk auf Kanal 16 mit Angabe des Arbeitskanals, in der Regel Kanal 13
3. Aussenden der Meldung im Sprechfunk auf dem angegebenen Arbeitskanal

Die Ankündigung per DSC entfällt jedoch bei Sicherheitsmeldungen, die

- von einer KüFuSt zu festgelegten Sendezeiten verbreitet werden,
- nur Schiffe in der Nähe betreffen.

Hinweis:

➡ Not-, Dringlichkeits- und Sicherheitsverkehr sollte im Logbuch dokumentiert werden.

Auf Kanal 16:
Sécurité Sécurité Sécurité
An alle Funkstellen An alle Funkstellen
An alle Funkstellen
Hier ist
Roon Roon Roon/DE8446 211523740[1]
Sicherheitsmeldung auf Kanal 13

Auf Kanal 13:
Sécurité Sécurité Sécurité
An alle Funkstellen An alle Funkstellen
An alle Funkstellen
Hier ist
Roon Roon Roon/DE8446 211523740[1]
Auf Position 54°40'N 010°50'E wird ein treibender roter Container gesichtet
Ende der Meldung

Soll während eines Notverkehrs eine Dringlichkeits- oder Sicherheitsmeldung verbreitet werden, kann die Meldung zunächst in einer Pause im Notverkehr angekündigt werden:

Pan Pan (Nur 1 x)
Hier ist DFKA (Nur das Rufzeichen)
Ich sende auf Kanal 06 (Pan Pan auf 06)

bzw.

Sécurité (Nur 1 x)
Hier ist DG7733 (Nur das Rufzeichen)
Ich sende auf Kanal 13 (Sécurité auf 13)

Schließlich wird die Meldung auf dem angegebenen Arbeitskanal gesendet.

[1] Die MMSI wird nur gesprochen, wenn die Sicherheitsmeldung auch per DSC angekündigt wurde.

Fragen 86, 100 – 102, 108, 139, 156 (SRC)

Schritt 4: Ergänzungen zum UKW-Seefunk

Rechtliche Grundlagen

Die funkrechtlichen Vorschriften sind weitgehend international vereinheitlicht. Als **GMDSS** (Global Maritime Distress and Safety System = Weltweites Seenot- und Sicherheitsfunksystem für die Schifffahrt) werden Ausrüstungs- und Verfahrensvorschriften zum internationalen Seefunk bezeichnet. Sie sind in internationalen Verträgen und nationalen Verordnungen enthalten.

Das **SOLAS**-Übereinkommen von 1974/1988 (SOLAS = Safety of Life at Sea = Sicherheit des Lebens auf See) regelt die Ausrüstungspflicht von Seeschiffen – auch die Funkausrüstung. Der SOLAS-Vertrag wird auch als **Schiffssicherheitsvertrag** bezeichnet; die **Schiffssicherheitsverordnung** enthält die nationalen Durchführungs- und Ergänzungsbestimmungen. Das **Telekommunikationsgesetz** regelt u. a. das Abhörverbot und das **Fernmeldegeheimnis**. Ihm unterliegt der Inhalt des Funkverkehrs und wer daran beteiligt war. Alle Personen, die das Funkgerät beaufsichtigen, bedienen oder Kenntnis von Informationen erhalten haben, müssen es beachten. Verstöße werden strafrechtlich verfolgt. Nur Meldungen an alle Funkstellen dürfen uneingeschränkt aufgenommen und verbreitet werden.

Während die Ausrüstungsvorschriften innerhalb der **IMO** (International Maritime Organization, London, der für die Seeschifffahrt zuständigen UN-Unterorganisation) entwickelt wurden, fallen die Verfahrensvorschriften in den Zuständigkeitsbereich der **ITU** (International Telecommunication Union, Genf). Die Vorschriften zu den Betriebsverfahren und Frequenzen des GMDSS sind in den **Radio Regulations** (RR) der ITU enthalten, deren deutsche Fassung die Vollzugsordnung für den Funkdienst (**VO Funk**) ist.

Küstenfunkstellen

Küstenfunkstellen sind an dem Wort Radio hinter dem Ortsnamen zu erkennen. Alle deutschen KüFuSt arbeiten auf UKW.

Die wenigen deutschen Küstenfunkstellen für den **öffentlichen Verkehr**, über die Telefongespräche geführt werden können, sind private Einrichtungen. Ihre Arbeitskanäle und Reichweiten teilen die Anbieter mit. KüFuSt für den öffentlichen Verkehr werden mit „Ortsname Radio" gerufen, z. B. *Lyngby Radio*.

Viel wichtiger sind die über 80 deutschen Küstenfunkstellen für den **nicht-öffentlichen**

Verkehr, die den Schiffsverkehr unterstützen und unentgeltlich arbeiten. Die KüFuSt für den nicht-öffentlichen Verkehr werden ohne das Wort Radio angerufen. Dies sind:

1. Verkehrszentralen – **Traffic Radio** gerufen z. B. *Warnemünde Traffic*
2. Häfen – **Port Radio** gerufen z. B. *Strande Port*
3. Radarberatung – **Radar Radio** gerufen z. B. *Jade Radar*
4. Lotsen – **Pilot Radio** gerufen z. B. *Stralsund Pilot*
5. Schleusen – **Lock Radio** gerufen z. B. *Eider Lock*
6. Brücken – **Bridge Radio** gerufen z. B. *Hunte Bridge*
7. Bremen **Rescue Radio** (s. Seite 42) gerufen *Bremen Rescue*

Alle KüFuSt sollen nach Möglichkeit auf ihren Arbeitskanälen (s. Seite 204) angerufen werden. Sie sind im **Funkdienst für die Klein- und Sportschifffahrt** sowie in den jeweiligen nationalen Veröffentlichungen, z. T. auch in Seekarten aufgeführt.

Ist der Arbeitskanal einer KüFuSt unbekannt, so kann auf Kanal 16 angerufen und nach dem Arbeitskanal gefragt werden. Wird die KüFuSt per DSC angerufen, so kann kein Arbeitskanal eingegeben werden (s. Seite 189). Hier legt die KüFuSt den Arbeitskanal fest. Das Funkgerät des Anrufers wird dann automatisch auf den Kanal eingestellt. Der Funkverkehr wird also stets von der KüFuSt gesteuert. Ihren Anweisungen (z. B. auf einen anderen Kanal zu wechseln oder hörbereit zu bleiben) ist Folge zu leisten.

Verkehrszentralen

Viele Länder haben in den stark befahrenen Gebieten ihrer Küstengewässer **maritime Verkehrssicherungssysteme** (Vessel Traffic Services, VTS) eingerichtet, um die Leichtigkeit und die Sicherheit des Schiffsverkehrs zu gewährleisten und die Meeresumwelt zu schützen. Dazu wurden **Verkehrszentralen** eingerichtet, die mit hoch auflösenden Radaranlagen alle Schiffsbewegungen, auch die von Sportbooten, überwachen. Aufgaben der Verkehrssicherung werden auch von Häfen, Schleusen und Brücken wahrgenommen.

Die Maßnahmen reichen dabei von der bloßen Aufnahme der Schiffs- und Ladungsdaten über die Versorgung mit nautischen Informationen einschließlich Meldungen über die Schiffsbewegungen (**Lagemeldungen**) bis zu einer vollständigen Verkehrsregelung (**Schiffslenkungsfunkdienst**).

Gemeinsames Lagezentrum See (GLZ-See)

Das GLZ-See in Cuxhaven überwacht und bewertet rund um die Uhr die Sicherheitslage in Nord- und Ostsee. Es koordiniert die Einsätze der Schifffahrts- und der Bundespolizei, von Zoll und Fischereiaufsicht. Zum GLZ-See gehört auch das **Havariekommando**, eine gemeinsame Einrichtung des Bundes und der fünf Küstenländer, dessen Havariestab bei Unfällen alle erforderlichen Maßnahmen koordinieren soll. Das GLZ-See kann auf Kanal 16 über die Fahrzeuge der Küstenwache und über KüFuSt für den öffentlichen Verkehr (s. Seite 16) kostenlos mit dem Rufnamen **German Border Guard** gerufen werden.

Laut § 3 Abs. 1 SeeSchStrO müssen alle mit UKW ausgerüsteten Fahrzeuge – auch Sportboote – in den Sendebereichen der Verkehrszentralen deren Arbeitskanäle (s. Seite 204) abhören. Gemeldet werden müssen einer Verkehrszentrale (und der Bundestelle für Seeunfalluntersuchung) „meldepflichtige Ereignisse", wie z. B. Tod, Verlust oder schwere Verletzung eines Menschen, Verlust oder Aufgabe des Schiffes, Aufgrundlaufen, Schiffbruch, Sach- oder Umweltschäden. Das schreibt die Verordnung über die Sicherung der Seefahrt in § 7 Abs. 2a vor. Auch wenn sich ein Sportboot ohne Radar bei Nebel in einem Fahrwasser oder Verkehrstrennungsgebiet befindet, sollte dies der Verkehrszentrale gemeldet werden (s. Seiten 52, 57).

Auf den Kanälen des Revier- und Hafenfunks (s. Seite 204) dürfen nur Nachrichten übermittelt werden, die sich auf den Schutz von Personen, die Fahrt oder auf die Sicherheit von Schiffen beziehen.

Ein Sonderfall ist die Küstenfunkstelle **Todendorf Naval** (Naval = zur Marine gehörig). Sie verbreitet auf Kanal 11 Lagemeldungen für die Schießgebiete Hohwachter Bucht, Todendorf und Putlos. Bei Schießbetrieb sind die betreffenden Warngebiete westlich von Fehmarn gesperrt.

Funktechnische Reisevorbereitung

Zur funktechnischen Reisevorbereitung gehört es auch, sich über die Verkehrssicherungssysteme und Verkehrszentralen (Arbeitskanäle, Sendezeiten der Lagemeldungen, erforderliche Hörbereitschaft) sowie über die Verbindung zu Häfen zu informieren.

Häfen

In Deutschland werden Häfen stets mit *Ortsname Port* gerufen. Im Ausland ruft man auch *Ortsname Port Control* oder *Name Marina*. Während in Deutschland Sportboothäfen (Marinas) nur in Ausnahmefällen mit UKW-Sprechfunkgeräten ausgestattet sind, ist dies in manchen anderen Ländern (England, Frankreich) die Regel. Als Beispiel soll das Anlaufen von Dover[1] erläutert werden.

Das Seegebiet vor Dover wird von einer Verkehrszentrale – Dover Coastguard – überwacht. Trotz des starken Verkehrs im Ärmelkanal, dazu Fährschiffe und Hochgeschwindigkeitskatamarane, müssen Yachten nicht den Arbeitskanal der Verkehrszentrale abhören.

Vor der Hafeneinfahrt muss zunächst eine Einfahrerlaubnis erbeten werden. Die Einfahrt in den Hafen wird durch Lichtsignale geregelt, die ständig auf Rot stehen und nur auf Anfrage auf Grün geschaltet werden. Auf Kanal 74:

Dover Port Control
This is
Algebra Algebra call sign DG3536
Over

Dover Port Control
Hier ist
Algebra Algebra/DG3536
Over

[1] Alle Infos dazu im „Reeds Nautical Almanac".

Algebra
This is
Dover Port Control
Good Morning Sir
Algebra
Hier ist
Dover Port Control
Guten Morgen

Good Morning Sir
This is the sailing yacht
100 m off the western entrance.
I require a berth

Guten Morgen
Hier ist die Segelyacht
100 m vor der westlichen Hafeneinfahrt.
Ich benötige einen Liegeplatz

Permission to enter will be given in a few moments. A harbour patrol boat will wait for you near the western entrance to escort you to the marina.
Over

Die Einfahrerlaubnis wird in Kürze erteilt.
Ein Hafen-Patrouillenboot wird Sie an der Westeinfahrt erwarten, um Sie zur Marina zu geleiten.
Over

Thank you Sir
I will wait for the permission

Danke
Ich warte auf die Freigabe

Nach der Freigabe (drei grüne Lichter) darf in den Hafen eingelaufen werden, wo die Hafenpatrouille bereits wartet, um den Gast zur Marina zu geleiten. Vor der Einfahrt in die Marina muss erneut Funkkontakt[1] aufgenommen werden (auf Kanal 80):

Dover Marina
This is
Algebra Algebra call sign DG3536
Over

Dover Marina
Hier ist
Algebra Algebra/DG3536
Over

Algebra
This is
Dover Marina
Over

Algebra
Hier ist
Dover Marina
Over

Good Morning Sir
I require a berth; length 31 ft.
Over

Guten Morgen
Ich benötige einen Liegeplatz; 31 Fuß Länge
Over

Your berth is number 76 on pontoon E.
The lock will open at 1030 local time

[1] In England (und in Deutschland) darf in Häfen auf UKW gesendet werden. Manche Länder verbieten es.

Please berth your boat until that at the pontoon opposite the lock[1]
Over

Ihr Liegeplatz ist Nummer 76 am Ponton E. Die Schleuse wird um 1030 Ortszeit geöffnet. Bitte legen Sie Ihr Boot so lange an den Schwimmponton gegenüber der Schleuse[1].
Over

O.K. Number 76, Pontoon E.
Thank you

O.K. Nummer 76, Ponton E
Danke

1 Ein- und Ausfahrt in die Marina sind tidenabhängig.

Radarberatung

Vor vielen stark befahrenen Küsten bieten die Verkehrszentralen bei verminderter Sicht eine Radarberatung an (s. Abbildung unten). Zur Radarberatung gehört auch, kleine Fahrzeuge ohne (leistungsfähiges) Radar über mögliche Kollisionsgefahren und Annäherungen an andere Schiffe zu informieren. Die Sendebereiche (siehe unten) und Arbeitskanäle sind auch in Seekarten angegeben.

Sportboote sollten eine Radarberatung erbitten, wenn sie sich bei verminderter Sicht in einem Fahrwasser befinden. Die Radarberatung ist kostenlos.

Radarketten an der deutschen Nordseeküste

AIS

Das **Automatic Identification System** (AIS) wurde von der IMO entwickelt, damit Schiffe automatisch identifiziert und Kollisionen verhütet werden können. Dazu wurde das SOLAS-Abkommen geändert und alle Schiffe ab BRZ[1] 300 mit AIS-Geräten ausgerüstet.

Ein **AIS-Gerät (Klasse A)**, wie es SOLAS-Fahrzeuge einsetzen müssen, besteht aus vier Komponenten:

1. **Steuergerät**. Es steuert und verarbeitet alle AIS-Daten.
2. **GPS-Navigator**. Er erzeugt die dynamischen Daten.
3. **Sende-Empfangs-Einheit**. Damit erfolgt der Datenaustausch.
4. **Bildschirm**. Hier werden die Daten dargestellt.

Gesendet wird auf den UKW-Kanälen **AIS 1** und **AIS 2** (siehe Seite 205). AIS 1 und AIS 2 sind international einheitliche Frequenzen, die speziell für das AIS eingerichtet wurden. Auf diesen beiden Kanälen werden die sogenannten **Datentelegramme** (siehe rechts, blauer Rahmen) verschickt – vollautomatisch und ohne landseitige Unterstützung, im **SOTDMA-Verfahren** („Self Organising Time Divison Multiple Access").

Die Datentelegramme sind so kompakt, dass auf jedem AIS-Kanal mehr als 2000 Datentelegramme pro Minute übertragen werden können. Die statischen und die reisespezifischen Informationen (siehe blauer Rahmen) werden alle sechs Minuten neu ausgestrahlt, die dynamischen Informationen werden je nach Geschwindigkeit und aktueller Manöversituation aktualisiert:

- Ankerlieger 3 min
- Schiff 0 bis 14 kn 10 sec / 3,3 sec[2]
- Schiff 14 bis 23 kn 6 sec / 2 sec[2]
- Schiff > 23 kn 2 sec / 2 sec[2]
- Sportboot 30 sec[3]

Die AIS-Daten können auf einem eigenen Bildschirm angezeigt oder in Navigationssysteme wie Radar und elektronische Seekarte integriert werden. Abhängig von der Antennenhöhe hat AIS eine Reichweite von 20 bis 30 Seemeilen.

AIS-Daten werden nicht nur von Schiffen genutzt, sondern auch von **Verkehrszentralen**.

Sportboote können auf freiwilliger Basis mit AIS ausgerüstet werden. Auf vielen Booten und Yachten ist AIS an Bord – meistens die einfache, speziell für Sportboote geschaffene **Klasse B**.

Viele Skipper glauben, dass ihre Boote damit besser wahrgenommen werden, weil sie auf den AIS-Schirmen der großen Schiffe erscheinen. Doch das ist nicht sicher. Denn AIS-Klasse-B-Geräte können von großen Schiffen

1 Bruttoraumzahl

2 falls schnell manövrierend

3 wenn es mit einem AIS Klasse A ausgerüstet ist

4 eine 7-stellige Nummer, vergleichbar der Fahrgestellnummer eines Autos, die einem Schiff bei Kiellegung vergeben wird und bis zum Abwracken erhalten bleibt

ausgeblendet werden, um in Gebieten mit starkem Sportbootverkehr den Bildschirm für Navigationsdaten frei zu halten. Zudem nehmen Klasse-B-Geräte nicht am SOTDMA-Verfahren teil. Ihre Daten können daher nicht immer regelmäßig aktualisiert werden. So weiß man auf einem Sportboot nie, ob das eigene AIS-Symbol auf dem Schirm eines großen Schiffs auch wirklich angezeigt wird. AIS kann also weder Radar ersetzen noch den ständigen, sorgfältigen Ausguck.

Inzwischen wird AIS auch für andere Zwecke eingesetzt, als AIS-Epirb, AIS-SART (s. Seiten 37, 40) und AIS-MOB (Man Over Board). Letztere sind kleine AIS-Geräte, die am Körper getragen und bei einem Sturz über Bord aktiv werden. Alle drei Geräte zeigen nach Aktivierung ein Epirb-/SART-/MOB-Symbol mit der aktuellen Position auf den AIS-Schirmen der umliegenden Schiffe an.

Auch Tonnen können mit AIS ausgerüstet sein und im AIS erscheinen. Und es gibt virtuelle Seezeichen, die gar nicht existieren, sondern nur im AIS angezeigt werden. Das nennt sich AIS-AtoN, Aid to Navigation.

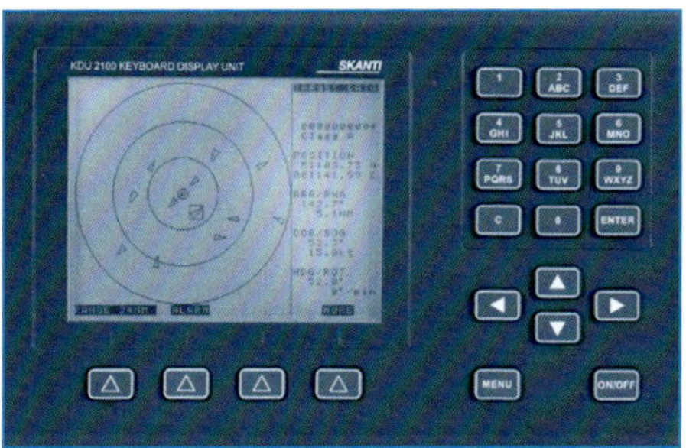

AIS-Gerät Klasse A

AIS-Daten

Nach den internationalen Festlegungen werden drei **Datentelegramme** von AIS übertragen:

1. Statische Informationen
   - Name, Rufzeichen, MMSI des Schiffes
   - Länge und Breite des Schiffes
   - Art des Schiffes
   - IMO-Nummer[3, 4]
2. Dynamische Informationen
   - Position mit zugehöriger Uhrzeit
   - Aktueller Kurs über Grund
   - Aktuelle Fahrt über Grund
   - Gesteuerter Kurs (Kielrichtung/Heading)[3]
   - Status (z. B. manövrierbehindert)[3]
   - Wendegeschwindigkeit[3]
3. Reisespezifische Informationen
   - Derzeitiger Tiefgang[3]
   - Ladungskategorie[3]
   - Zielhafen und ETA (Ankunftszeit)[3]
   - Routenplan (optional)[3]

Das Verfahren des Datenaustausches ist weltweit standardisiert. Auch Fahrzeuge, die mit AIS-Geräten verschiedener Hersteller ausgerüstet sind, können ihre Daten austauschen. Radargeräte und Kartenplotter mit AIS-Schnittstelle können AIS-Daten ebenfalls anzeigen. Dabei werden spezielle Symbole (s. Abbildung rechts) verwendet. Bei einem Klick auf das Symbol werden die AIS-Daten angezeigt. Viele Geräte berechnen auch den Passierabstand und den Zeitpunkt der dichtesten Annäherung.

Frage 46 (UBI)

LRIT

Was AIS im Kleinen macht, erledigt **LRIT** weltweit. Longe Range Identification and Tracking (Identifizierung und Verfolgung von Schiffen über große Entfernungen) spielt in der Sportschifffahrt keine Rolle, gehört aber nach SOLAS zur Pflichtausrüstung von Schiffen ab 300 BRZ auf internationaler Fahrt. Im Gegensatz zu AIS sind die **LRIT-Daten** nicht von jedermann zu empfangen; sie können von Behörden, MRCCs und Reedereien abgerufen werden. Die Daten werden automatisch über Inmarsat- oder Iridium-Satelliten gesendet. Iridium bietet dafür einen **SMS-Tracker** an. Das Gerät in der Größe eines Telefons kann auch Notalarme senden (und Bestätigungen empfangen), für SMS und E-Mails genutzt werden und mit einer Akkuladung angeblich mehrere Tage lang laufen. Inzwischen werden nicht nur Schiffe auf internationaler Fahrt getrackt, sondern auch Container – und die Teilnehmer von bedeutenden Regatten.

DGzRS-Rettungskreuzer

In allen Fällen von Not oder Dringlichkeit wird grundsätzlich das MRCC alarmiert. Manchmal jedoch soll ein Rettungskreuzer direkt angerufen werden. Zwei Beispiele: Eine Segelyacht mit Motorschaden liegt abends bei Flaute einige Seemeilen vor der Küste. Andere Yachten, die Schlepphilfe anbieten könnten, sind nicht in der Nähe. Natürlich könnte die Yacht auf See warten, bis Wind kommt, aber sie möchte die Nacht lieber im Hafen verbringen. – Eine andere Yacht möchte bei Starkwind ein Seegatt passieren, weiß aber nicht, ob sie den Verhältnissen gewachsen ist. In solchen Fällen kann man – unter der Voraussetzung, dass kein Notverkehr herrscht – einen Rettungskreuzer um Schlepphilfe oder Geleitschutz bitten. Die Namen der Kreuzer, ihre Stationen und Bereitschaft findet man auf Seite 208 f.

Zeitangaben

Sofern nichts anderes angegeben ist, erfolgen Zeitangaben im Seefunk in **UTC** (koordinierte Weltzeit). Um mitteleuropäische Sommerzeit (**MESZ**) zu erhalten, müssen zwei Stunden hinzugezählt werden, z. B.:

0640 UTC = 0840 MESZ

In manchen praktischen Prüfungen werden Zeitangaben im Navtex-Format gemacht, z. B:

081015 UTC AUG = 8.8., 1015 UTC

Die **ETA** (Estimated Time of Arrival, voraussichtliche Ankunftszeit) wird auch in gesetzlicher Zeit (**GZ**, Local Time **LT**) angegeben. In Deutschland ist das im Winter die mitteleuropäische Zeit (**MEZ**) und im Sommer die mitteleuropäische Sommerzeit (MESZ).

Funkliteratur

Der **Nautische Funkdienst** des BSH gehört zur Pflichtausrüstung deutscher Schiffe. Für den Wassersport gibt es eine Kurzfassung, den jährlich erscheinenden **Funkdienst für die Klein- und Sportschifffahrt** (früher Jachtfunkdienst). Das **Handbuch für Suche und Rettung** enthält Redewendungen auf Englisch, die bei Notfällen verwendet werden können. Für nordwesteuropäische Gewässer wird der **Reeds Nautical Almanac** benötigt.

Wetterberichte

Vor vielen Küsten – auch in Deutschland – können Wetterberichte per UKW-Sprechfunk empfangen werden. Sie werden auch von Verkehrszentralen ausgestrahlt (Sendezeiten und Kanäle im **Funkdienst für die Klein- und Sportschifffahrt**). Wetterbericht wird oft mit **WX** abgekürzt, während **NX** für nautische Warnnachricht steht.

Funkärztlicher Beratungsdienst

Viele Länder bieten ärztliche Beratung über UKW-Sprechfunk an. In Deutschland wird der **Medico-Dienst** von den Helios-Kliniken Cuxhaven erteilt. Er ist über Bremen Rescue, DP07, telefonisch +49 4721 785 und per E-Mail medico@tmas-germany.de erreichbar.

Funkbetriebsgenehmigung

Der Betrieb eines Funkgerätes oder einer Epirb ist genehmigungspflichtig. Zuständig ist die **Bundesnetzagentur (BNetzA)** für Elektrizität, Gas, Telekommunikation, Post und Eisenbahnen, Außenstelle Hamburg. Die Genehmigung ist vom Schiffseigner zu beantragen und erfolgt in Form einer **Ship Station Licence** (Zuteilungsurkunde). Sie ist an den Eigner und das Schiff gebunden und muss – wie auch das Funkzeugnis – im Original an Bord mitgeführt werden. Wird das Schiff verkauft, umgetauft oder ein Funkgerät ausgetauscht oder hinzugefügt, so muss eine neue Genehmigung beantragt und eine neue Urkunde ausgefertigt werden. Handsprechfunkgeräte und Epirbs können auch dann genehmigt werden, wenn das Sportboot keine fest eingebaute Funkanlage besitzt.

Gewerbsmäßig genutzte Sportboote ab 12 m Länge müssen mit einem UKW-Funkgerät ausgerüstet sein. Solche Boote benötigen ein **Funksicherheitszeugnis**, ausgestellt von der Berufsgenossenschaft Verkehr (BG Verkehr).

Die BNetzA darf die Funktion einer FuSt überprüfen und auch die Einstellung des Betriebs anordnen. Dabei werden die technischen Eigenschaften aller Funkgeräte an Bord gemessen; das kann mehrere Stunden dauern.

Testsendungen werden dabei jedoch nicht gemacht. Testsendungen darf jeder Funker vornehmen. Sie dürfen aber nicht länger als zehn Sekunden dauern und müssen mit dem Wort „Test" sowie der Kennung (Name, Rufzeichen) ausgestrahlt werden. Damit wird getestet, ob elektrische Geräte an Bord den Funkbetrieb stören. Dazu müssen alle elektrischen Geräte und Motoren an Bord arbeiten – also nicht nur eingeschaltet und betriebsbereit sein. Wird dann – z. B. auf einem befreundeten Boot – eine Testsendung verzerrt oder undeutlich empfangen, müssen die Geräte der Reihe nach ausgeschaltet werden, bis die Störquelle gefunden ist. So ein Test sollte jährlich durchgeführt werden.

Fragen 17, 18, 23, 27, 30 – 33, 35, 36, 39, 105, 150 (SRC), 31 – 35, 104 (UBI)

Schritt 5: Seefunk mit DSC-Controller

Hinweis:

➡ Ein DSC-Controller dient nur dazu, andere FuSt anzurufen (aufmerksam zu machen) und die Funkgeräte auf den richtigen Kanal einzustellen. Nach dem DSC-Anruf muss die eigentliche Meldung im Sprechfunk gesprochen werden. Einzige Ausnahme: DSC-Notalarm – hier werden Anruf *und* Meldung (bestehend aus MMSI, Position, Zeit und ggf. Notfallart) übermittelt.

Die Bedienung des Skanti-DSC-Controllers erfolgt über die vier runden Tasten in der obersten Reihe (s. Seite 6):

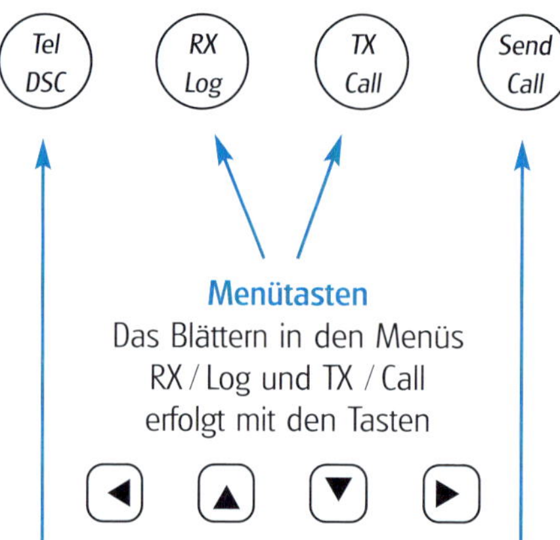

Wahltaste
dient zum Umschalten zwischen den Grundeinstellungen im DSC- und Sprechfunkbetrieb

Sendetaste
dient zum Senden eines zuvor erstellten DSC-Anrufes

dsc

N: 55° 26

Grundeinstellung DSC-Betrieb: Die untere Zeile gibt abwechselnd die im Controller eingespeicherte geografische Breite, Länge, die zugehörige Zeit in UTC sowie den Hinweis auf die Empfangsbereitschaft auf Kanal 70 an.

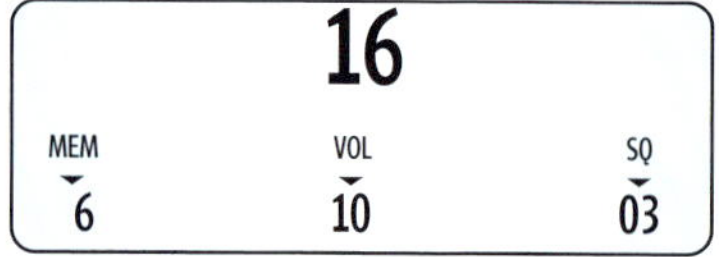

Grundeinstellung Sprechfunkbetrieb:
Das Gerät ist auf Kanal 16 eingestellt. MEM zeigt die aktive Abtasttabelle an (aus den in dieser Tabelle gespeicherten Kanälen wird im DSC-Betrieb der erste freie Kanal ausgewählt). VOL gibt die Lautstärke des Lautsprechers, SQ den Pegel der Rauschsperre an.

Mit der Taste **RX / Log** kann wahlweise der letzte empfangene DSC-Anruf, der letzte empfangene DSC-Notalarm und das DSC-Log, welches bis zu 25 eingegangene DSC-Anrufe speichert, angezeigt werden.

Mit der Taste **TX / Call** wird ein DSC-Anruf erzeugt (der anschließend mit Send / Call gesendet werden kann). Das Menü ist stark verzweigt und etwas unübersichtlich.

Wer noch nicht mit allen Funktionen vertraut ist, kann sich auf das Untermenü „Extended" beschränken. Dazu drückt man zunächst die Taste TX / Call, blättert dann zum Unterpunkt „DSC Extended" und stellt den gewünschten DSC-Anruf zusammen.

Bestandteile eines DSC-Anrufs

Wie beim offenen Sprachanruf sind auch beim DSC-Anruf drei Dinge festzulegen:

1. Anruftyp
2. Kategorie
3. Arbeitskanal

Beim **Anruftyp** ist zu wählen zwischen
Anruf an eine FuSt (Individual station)
Anruf an alle FuSt (All stations).

Bei der **Kategorie** ist zu wählen zwischen
Routineverkehr (Routine)
Sicherheitsverkehr (Safety)
Dringlichkeitsverkehr (Urgency)
Notverkehr (Distress)

Der **Arbeitskanal** ist nur bei Anrufen an alle Funkstellen und bei Anrufen an SeeFuSt, nicht jedoch bei Anrufen an KüFuSt festzulegen (hier wird der Arbeitskanal bekanntlich von der KüFuSt mit der Bestätigung vorgegeben). Als Arbeitskanal wählt man im
Routineverkehr z. B.: 72, 69, 06
Sicherheitsverkehr z. B.: 16, 13
Dringlichkeitsverkehr z. B.: 16, 06
Notverkehr: 16

Hinweise:

➡ Für Personen mit wenig DSC-Erfahrung kann es am einfachsten sein, zunächst nur mit dem Untermenü „Extended" zu arbeiten, in dem die drei Komponenten Anruftyp, Kategorie und Arbeitskanal der Reihe nach abgefragt werden.

➡ Empfohlen wird weiterhin, einen DSC-Notalarm ausschließlich durch Drücken der DISTRESS-Taste zu senden. Dann lässt sich zwar keine Notfallart eingeben – dies ist nur über das Untermenü „DSC-Distress" möglich –, es geht aber viel schneller und ist sicherer.

Typische Aufgabenstellungen

Die Funktionsweise des DSC-Controllers (siehe Seite 6) im Zusammenspiel mit dem Funkgerät wird an einigen typischen Aufgabenstellungen erläutert:

- Routinegespräch mit einem Schiff
- Routinegespräch mit einer KüFuSt
- Eine Yacht in dichtem Nebel verbreitet eine Sicherheitsmeldung an alle Schiffe
- Eine Yacht erleidet Wassereinbruch, den sie ohne fremde Hilfe bekämpfen will. Vorsichtshalber soll die zuständige Rettungsleitstelle (MRCC) informiert werden
- Bei der Rettung einer gekenterten Jolle wird zusätzliche Hilfe benötigt.

Routineanruf an ein Schiff

Lea/DA2672 211555440 will ein Routinegespräch mit Deneb/FGKL 244642530 führen.

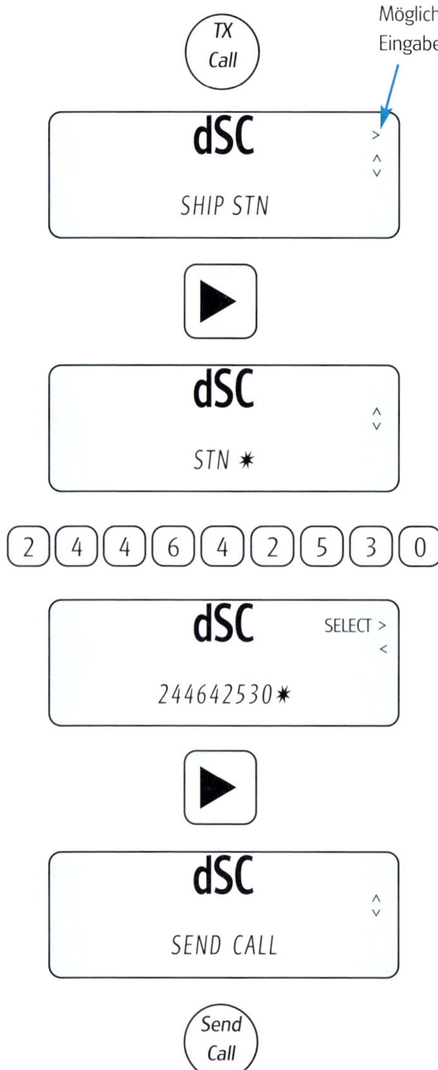

Auf der Deneb ertönt ein Signal und der DSC-Controller zeigt an, dass ein DSC-Ruf empfangen (RECEIVED) wurde, der an eine Funkstelle (INDV CALL) ging; der Ruf stammt von 211555440; Arbeitskanal 06 (VHF CH 06):

Die gerufene FuSt Deneb hat ihren DSC-Controller auf automatische Bestätigung (eingehender DSC-Rufe) eingestellt. Um die Bestätigung zu senden, braucht nur der Hörer abgenommen zu werden.

Dabei zeigt das Display auf der Deneb kurz an, dass ein Ruf gesendet wird (TX-CALL), dass die Sendung erfolgreich war (TX-OK), dass nämlich eine Empfangsbestätigung gesendet wurde (ACK SEND) und dass die Verbindung nun hergestellt wird (CONNECTS):

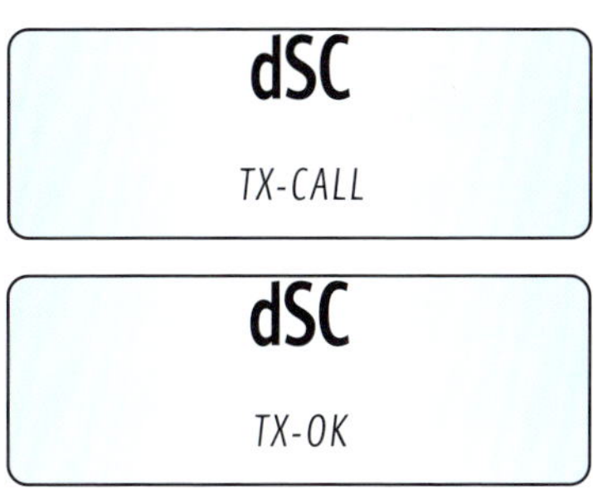

Auch auf der Lea muss nun nur noch der Hörer abgenommen werden. Dabei zeigt das Display nacheinander folgende Anzeigen (ohne Bedienereingriff):

Automatisch wird beim Abheben des Hörers der gewählte Kanal 06 eingestellt, und das Gespräch kann geführt werden.

Deneb
This is
Lea Lea call sign DA2672 211555440
the sailing boat half a mile off your port side.
Can you locate my boat on your radar?
Over

Deneb
Hier ist
Lea Lea/DA2672 211555440
das Segelboot eine halbe Meile von Ihrer Backbordseite entfernt. Können Sie mein Boot auf Ihrem Radar ausmachen?
Over

Hinweis:

➡ Im Menü „Ship Stn" muss kein Arbeitskanal eingestellt werden. Der Controller stellt automatisch den ersten freien Schiff-Schiff-Kanal ein (indem er die „Abtasttabelle 6" scannt). Das ist bei Funkverkehr, der die Fahrt oder die Sicherheit betrifft, in Ordnung. Zum Plaudern sollte jedoch ein anderer Kanal, z. B. 69, gewählt werden, was im Menü „Extended" (s. Seite 69) einfach möglich ist

Routineanruf an eine KüFuSt

Uffa/DFOX MMSI 211789210 erbittet von Brixham Coastguard (MMSI 002320013) die Wiederholung des letzten Wetterberichtes:

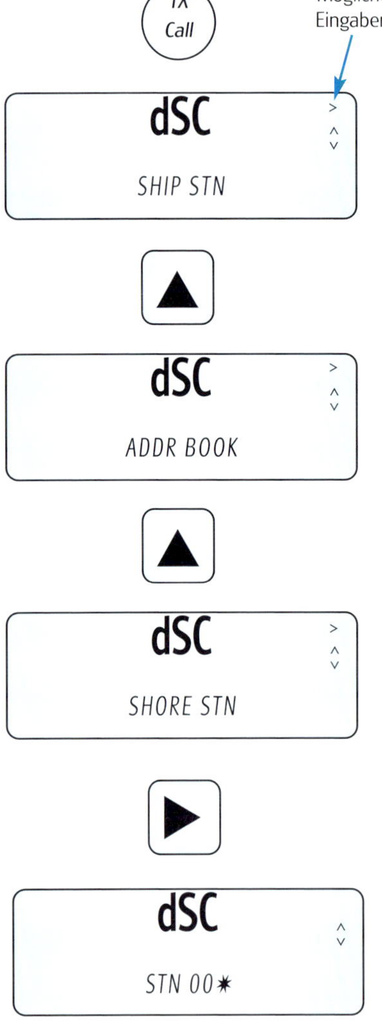

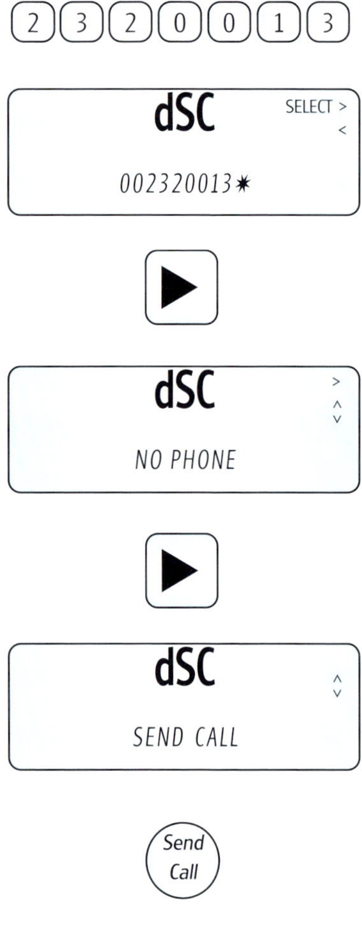

Merke:

➨ Beim Anruf an eine KüFuSt wird kein Arbeitskanal vorgegeben. Dieser wird vielmehr von der KüFuSt mit ihrer Bestätigung festgelegt.

Ein akustisches Signal zeigt den Empfang der Bestätigung von Brixham Coastguard an. Wie beim Routineanruf an ein Schiff dargestellt, zeigt das Display alle Informationen zu dem eingegangenen DSC-Ruf an.

Nun kann der Hörer abgenommen und gesprochen werden (der vorgegebene Arbeitskanal wird automatisch eingestellt):

Brixham Coastguard
This is
Uffa Uffa call sign DFOX 211789210
Good Afternoon
I could not receive the last weather forecast for Portland. Could you be so kind as to repeat it for me?
Over

Brixham Coastguard
Hier ist Uffa Uffa/DFOX 211789210
Guten Tag
Ich konnte die letzte Wettervorhersage für (das Seegebiet) Portland nicht empfangen. Könnten Sie so freundlich sein, diese für mich zu wiederholen?
Over

Brixham Coastguard antwortet:

We have traffic.
Standby on this channel please.

Wir haben Funkverkehr.
Warten Sie bitte auf diesem Kanal!

Hinweis:

➨ Beim Anruf an eine KüFuSt für den öffentlichen Verkehr, welche ein Telefongespräch vermitteln soll, ist in der vorletzten Anzeige „No Phone" der Pfeil nach unten oder oben zu drücken. Über die daraufhin erscheinende Anzeige „Add Phone" kann die gewünschte Rufnummer eingegeben werden. In einigen wenigen Ländern ist damit eine automatische Einwahl in das Festnetz möglich.

Sicherheitsmeldung an alle Schiffe

Die Yacht Extreme/DF6446 MMSI 211321120 ist in dichten Nebel geraten, verfügt aber nicht über ein Radargerät. Sie möchte die umliegende Schifffahrt warnen.

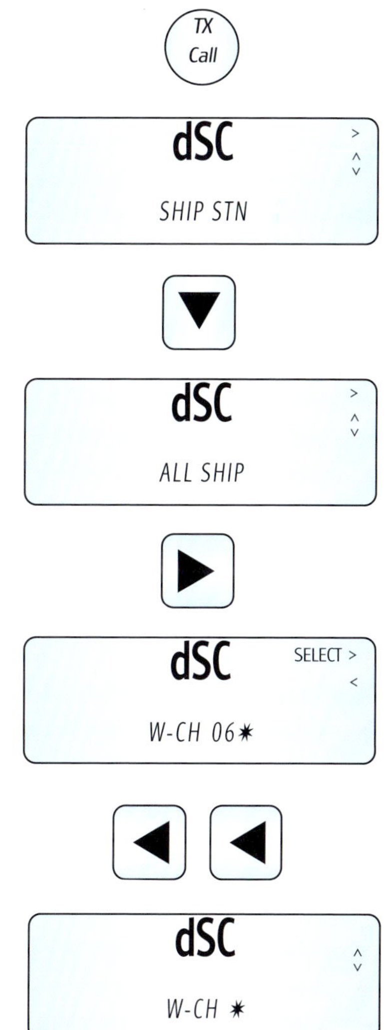

Auf allen umliegenden FuSt, die mit DSC ausgerüstet sind, ertönt nun ein Alarmsignal. Durch Quittieren oder Abnehmen des Hörers wird automatisch der Arbeitskanal 13 eingestellt. Auch auf der sendenden FuSt Extreme erfolgt die Kanalsteuerung automatisch. Hier wird nun folgende Meldung gesendet:

Sécurité Sécurité Sécurité
All Stations All Stations All Stations
This is
Extreme Extreme Extreme
call sign DF6446 211321120
Sailing boat without radar
in position 53°48'N 007°15'E
Course 075° Speed 5 knots
Shipping is requested to navigate carefully

Sécurité Sécurité Sécurité
An alle Funkstellen An alle Funkstellen
An alle Funkstellen
Hier ist
Extreme Extreme Extreme/DF6446 211321120
Segelboot ohne Radar
auf Position 53°48'N 007°15'E
Kurs 075° Fahrt 5 Knoten
Die Schifffahrt wird um vorsichtige Fahrweise gebeten.

Hinweis:

➡ DSC-Controller gestatten keine Routinemeldungen an alle FuSt. All-Stations-DSC-Rufe können nur die Kategorie Not (Distress), Dringlichkeit (Urgency) oder Sicherheit (Safety) haben.

Wassereinbruch!

Eine Yacht läuft bei gutem Wetter 25 sm nördlich von Helgoland, als entdeckt wird, dass bereits etwa dreißig Zentimeter hoch Wasser im Schiff steht. Es hat eindeutig keine Kollision gegeben, das Wasser muss durch einen Rumpfdurchbruch einströmen. Vielleicht ist ein Schlauch (Abflussrohr, WC, Kühlwasser, Fäkalientank, Cockpitentwässerung o. Ä.) geplatzt. Sofort werden die Pumpen in Betrieb genommen, die Leckstelle gesucht, die Rettungsinsel klar gemacht. Die Crew hat sich auf diesen Fall vorbereitet, sie weiß, wer wo nach der Leckstelle suchen muss (Sicherheitsrolle) und verfügt über ausreichendes Material zur Lecksicherung. Der Schiffsführer geht daher davon aus, dass der Wassereinbruch erfolgreich bekämpft werden kann und kein Notfall eintritt, aber auszuschließen ist dies nicht. Deshalb soll rechtzeitig, bevor ggf. durch steigendes Wasser die Funkanlage ausfällt, eine Dringlichkeitsmeldung abgegeben werden.

Schiffsname: Dino
Rufzeichen: DD5664
MMSI: 211283560
Position laut GPS: 53°58'N 007°55'E

Hinweis:

➠ In einem derartigen Fall ist zuerst ein DSC-Dringlichkeitsanruf an das zuständige MRCC zu senden (s. Seiten 46, 51) – hier MRCC Bremen MMSI 002111240. Nach der DSC-Bestätigung durch das MRCC ist in einer Dringlichkeitsmeldung an Bremen Rescue auf Kanal 16 der Sachverhalt näher zu beschreiben (s. Schritt 3).

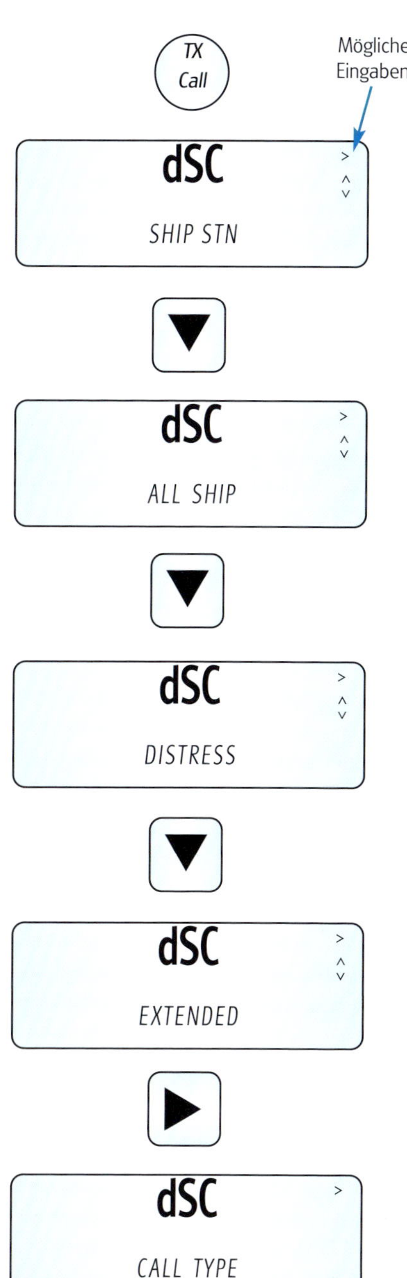

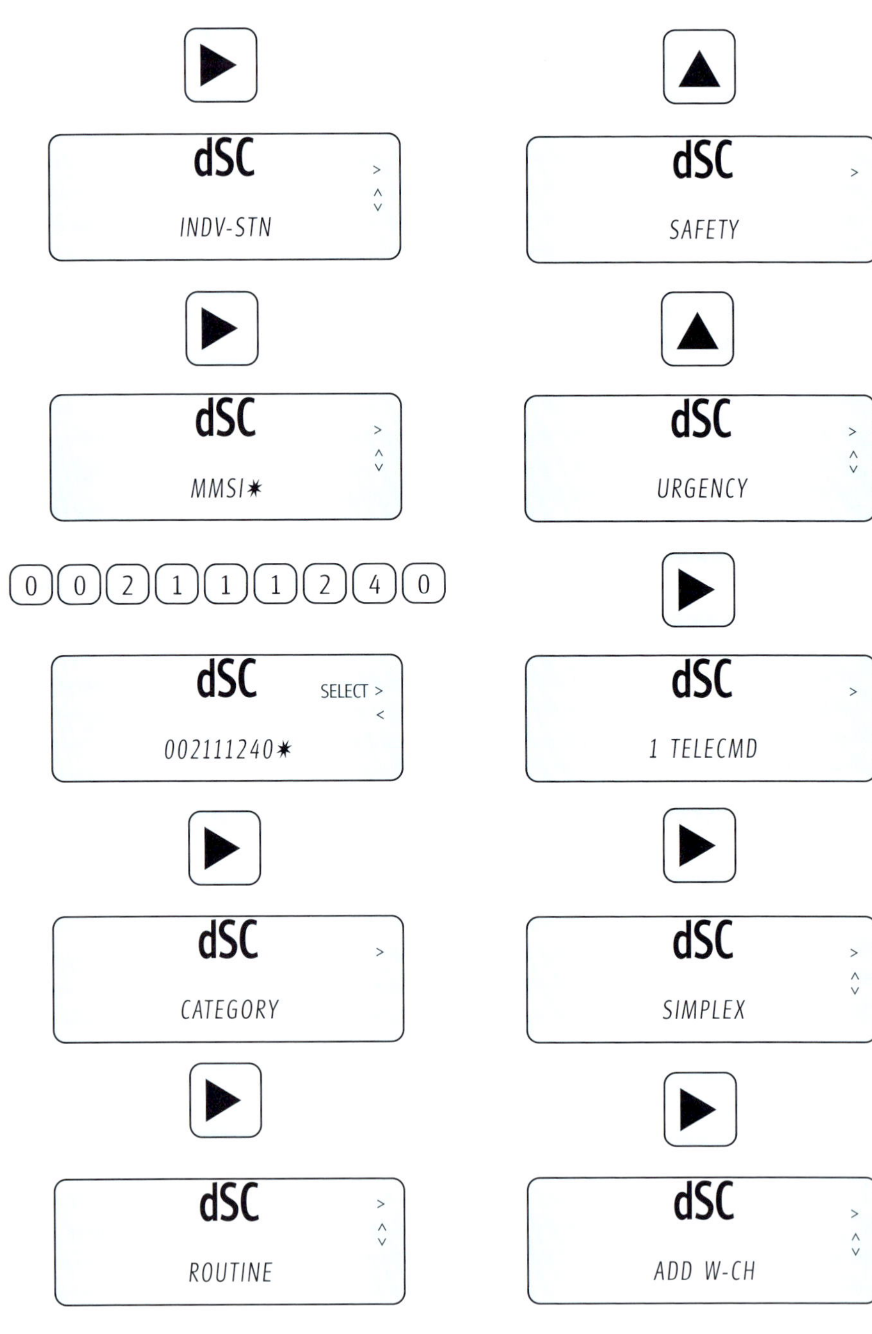
dSC
INDV-STN
dSC
MMSI*
0 0 2 1 1 1 2 4 0
dSC
SELECT >
002111240*
dSC
CATEGORY
dSC
ROUTINE
dSC
SAFETY
dSC
URGENCY
dSC
1 TELECMD
dSC
SIMPLEX
dSC
ADD W-CH

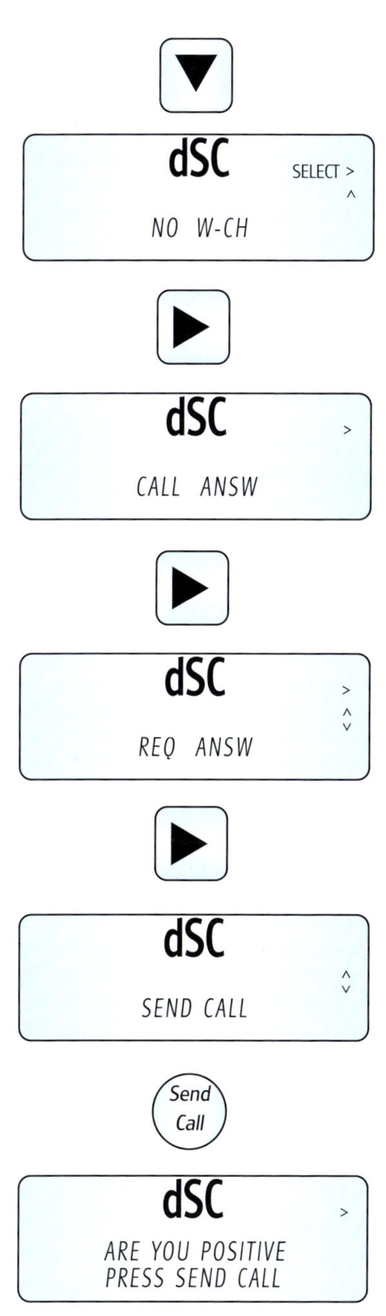

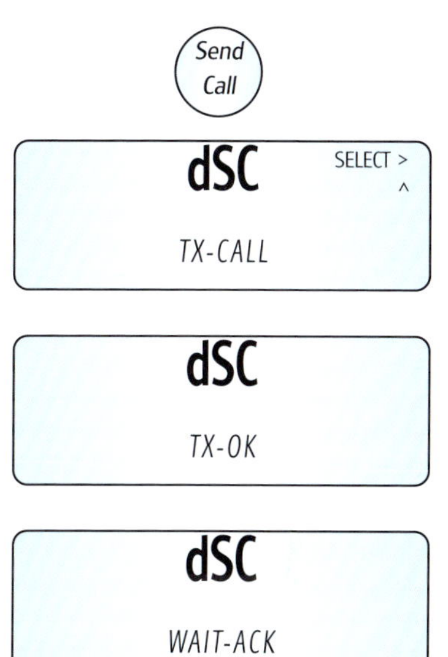

Der DSC-Controller wartet nun auf die Bestätigung (waiting for acknowledgement). Bei deren Empfang ertönt ein Signal und die folgende Anzeige erscheint:

Die untere Zeile zeigt abwechselnd die Worte „Received“, „Urgency“ und die MMSI der bestätigenden FuSt, also „002111240“.

Das Alarmsignal verstummt, sobald der Hörer abgenommen wird.

Hörer abnehmen – damit wird automatisch der von Bremen Rescue vorgegebene Kanal eingestellt – Sendetaste auf der Hörer-Innenseite drücken und sprechen:

Pan Pan Pan Pan Pan Pan
Bremen Rescue
Bremen Rescue
Bremen Rescue
Hier ist
Dino Dino Dino/DD5664 211283560
Position 53°58'N 007°55'E
Wassereinbruch
Wir versuchen, das Leck zu stopfen
Derzeit noch keine fremde Hilfe erforderlich
Ich melde mich gleich wieder auf Kanal 16
Standby
Over

Pan Pan Pan Pan Pan Pan
Bremen Rescue
Bremen Rescue
Bremen Rescue
This is
Dino Dino Dino
call sign DD5664 211283560
Position 53°58'N 007°55'E
Flooding
We try to fother the leak
No help requested in the moment
I come back in a few moments on channel 16
Standby
Over

In dieser Meldung wird die eigene MMSI genannt, damit Bremen Rescue weiß, dass der DSC-Ruf und die gesprochene Meldung vom selben Sender stammen (s. Seite 9). Es werden aber auch das eigene Rufzeichen und der Schiffsname angegeben. Mit dem Namen oder dem Rufzeichen – und nicht mit der MMSI – wird Bremen Rescue ggf. im nachfolgenden Funkverkehr den Havaristen anrufen.

Vermisster Jollensegler

Eine Yacht eilt einer in Küstennähe gekenterten Jolle zu Hilfe. Eine Person, die ohne ausreichende Kälteschutzkleidung in kaltem Wasser schwimmt, kann geborgen werden. Eine zweite Person – mit einer gelben Jacke und einer roten Rettungsweste bekleidet – wird vermisst. Über Funk wird umgehend zusätzliche Hilfe erbeten. Da nicht die Yacht in Not ist, sondern die Jolle, muss für diese eine Notmeldung abgegeben werden (Mayday Relay, s. Seite 48).

Die in der Sportschifffahrt üblichen DSC-Controller der Klasse D gestatten nicht, Mayday Relay per DSC zu senden (s. Seite 25). Allerdings kann über das Untermenü „Extended" ein DSC-Ruf an alle FuSt der Kategorie Distress (= Seenot) gesendet und der per Sprechfunk zu verbreitenden Mayday-Relay-Meldung vorangestellt werden.

Name der Yacht: Saphir
Rufzeichen: DC5983
MMSI: 211964820
Position um 1445 GZ[1]: 53°42'N 007°06'E

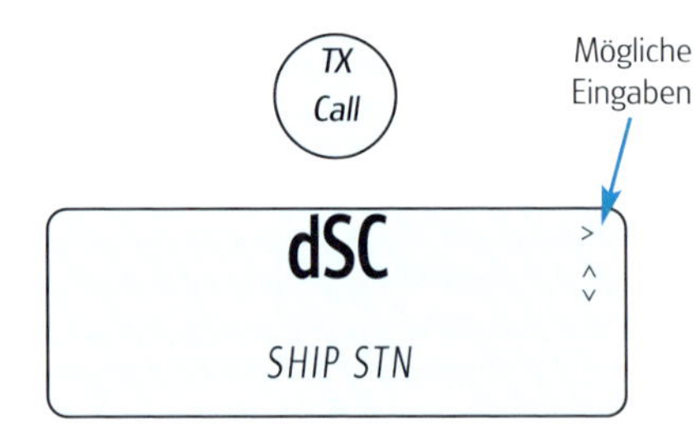

[1] GZ = Gesetzliche Zeit

dSC
ALL SHIP
dSC
DISTRESS
dSC
EXTENDED
dSC
CALL TYPE
dSC
INDV-STN
dSC
ALL-STN
dSC
CATEGORY
dSC
SAFETY
dSC
DISTRESS
dSC
1 TELECMD

Auf allen FuSt im Sendebereich der Saphir, die mit UKW-DSC ausgestattet sind, weist ein Alarmsignal auf den empfangenen DSC-Alarm hin. Wird dieser quittiert oder der Hörer abgenommen, so schaltet das angeschlossene Funkgerät automatisch auf Kanal 16 um. Auch auf der Saphir stellt das Funkgerät eigenständig Kanal 16 ein. Nun senden:

Mayday Relay Mayday Relay Mayday Relay
An alle FuSt An alle FuSt An alle FuSt
Hier ist
Saphir Saphir Saphir/DC5983 211964820
Vermisster Segler
Um 1445 GZ
auf Position 53°42'N 007°06'E
wird ein Segler von einer
gekenterten Jolle vermisst.
Der vermisste Segler trägt
eine gelbe Jacke und
eine rote Rettungsweste.
Alle Fahrzeuge in der Nähe werden um Hilfe
bei der Suche und Rettung gebeten.
Over

Bewertung

Sieht man vom Drücken der Distress-Taste ab, so ist ein DSC-Controller erheblich schwieriger zu bedienen als ein Funkgerät. Alle DSC-Controller müssen gemäß den Vorgaben der IMO (International Maritime Organization) über eine englische Bedienerführung verfügen. Einzelne Vorgaben zum Menü gibt es jedoch nicht.

Deshalb funktionieren die verschiedenen DSC-Controller völlig unterschiedlich. Wer einen Controller bedienen kann, steht dem nächsten hilflos gegenüber. Hiervon sind alle Seeleute – in der Berufs- wie in der Sportschifffahrt – betroffen, die häufig ihre Schiffe wechseln. Die Betriebsanleitungen sind zumeist ungenügend. Wenn der DSC-Controller in das Sprechfunkgerät integriert ist, kann man oft nicht einmal das Funkgerät nutzen. Wer an dem Gerät herumspielt, riskiert, versehentlich einen DSC-Ruf zu senden – auch deshalb gibt es viele Fehlalarme.

Der DSC-Controller hat den Funkverkehr grundlegend verändert. Früher wurde Kanal 16 ständig abgehört – heute wacht der DSC-Controller auf Kanal 70. Viele Mannschaften hören nur noch auf das Funkgerät, wenn der DSC-Controller „geklingelt" hat.

Ausnahmen gibt es nur in stark befahrenen Gebieten. Hier hält die Handelsschifffahrt Funkwache für den Verkehr von Brücke zu Brücke und für Verkehr mit Verkehrszentralen. Funkverkehr von Brücke zu Brücke wird vollständig auf Kanal 06 und den nachgeordneten Kanälen für den Schiff-Schiff-Verkehr (siehe Seite 205) abgewickelt – und zwar einschließlich der Anrufe. Auf Kanal 16 soll nur noch angerufen werden, wenn kein Arbeitskanal zur Verfügung steht. Das gilt ebenso für Gespräche mit den Verkehrszentralen, Häfen, Brücken und Schleusen.

Auch die Sportschifffahrt muss in den Sendegebieten vieler Verkehrszentralen Funkwache gehen. Außerhalb davon muss sie Kanal 16 nur dann hören, wenn kein Navtex-Gerät an Bord ist und Starkwind- oder Sturmwarnungen per Sprechfunk empfangen werden sollen (s. Seiten 14, 52).

In A1-Gebieten überwachen Rettungsleitstellen oder Küstenwachen selbstverständlich Kanal 16, sodass hier eine Alarmierung per Sprechfunk (ohne DSC) möglich ist. Ohne DSC-Controller können aber andere Schiffe, die nahe beim Havaristen liegen und sehr schnell zur Stelle wären, möglicherweise nicht mehr erreicht werden.

Außerhalb von A1-Gebieten ist ein UKW-Sprechfunkgerät kein ausreichendes Mittel zur Alarmierung. Die Schifffahrt hört – wie gesagt – dort in der Regel nicht mehr Kanal 16 ab, obwohl sie es muss. Selbst auf DSC-Notalarme, die per UKW gesendet werden, reagieren nicht alle Schiffe, weil es sich ja meistens doch um Fehlalarme handelt.

Grundsätzlich gilt: Auch ein Sportboot muss im Fall von Not oder Dringlichkeit ein MRCC direkt erreichen können. Außerhalb der A1-Gebiete wird dazu ein GW-/KW-Funkgerät benötigt, doch dafür braucht der Schiffsführer das Allgemeine Funkbetriebszeugnis LRC.

Schritt 6: Binnenschifffahrtsfunk

Der Binnenschifffahrtsfunk wurde früher **Rheinfunk** genannt. Die „Zentralkommission für die Rheinschifffahrt", die von den Rheinanliegerstaaten (bereits am 5.3.1816 zur Ausführung der Bestimmungen der Schlussakte des Wiener Kongresses) gegründet wurde, hatte einheitliche Regelungen für den Funkverkehr auf dem Rhein verabschiedet, die fortan als Rheinfunk bezeichnet wurden. Durch die „Regionale Vereinbarung über den Binnenschifffahrtsfunk (RAINWAT)", die im Jahre 2000 in Kraft trat, wurden die Bestimmungen auf die Mosel, die Donau und die Binnenwasserstraßen von inzwischen 17 europäischen Staaten übertragen. Rheinfunk wurde in **Binnenschifffahrtsfunk** umbenannt.

Zur Teilnahme am Binnenschifffahrtsfunk wird das **UKW-Sprechfunkzeugnis für den Binnenschifffahrtsfunk (UBI)** benötigt. Das verlangt die Binnenschifffahrts-Sprechfunkverordnung (**BinSchSprFunkV**). Das UKW-Funkbetriebszeugnis (SRC) gilt binnen nicht.

Im Binnenschifffahrtsfunk gelten im Wesentlichen die **Regeln des Seefunks**; lediglich einzelne Komponenten (z. B. Ausrüstungspflicht, DSC-Controller, MRCC) entfallen.

Alle wichtigen Vorfälle – auch Notfälle – sollen binnen zuerst der Revierzentrale gemeldet werden – auf ihrem Arbeitskanal, der am Ufer auf blauen Schildern angezeigt wird. Denn es gibt im deutschen Binnenschifffahrtsfunk keinen Kanal 16, sodass alle Anrufe auf einem Arbeitskanal erfolgen müssen.

Verkehrskreise, Kanäle

Die BinSchSprFunkV gliedert den gesamten Funkverkehr in vier **Verkehrskreise**:

Verkehrskreis 1: Schiff–Schiff

Verkehrskreis 2: Nautische Information[1] (NIF). Funkverkehr zwischen Schiffen und Behörden, denen der technische Betrieb auf Wasserstraßen obliegt; in Deutschland heißen sie **Revierzentralen**, in Belgien und Holland **Verkehrsposten**

Verkehrskreis 3: Schiff–Hafenbehörde[1] Funkverkehr zu Hafenbehörden und zur Fahrt in Häfen

Verkehrskreis 4: Funkverkehr an Bord auch für Schlepp- und Schubverbände, nur hier sind tragbare Funkgeräte gestattet, für Kleinfahrzeuge gesperrt

[1] wird nicht auf allen Bundeswasserstraßen angeboten

In drei Verkehrskreisen werden in ganz Deutschland dieselben Kanäle genutzt:

Verkehrskreis 1: Kanäle **10**, **13**, **77**, 06, 08, 72
Verkehrskreis 3: Kanäle **11**, **12**, **14**, 71, 74
Verkehrskreis 4: Kanäle **15**, **17**

Für den Verkehrskreis 2 (Revierzentralen, Schleusen) werden die Kanäle wie gesagt durch blaue Schilder am Ufer angezeigt (Aufschrift UKW und Kanalnummer). Sie sind auch im „Handbuch Binnenschifffahrtsfunk" und im „Schnellfinder – Wasserwege und Tabellen auf einen Blick" zu finden.

In Binnenschifffahrtsfunk sind nur Gespräche zugelassen, die die Fahrt, die Sicherheit von Schiffen oder den Schutz von Personen betreffen – mit einer Ausnahme: Auf den **Kanälen 77** und **72** darf auch gequasselt werden. Amtlich heißen solche Gespräche „Funkverkehr sozialer Art". Für schiffsbetriebliche Angelegenheiten sind die **Kanäle 15** und **17** reserviert. Dazu gehören z. B. Ankern, An- und Ablegen, Arbeiten mit Leinen und Manöver auf Schub- und Schleppverbänden.

Kanal 16 gibt es ja im deutschen Binnenschifffahrtsfunk nicht. In den Niederlanden dagegen wird Kanal 16 für Not- und Sicherheitsverkehr benutzt. Dort und auch in Belgien wurden auf einigen Strecken **Blockkanäle** eingeführt. Auf Blockkanälen können die Schiffe ihre Manöver absprechen und auf demselben Kanal informieren die Verkehrsposten über die Lage auf den Wasserstraßen. Verkehrsposten werden gewöhnlich mit (Ortsname) Sector gerufen, z. B. **Millingen Sector**.

Mit Ausnahme von Verkehrskreis 2 darf im Binnenschifffahrtsfunk nur mit **reduzierter Sendeleistung** (zwischen 0,5 und 1 Watt) gefunkt werden. In Belgien und in den Niederlanden ist auch im Verkehrskreis 2 reduzierte Sendeleistung vorgeschrieben.

Im Binnenschifffahrtsfunk dürfen nur Funkgeräte verwendet werden, die speziell dafür zugelassen sind. Solche Gerate müssen in den Verkehrskreisen 1, 3 und 4 automatisch die Sendeleistung reduzieren. Wird so ein Binnenfunkgerät im Seefunk eingesetzt (was erlaubt ist), so kann es eine entfernte Funkstelle zwar hören, aber mit reduzierter Sendeleistung nicht ansprechen. Diesen Nachteil haben **Seefunk-Kombigeräte,** die auf Binnenfunk umgeschaltet werden können, nicht.

Ausrüstungspflicht

Laut Binnenschifffahrtstraßenordnung müssen alle Schiffe auf deutschen Binnenschifffahrtsstraßen mit Funkgeräten ausgerüstet sein. Fähren und schwimmende Geräte (Hörbereitschaft im Verkehrskreis 4) müssen über mindestens ein, die übrigen Fahrzeuge über mindestens zwei Geräte verfügen und – gemäß Handbuch Binnenschifffahrtsfunk – gleichzeitig in den Verkehrskreisen 1 und 2 empfangsbereit sein. Zweikanalüberwachung ist im Binnenschifffahrtsfunk nicht erlaubt.

Kleinfahrzeuge (bis 20 m Länge) sind in Deutschland von der Ausrüstungspflicht ausgenommen. Bei unsichtigem Wetter besteht jedoch auch für Kleinfahrzeuge Funkausrüstungspflicht. Sie müssen dann Kanal 10 ein-

Frage 46 (SRC), 7, 16, 17, 60, 65, 79, 83, 89, 90, 93, 94, 100, 101, 106, 108 (UBI)

schalten und den anderen Fahrzeugen die für die Sicherheit der Schifffahrt notwendigen Informationen geben. Das gilt auch in Holland – auf Rhein, Waal, Lek, Amsterdam-Rijnkanal, IJsselmeer, den Routen Antwerpen–Amsterdam und Amsterdam–Antwerpen sowie bei allen Radarfahrten.

Marifon nennen die Niederländer ihren Binnenfunk – und nehmen ihn sehr wichtig. Anders als in Deutschland kündigen dort große Schiffe ihre Manöver nicht mehr per Schallsignal an, sondern nur noch per Marifon. Auch im Notfall soll zuerst per Marifon alarmiert werden. Manche Strecken dürfen nur mit eingeschaltetem Funkgerät befahren werden. Das ist an weißen Tafeln mit rotem Rand erkennbar, auf denen VHF steht und zumeist der einzuschaltende Kanal angegeben ist. Die Funkbenutzung wird von der holländischen Polizei kontrolliert; dazu ruft sie ganz einfach ein Sportboot an. Wer dann nicht antwortet, ist dran. Und wer bei einer Sichtweite unter 500 m fährt, benötigt sogar zwei Funkgeräte – und ein für die Binnenschifffahrt zugelassenes Radargerät.

Jedes Funkgerät für die Binnenfahrt ist mit dem Automatischen Sender-Identifizierungssystem **ATIS** ausgerüstet. So können Aufsichtsbehörden jederzeit erkennen, welches Schiff gerade gesendet hat. Das ATIS-Signal wird automatisch nach dem Loslassen der Sendetaste ausgestrahlt. Manche Binnenschiffer drücken vor Schleusen nur kurz die Sendetaste. Der Schleusenmeister erkennt das Schiff am ATIS-Code und ruft zurück, wenn er Zeit hat. Ein eingebauter **ATIS-Killer** macht ATIS für normale Funkgeräte unhörbar.

Rufzeichen – ATIS-Code

Das Rufzeichen wird im ATIS-Code wie folgt verschlüsselt (Bsp.):

Rufzeichen: **DC6580**

ATIS-Code: **9 211 03 6580**

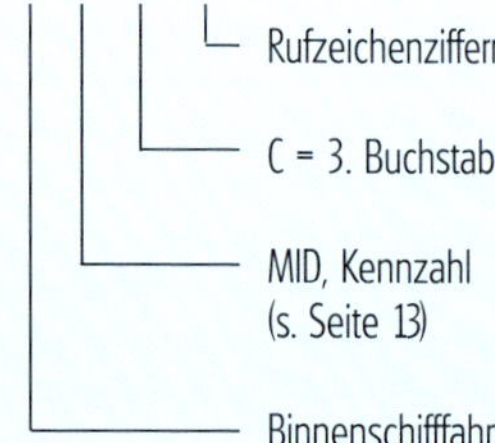

Genehmigungspflicht

Der Betrieb einer Schiffsfunkstelle (s. Seite 13) ist genehmigungspflichtig. Die Genehmigung erteilt die BNetzA, Außenstelle Hamburg, in Form einer **Ship Station Licence** (Zuteilungsurkunde). Dann darf sie auch am Seefunk teilnehmen. Die Urkunde enthält das Rufzeichen und ist stets an Bord mitzuführen. **Rufzeichen** für Schiffsfunkstellen bestehen aus zwei Buchstaben der Rufzeichenreihe für Deutschland, gefolgt von vier Ziffern, z. B. DA5005.

Funkbenutzungspflicht

Für Kleinfahrzeuge gibt es keine Ausrüstungs-, aber eine Funkbenutzungspflicht. Sofern sie (freiwillig) mit einem UKW-Sprechfunkgerät ausgerüstet sind, müssen sie während der Fahrt ständig auf **Kanal 10** empfangsbe-

Fragen 28, 31, 39 – 44, 101 (UBI)

reit sein. Kanal 10 darf nur kurz verlassen werden, etwa um Durchsagen auf anderen Verkehrskreisen zu hören. Kleinfahrzeuge mit zwei Funkgeräten müssen ständig Kanal 10 und den Kanal der Revierzentrale abhören.

Zur Funkbenutzungspflicht gehört auch, dass sich jedes mit UKW-Sprechfunk ausgerüstete Fahrzeug vor der Einfahrt in unübersichtliche Strecken, Fahrwasserengen oder Brückenöffnungen auf Kanal 10 melden muss.

Regeln für den Funkverkehr

Die meisten Vorschriften, die hier beschrieben sind, wurden in **Schifffahrtspolizeiverordnungen** veröffentlicht. Alle wichtigen Bestimmungen – auch für das Ausland – sind zudem im allgemeinen und im jeweiligen regionalen Teil des Handbuchs Binnenschifffahrtsfunk abgedruckt. Dort findet man auch empfohlene fremdsprachliche Redewendungen. Denn mit Landfunkstellen muss in der Sprache des jeweiligen Landes gesprochen werden.

In allen Ländern ist vor jeder Aussendung sicherzustellen, dass kein gleich- oder höherrangiger Funkverkehr gestört oder unterbrochen wird. Der Schiffsführer entscheidet im Zweifel über den Rang einer Meldung. Die **Rangfolge** entspricht dem Seefunk:

1. Notverkehr (Mayday)
2. Dringlichkeitsaussendung (Pan Pan)
3. Sicherheitsaussendung (Sécurité)
4. Übriger Funkverkehr (Routine)

Notverkehr

Notverkehr wird mit dem Notzeichen **Mayday** eingeleitet. Ein Notfall liegt vor, wenn eine unmittelbare Gefahr für Mensch, Schiff oder Umwelt besteht (z. B. Mann über Bord, lebensgefährliche Verletzung, Kentergefahr, aber auch zur Gefahrenabwehr an Land etwa bei Verlust von Gefahrgut). Jeder Notfall soll der zuständigen Revierzentrale gemeldet werden. Sie organisiert Hilfe und Rettung. Schiffe in Not können natürlich auch andere Schiffe oder Hafenbehörden um Hilfe bitten – auf einem Kanal des jeweiligen Verkehrskreises. Für die Abwicklung des Notverkehrs gelten die Vorschriften des Seefunks (NON-GMDSS).

Die Bestätigung des Empfangs einer Notmeldung erfolgt im Verkehrskreis 2 NIF durch die ortsfeste Funkstelle. Im Verkehrskreis 3 Schiff-Hafenbehörde soll zunächst die Bestätigung der Hafenbehörde abgewartet werden. Liegt die Bestätigung nicht innerhalb einer Minute vor, muss eine Schiffsfunkstelle das Notgespräch übernehmen. Im Verkehrskreis 1 wird das Notgespräch von einem in der Nähe befindlichen Schiff bestätigt.

Die Weiterleitung einer Notmeldung durch eine nicht selbst in Not befindliche Funkstelle wird mit **Mayday Relay** angekündigt. Mayday Relay muss drei Mal gesprochen werden (s. Seiten 82, 197). Während des Notverkehrs müssen nicht beteiligte Funkstellen Funkstille halten. Anders als im Seefunk darf jede Funkstelle Störer mit **Silence Mayday** zur Funkstille auffordern. Das Ende des Notverkehrs wird mit **Silence fini** mitgeteilt.

Fragen 14, 15, 65, 80, 81, 90, 96, 97, 103, 109 – 120 (UBI)

Dringlichkeit

Dringlichkeitsmeldungen werden mit dem Dringlichkeitszeichen **Pan Pan** (drei Mal gesprochen) eingeleitet. Es kündigt eine dringende Nachricht an, welche die Besatzung und/oder das Schiff betrifft, ohne dass eine unmittelbare Gefährdung gegeben ist. Dringlichkeit liegt vor bei:

- Krankheiten oder Unfällen ohne Lebensgefahr
- Schäden ohne unmittelbare Gefahr, etwa Festfahren ohne Austritt von Ladung, Maschinenschaden

Dringlichkeitsverkehr soll nach den Regeln des Seefunks vorzugsweise im Verkehrskreis Nautische Information abgewickelt werden.

Sicherheit

Sicherheitsmeldungen werden mit dem Sicherheitszeichen **Sécurité** eingeleitet. Es wird auch drei Mal gesprochen und kündigt an, dass eine wichtige nautische Warnnachricht (z. B. ein in einen Kanal gestürzter Baum) oder eine wichtige Wetterwarnung ausgesendet wird. Auch hier gelten die Vorschriften aus dem Seefunk (s. Seite 52).

Anrufe, Routineverkehr

Im Schiff-Schiff-Verkehr erfolgt der Anruf normalerweise auf Kanal 10. Digitale Selektivrufe (DSC) sind nicht zulässig. Auf Kanal 10 sollen längere Aussendungen vermieden werden. Nach dem Anruf ist auf einen anderen Kanal des Verkehrskreises 1 zu wechseln. Bei jedem Anruf muss ein Mal das **Rufzeichen** genannt werden, bei Notmeldungen und deren Bestätigungen auch ein Mal der **Schiffstyp**. Meldungen werden mit *Bitte kommen* oder *Ende* beendet. In der Prüfung müssen drei Begriffe englisch gesprochen werden: *All Stations*, *This is* und *Received Mayday*.

Melissa (Name höchstens 3x)
This is
Patrizia (Name höchstens 3x)
DA5005 (Rufzeichen immer nur 1x)
Bitte kommen

Verkürzter Anruf bei guter Verständigung:

Melissa (Name 1 x)
This is
Patrizia Patrizia/DA5005 (Name 2 x)

Es können auch Gruppen von Schiffen, z. B. *Talfahrt* oder *Bergfahrt*, angerufen werden:

Talfahrt im Raum Bonn (höchstens 3x)
This is
Bossel (höchstens 3x)
DD7586
ggf. Position, Beschreibung des Sachverhaltes
Bitte kommen oder *Ende*

All Stations (höchstens 3x)
This is
Bossel (höchstens 3x)
DD7586
ggf. Position, Beschreibung des Sachverhaltes
Bitte kommen oder *Ende*

Im Funkverkehr mit ortsfesten FuSt ist zuerst

der Ortsname und dann der Dienst zu nennen, z. B.: **Minden Schleuse**, **Gerstheim Ecluse** (Schleuse), **Düsseldorf Marina**, **Mannheim Hafenschleuse** (beides Häfen), **Duisburg Hafen**, **Oberwesel Revierzentrale**.
Zu Beginn jeder Meldung wird der Ort des Fahrzeugs sowie seine Fahrtrichtung angegeben. So wird vermieden, dass ein Schiff, das den Sendebereich bereits verlassen hat, mehrmals vergeblich gerufen wird.

Nautischer Informationsfunk

Der Verkehrskreis Nautische Information (NIF) dient der Verbindung mit Behörden, denen der technische Betrieb auf den Wasserstraßen obliegt. Diese zentralen Landfunkstellen Funkstellen heißen in Deutschland **Revierzentralen**, ihnen unterstehen die Schleusen. In Holland und Belgien nennt man sie **Verkehrsposten**.

Die Revierzentralen in Deutschland, Frankreich und der Schweiz betreiben das **Melde- und Informationssystem in der Binnenschifffahrt (MIB)**, bei dem sich Gefahrgutschiffe, Verbände und Sondertransporte auf einigen Wasserstraßen an bestimmten Stellen melden müssen. Zudem geben Revierzentralen regelmäßig Lage- und Wasserstandsmeldungen sowie bei aktuellem Anlass Einzelmeldungen über bedeutende Ereignisse (z. B. Havarien, Unfälle, Schleusensperrungen) ab.

Anweisungen einer Revierzentrale ist Folge zu leisten. Mit solchen Anweisungen kann z. B. verlangt werden:
- Ruhe für eine festgesetzte Zeit zu halten
- die Sendeleistung zu vermindern
- auf einem Kanal zu bleiben
- den Empfang einer Nachricht zu bestätigen

Funkbenutzungsgebot

Das Gebot, einen UKW-Kanal (20) zu benutzen, wird durch eine weiße Tafel mit rotem Rand und der Aufschrift „UKW 20" angezeigt.

Literatur

Alle Schiffsfunkstellen müssen das **Handbuch Binnenschifffahrtsfunk** an Bord haben, den allgemeinen Teil, der Angaben und Hinweise für alle Binnenwasserstraßen enthält, und die regionalen Teile aller befahrenen Stre-cken. Übersichtlicher ist dessen Ergänzung, der **Schnellfinder – Wasserwege und Tabel-len auf einen Blick**. Vieles mehr findet man auch bei **elwis,de**, dem elektronischen Wasserstraßen-Informationssystem des Bundes.

Beispiele

Mayday Mayday Mayday
This is
Tankschiff Bossel Bossel Bossel/DD7586
Mayday Tankschiff Bossel/DD7586
Mainkilometer 254 zu Tal
Kollision mit Gütermotorschiff
Ladung läuft aus
Feuer- und Explosionsgefahr
Bitte kommen
Mayday

Fragen 4 – 6, 8, 36, 63, 64, 67, 95, 99, 105, 107 (UBI)

Tankschiff Bossel/DD7586
This is
Oberwesel Revierzentrale
Received Mayday

Mayday Relay Mayday Relay Mayday Relay
All Stations (3x)
This is
Oberwesel Revierzentrale (3x)
Schiffskollision bei Mainkilometer 254
Tankschiff Bossel verliert Ladung
Feuer- und Explosionsgefahr
Schifffahrt von Mainkilometer 246 bis
Mainkilometer 256 gesperrt

All Stations
Silence Mayday

Mayday
All Stations (3x)
This is
Oberwesel Revierzentrale (3x)
12 Uhr 15
Bossel/DD7586
Silence fini

Pan Pan Pan Pan Pan Pan
Duisburg Revierzentrale (3x)
This is
Madagaskar (3x)
DK4466
Um 12:20 Uhr talfahrend bei Kilometer 679
Matrose verletzt, Beinbruch.
Erbitte Hilfe

Pan Pan Pan Pan Pan Pan
Madagaskar (3x)
DK4466
This is
Duisburg Revierzentrale (3x)
Verständige Rettungswagen und teile gleich mit, wo der Rettungswagen eintrifft.
Bitte bleiben Sie auf Empfang.

Pan Pan Pan Pan Pan Pan
All Stations (3x)
This is
Madagaskar (3x, kein Schiffstyp)
Rücknahme meiner Dringlichkeitsmeldung
von 12 Uhr 15
Ende

Sécurité Sécurité Sécurité
Oberwesel Revierzentrale (3x)
This is
Deutsche Eiche (3x, kein Schiffstyp)
DF2769
Bei Rheinkilometer 397 zu Berg
Nebel Dichte 2, Sicht 50 Meter
Ende

All Stations (höchstens 3x)
This is
Zeltingen Schleuse (höchstens 3x)
Wegen einer Wassersportveranstaltung ist die Mosel oberhalb der Schleuse auf einer Länge von 3 km bis 17.00 Uhr gesperrt.
Ende

Talfahrt im Raum Bonn (höchstens 3x)
This is
Tankmotorschiff
Feuerstein (höchstens 3x)
DC4927
Zu Berg bei Kilometer 695
Ich passiere Steuerbord an Steuerbord
Bitte kommen

Schritt 7: Fragenkataloge, Übungsfragebogen

Fragenkatalog Mobiler Seefunkdienst für das UKW-Funkbetriebszeugnis (SRC)

Der Fragenkatalog enthält die amtlichen Prüfungsfragen und -antworten. Es ist immer genau eine Antwort richtig. In der Prüfung muss die richtige Antwort angekreuzt werden. Die Reihenfolge der Antworten wurde nicht veröffentlicht. Die hier abgedruckte Reihenfolge der Antworten wurde vom Autor festgelegt.

Hinweis: Lesen Sie am besten zunächst nur die Frage und überlegen Sie, wie die Antwort lautet. Wenn Sie die Antwort nicht kennen, lesen Sie auf der angegebenen Seite nach. Erst wenn Sie die Antwort kennen, lesen Sie auch die möglichen Antworten. Üben Sie die Fragen nicht nur in der abgedruckten Reihenfolge ein, sondern auch wild durcheinander!

I Mobiler Seefunkdienst und Weltweites Seenot- und Sicherheitsfunksystem (GMDSS)

1. „Mobiler Seefunkdienst" ist mobiler Funkdienst ... Seite 12
   a. zwischen tragbaren Funkstellen an Bord eines Seefahrzeuges
   b. zwischen Funkstellen, für die keine Zuteilung (Ship Station Licence) notwendig ist
   c. zwischen Küstenfunkstellen und Seefunkstellen bzw. zwischen Seefunkstellen untereinander
   d. ausschließlich zwischen Seefunkstellen

2. Welche Funktion hat das „GMDSS" (Global Maritime Distress and Safety System)? Seite 9
   a. Koordinierung der Alarmierung von Seefunkstellen im Seenotfall
   b. Störungsfreier Funkverkehr im Seenotfall
   c. Positionsbestimmung des Havaristen durch geostationäre Satelliten
   d. Hilfe in Seenotfällen und Sicherung der Schifffahrt durch schnelle und genaue Alarmierung im Seenotfall

3. Zu welchem Zweck wurde das Weltweite Seenot- und Sicherheitsfunksystem (GMDSS) eingeführt? Seite 19
   a. Schnelle und genaue Alarmierung in Not-, Dringlichkeits- und Sicherheitsfällen
   b. Schnelle und genaue Alarmierung in Not- und Dringlichkeitsfällen
   c. Schnelle Alarmierung nur in Notfällen
   d. Schnelle und genaue Alarmierung in Not- und Sicherheitsfällen

4. Welche Aufgaben hat die Internationale Fernmeldeunion (International Telecommunication Union, ITU)? Seite 53
   a. Die Internationale Fernmeldeunion (ITU) rechnet die Gebühren von weltweiten Seefunkgesprächen ab
   b. Die Internationale Fernmeldeunion (ITU) legt für alle Nationen der UN, die weltweit Seeschifffahrt betreiben, die Mindeststandards hinsichtlich der

Richtige Antworten: 1c, 2d, 3a

Funkausrüstung von Seeschiffen fest
c. Die Internationale Fernmeldeunion (ITU) führt als internationale Verkehrsbehörde weltweit die Überwachung des Funkverkehrs durch
d. Die Internationale Fernmeldeunion (ITU) legt die grundlegenden Regelungen für die internationale Telekommunikation fest

5. Was regelt die Vollzugsordnung für den Funkdienst (VO Funk, engl. Radio Regulations, RR)? Seite 53
   a. Die Vollzugsordnung für den Funkdienst (RR) regelt die Ausrüstung von Seeschiffen bezüglich der Funkeinrichtung
   b. Die Vollzugsordnung für den Funkdienst (RR) regelt u. a. die Zuweisung von Frequenzbereichen an die Funkdienste und die Betriebsverfahren im Seefunkdienst
   c. Die Vollzugsordnung für den Funkdienst (RR) regelt die Benutzung von Radaranlagen auf Seeschiffen auf See und in Häfen
   d. Die Vollzugsordnung für den Funkdienst (RR) regelt den freien Funkverkehr zwischen den Seefahrt betreibenden Nationen

6. Welche Publikationen des Bundesamtes für Seeschifffahrt und Hydrografie (BSH) enthalten speziell für die Sportschifffahrt Informationen zum Seefunk? Seite 60
   a. Funkdienst für die Klein- und Sportschifffahrt
   b. Nachrichten für Seefahrer
   c. Nautisches Jahrbuch
   d. Mitteilungen für Seefunkstellen und Schiffsfunkstellen

7. Was ist eine „Küstenfunkstelle"? Seite 12
   a. Funkstelle des Rundfunkdienstes zur Übermittlung von Wetternachrichten für die Schifffahrt
   b. Ortsfeste Funkstelle des mobilen Seefunkdienstes
   c. Funkstelle an Bord eines Schiffes im Küstenbereich, über die wichtige Informationen für die Seeschifffahrt verbreitet werden
   d. Funkstelle an Bord eines Schiffes für den Empfang von Funkgesprächen aus dem Mobilfunknetz

8. Was bedeutet „öffentlicher Funkverkehr"? Seite 16
   a. Funkverkehr, der nicht dem Fernmeldegeheimnis und dem Abhörverbot unterliegt
   b. Funkverkehr, der von jeder Seefunkstelle abgehört werden muss
   c. Funkverkehr, der im Gegensatz zum nicht-öffentlichen Funkverkehr unverschlüsselt abgewickelt wird
   d. Funkverkehr, der der Allgemeinheit zum Austausch von Nachrichten dient

9. Für die Teilnahme am öffentlichen Funkverkehr ist – im Gegensatz zur Teilnahme am Nicht-öffentlichen Funkverkehr – zusätzlich erforderlich ... Seite 16
   a. Zuteilung (Ship Station Licence)
   b. Zulassung des Funkgeräts
   c. Vertrag mit einer Abrechnungsgesellschaft
   d. Besitz eines Seefunkzeugnisses

10. Wodurch erfährt eine Seefunkstelle von einer Küstenfunkstelle, dass dort Nachrichten für sie vorliegen? Seite 16
   a. Individuelle Benachrichtigung mittels SMS oder E-Mail
   b. Öffentliche Benachrichtigung mittels Navtex
   c. Individuelle Benachrichtigung oder Abhören von Sammelanrufen
   d. Individuelle Benachrichtigung durch die Abrechnungsgesellschaft

Richtige Antworten: 4d, 5b, 6a, 7b, 8d, 9c, 10c

11. Was sind die Abrechnungsgrundlagen für ein Seefunkgespräch über eine deutsche Küstenfunkstelle? Seite 16
    a. Gesprächsdauer und Dringlichkeit des Gesprächs
    b. Gesprächsdauer und Frequenznutzungsgebühren
    c. Gesprächsdauer und Entfernung zur Küstenfunkstelle
    d. Gesprächsdauer und Preis der Verrechnungseinheiten

12. Was ist eine „Sea Area" im GMDSS? Seiten 22, 23
    a. Festgelegtes Seegebiet
    b. Im Navtex bestimmtes Seegebiet
    c. International festgelegtes Seewarngebiet
    d. Weltweites Raster zum schnellen Auffinden von verunglückten Fahrzeugen

13. Welche Bezeichnungen tragen die Seegebiete, in denen für Schiffe eine bestimmte Funkausrüstung international vorgeschrieben ist? Seiten 22, 23
    a. A, B, C, D
    b. Navareas
    c. A1, A2, A3, A4
    d. Küstengewässer, küstennahe Seegewässer, Hohe See

14. Eine Yacht befindet sich in einem Seegebiet, das von der Sprechfunkreichweite einer UKW-Küstenfunkstelle abgedeckt wird, die ununterbrochen für DSC-Alarmierungen zur Verfügung steht. In welchem Seegebiet befindet sich das Fahrzeug? Seite 22
    a. Seegebiet A1
    b. Seegebiet A2
    c. Seegebiet A3
    d. Seegebiet A4

15. Welches sind die satellitengestützten Alarmierungssysteme im Weltweiten Seenot- und Sicherheitsfunksystem (GMDSS)? Seiten 31 f.
    a. DSC, Cospas-Sarsat
    b. Epirb, AIS
    c. Eutelsat, Globalstar
    d. COSPAS-SARSAT, Inmarsat

16. Was wird als „MSI" bezeichnet? Seite 29
    a. Rufnummer im Seefunkdienst (Maritime Mobile Service Identity)
    b. Landeskennung einer Seefunkstelle
    c. Mittlere Signalstärke des modulierten Eingangsignals
    d. Nachricht, die die Sicherheit der Seeschifffahrt betrifft

17. Welche Aussendung wird als „WX" bezeichnet? Seite 61
    a. Aussendung, die zurückgenommen wurde
    b. Wetterbericht
    c. Nautische Warnnachricht
    d. Funktelexaussendung im GMDSS

18. Welche Aussendung wird als „NX" bezeichnet? Seite 61
    a. Nautische Warnnachricht
    b. Funktelexaussendung im GMDSS
    c. Wetterbericht
    d. Aussendung, die zurückgenommen wurde

19. Was versteht man unter „AIS"? Seite 58
    a. Allgemeines Informationssystem für die Seeschifffahrt
    b. Automatische Aussendung der Kennung eines Seeschiffes jede Minute bzw. beim Loslassen der Sprechtaste

Richtige Antworten: 11d, 12a, 13c, 14a, 15d, 16d, 17b, 18a

c. Automatisches Schiffsidentifizierungs- und Überwachungssystem, das statische und dynamische Schiffsdaten auf UKW überträgt
d. Identifizierung eines Schiffes mithilfe von Radarpeilungen und deren Weitergabe an die Schifffahrt zur Kollisionsverhütung

20. Was bedeutet „ETA"? Seite 60
a. Voraussichtliche Restfahrzeit
b. Voraussichtliche Ankunftszeit
c. Voraussichtliche Gesamtfahrzeit
d. Voraussichtliche Abfahrzeit

21. Wonach richten sich die Zeitangaben im Seefunkdienst? Seite 60
a. Greenwich-Zeit (Greenwich Mean Time, GMT)
b. Bordzeit, berichtigt nach Sommer- oder Winterzeit
c. Ortszeit, bezogen auf den Standort des Schiffes (Local Time, LT)
d. Koordinierte Weltzeit (Universal Time Co-ordinated, UTC)

22. Welche Bedeutung hat die Zeitangabe „LT" (Local Time)? Seite 60
a. Ortszeit, bezogen auf den Standort des Schiffes
b. Zeitzone, entsprechend der geografischen Breite des Schiffsortes
c. Zeit, die bei Funkaussendungen in einem bestimmten Seegebiet zu verwenden ist
d. Zeit, die automatisch durch ein an die Funkanlage angeschlossenes GPS-Gerät übermittelt wird

23. Wie bezeichnet man ein funkärztliches Beratungsgespräch? Seite 61
a. Medical-Transport-Gespräch
b. Emergency-Gespräch
c. Medico-Gespräch
d. Erste-Hilfe-Gespräch

II Funkeinrichtungen und Seefunkstellen

24. Was ist eine „Seefunkstelle"? Seite 12
a. Typgeprüfte Funkstelle, die kein ATIS-Signal aussendet
b. Funkstelle des mobilen Seefunkdienstes an Bord eines nicht dauernd verankerten Seefahrzeuges
c. Funkstelle, die am GMDSS teilnehmen darf
d. Seefunkgerät samt Antenne, das im UKW- bzw. Grenz- und Kurzwellenbereich betrieben wird

25. Welches Funkzeugnis ist auf einem mit einer Seefunkanlage ausgerüsteten Sportfahrzeug unter deutscher Flagge für den Schiffsführer vorgeschrieben? Seiten 20, 200
a. Ein Funkzeugnis, das zum Bedienen der eingebauten Anlage berechtigt, z. B. SRC oder LRC
b. Keines, es genügt, wenn eine Person an Bord ist, die die Funkanlage bedienen darf
c. Ein SRC bis zur Grenze der Hoheitsgewässer, darüber hinaus ein LRC
d. Für die Bedienung einer Grenz-/Kurzwellenanlage ist das LRC vorgeschrieben, für die Bedienung einer UKW-Anlage das SRC

26. Welche Funkanlagen darf der Inhaber eines Beschränkt Gültigen Funkbetriebszeugnisses (Short Range Certificate, SRC) bedienen? Seite 200
a. UKW-Funkanlagen auf funkausrüstungspflichtigen und nicht funkausrüstungspflichtigen Seeschiffen
b. UKW-Funkanlagen für See- und Luftfunkstellen
c. UKW-Funkanlagen auf Sportbooten im Seefunkdienst und Binnenschifffahrtsfunk
d. UKW-Funkanlagen im Seefunkdienst auf nicht funkausrüstungspflichtigen Fahrzeugen und auf Traditionsschiffen

Richtige Antworten: 19c, 20b, 21d, 22a, 23c, 24b, 25a, 26d

27. Welche Sportboote müssen mit einer UKW-Seefunkanlage ausgerüstet sein? Seite 61

a. Sportboote mit einer Länge über alles von 12 m und mehr
b. Gewerbsmäßig genutzte Sportboote mit einer Länge über alles von 12 m und mehr
c. Sportboote mit einer Antriebsmaschine von 3,68 kW und mehr
d. Gewerbsmäßig genutzte Sportboote mit einer Antriebsmaschine von 3,68 kW und mehr

28. Welche rechtlichen Voraussetzungen sind für den Betrieb einer Seefunkstelle auf einem Sportfahrzeug und einem Traditionsschiff zu erfüllen? Seiten 13, 20, 27

a. Zuteilung (Ship Station Licence), für den Seefunkdienst zugelassene oder in Verkehr gebrachte Funkgeräte, ausreichendes Seefunkzeugnis des Fahrzeugführers
b. Zuteilung (Ship Station Licence), ausreichendes Seefunkzeugnis und Sportbootführerschein des Fahrzeugführers
c. Zuteilung (Ship Station Licence), ausreichendes Seefunkzeugnis einer Person an Bord
d. Zuteilung (Ship Station Licence), für den Seefunkdienst zugelassene oder in Verkehr gebrachte Funkgeräte, Sportbootführerschein

29. Welche Urkunde und welcher Befähigungsnachweis müssen bei der Überprüfung einer Seefunkstelle auf einem Sportfahrzeug dem Prüfbeamten auf Verlangen vorgelegt werden? Seiten 13, 20

a. Zuteilung (Ship Station Licence) und Seefunkzeugnis des Fahrzeugführers
b. Zuteilung (Ship Station Licence) und Sportbootführerschein des Fahrzeugführers
c. Seefunkzeugnis eines Besatzungsmitgliedes und Internationaler Bootsschein (IBS)
d. Seefunkzeugnis des Fahrzeugführers und Eigentumsnachweis

30. Die Urkunde über die Zuteilung (Ship Station Licence) zum Betreiben einer Seefunkstelle wird in Deutschlandausgestellt durch ... Seiten 13, 61

a. die Bundesnetzagentur (BNetzA), Außenstelle Mülheim an der Ruhr
b. das Wasser- und Schifffahrtsamt Hamburg
c. die Bundesnetzagentur (BNetzA), Außenstelle Hamburg
d. das Bundesamt für Seeschifffahrt und Hydrografie (BSH), Rostock

31. Welche Urkunde für die Seefunkstelle muss auf einem Sportfahrzeug mitgeführt werden? Seiten 13, 61

a. Gerätezulassungsurkunde (in Kopie)
b. Gerätezulassungsurkunde (im Original)
c. Zuteilungsurkunde (Ship Station Licence) (in Kopie)
d. Zuteilungsurkunde (Ship Station Licence) (im Original)

32. Was und zu welchem Zweck muss ein Schiffseigner bei Änderung des Schiffsnamens in Bezug auf seine Seefunkstelle veranlassen? Seite 61

a. Namensänderung der Zentralen Verwaltungsstelle schriftlich mitteilen zwecks Änderung des Kennzeichenausweises
b. Namensänderung der Bundesnetzagentur schriftlich mitteilen zwecks Änderung seiner Zuteilungsurkunde (Ship Station Licence)
c. Namensänderung dem Wasser- und Schifffahrtsamt, Hamburg, schriftlich mitteilen zwecks Änderung des Kennzeichenausweises
d. Namensänderung dem Bundesamt für Seeschifffahrt und Hydrografie schriftlich mitteilen zwecks Änderung der Gerätezulassungsurkunde

Richtige Antworten: 27b, 28a, 29a, 30c, 31d, 32b

33. Was muss ein Schiffseigner beim Austausch der UKW-Sprechfunkanlage gegen eine UKW-GMDSS-Funkanlage veranlassen? Seite 61
   a. Schriftliche Mitteilung über die Umrüstung an die Zentrale Verwaltungsstelle
   b. Schriftliche Mitteilung über die Umrüstung an das Amtsgericht
   c. Schriftliche Mitteilung über die Umrüstung an das Bundesamt für Seeschifffahrt und Hydrografie
   d. Schriftliche Mitteilung über die Umrüstung an die Bundesnetzagentur

34. Was ist beim Kauf eines UKW-Sprechfunkgeräts für den Seefunkdienst oder eines UKW-GMDSS-Funkgeräts zu beachten? Seite 27
   a. Das Gerät muss funktionsfähig und TÜV-geprüft sein
   b. Das Funkgerät muss für den Seefunkdienst zugelassen oder in Verkehr gebracht worden sein
   c. Das Funkgerät muss von der Dienststelle Schiffssicherheit der Berufsgenossenschaft Verkehrswirtschaft Post-Logistik Telekommunikation (BG Verkehr) für Sportboote zugelassen sein
   d. Das Funkgerät muss eine Navtex-Schnittstelle aufweisen oder Wetterberichte empfangen können

35. Wer stellt in Deutschland Funksicherheitszeugnisse für Sportboote aus, die gewerbsmäßig genutzt werden? Seite 61
   a. Dienststelle Schiffssicherheit der Berufsgenossenschaft Verkehrswirtschaft Post-Logistik Telekommunikation (BG Verkehr)
   b. Bundesnetzagentur (BNetzA)
   c. Bundesamt für Seeschifffahrt und Hydrografie (BSH)
   d. Wasser- und Schifffahrtsverwaltung (WSV)

36. Ein Sportboot von 12 Meter Länge und mehr benötigt ein Funksicherheitszeugnis ... Seite 61
   a. in jedem Fall
   b. bei gewerbsmäßiger Nutzung
   c. bei Regattateilnahme
   d. bei Auslandsfahrten und in internationalen Gewässern

37. Welche Sendeleistungen lassen sich bei einer fest installierten UKW-Seefunkanlage schalten? Seite 12
   a. 1 Watt oder maximal 25 Watt
   b. 1 Watt oder maximal 12 Watt
   c. 25 Watt oder maximal 50 Watt
   d. 0,1 Watt oder maximal 0,25 Watt

38. Welche Behörde erteilt in Deutschland sechsstellige Rufzeichen für Seefunkstellen? Seite 13
   a. Bundesamt für Seeschifffahrt und Hydrografie (BSH), Hamburg
   b. Wasser- und Schifffahrtsamt (WSA), Hamburg
   c. Bundesnetzagentur (BNetzA), Außenstelle Hamburg
   d. Bundesnetzagentur (BNetzA), Außenstelle Mülheim an der Ruhr

39. Welche Behörden in Deutschland sind berechtigt, die Funktionsfähigkeit von Seefunkstellen zu überprüfen? Seite 61
   a. Hafenbehörden in den Seehäfen
   b. Wasserschutzpolizeibehörden der Küstenländer
   c. Wasser- und Schifffahrtsdirektionen
   d. Bundesnetzagentur (BNetzA) und Bundesamt für Seeschifffahrt und Hydrografie (BSH)

40. Welche Behörde teilt einer in das Seeschiffsregister eingetragenen Yacht das mindestens vierstellige Unterscheidungssignal zu? Seite 13
   a. Wasser- und Schifffahrtsverwaltung (WSV)
   b. Bundesnetzagentur (BNetzA)
   c. Seeschiffsregister des zuständigen Amtsgerichts
   d. Bundesamt für Seeschifffahrt und Hydrografie (BSH)

Richtige Antworten: 33d, 34b, 35a, 36b, 37a, 38c, 39d, 40c

41. Welche Art von Funkstelle hat z. B. das Rufzeichen „DDTW"? Seite 13
   a. Funkstelle an Bord eines SAR-Hubschraubers
   b. Küstenfunkstelle des Schiffsmeldedienstes (SMD)
   c. Seefunkstelle an Bord eines deutschen Schiffes, eingetragen in einem Seeschiffsregister
   d. Funkstelle des nicht-öffentlichen Funkdienstes

42. Das Abhörverbot und das Fernmeldegeheimnis sind geregelt ... Seite 53
   a. im Telekommunikationsgesetz (TKG)
   b. in der Schiffssicherheitsverordnung (SchSV)
   c. in der Vollzugsordnung für den Funkdienst (VO Funk)/in den Radio Regulations (RR)
   d. im Gesetz über Funkanlagen und Telekommunikationseinrichtungen (FTEG)

43. Wer ist beim Betrieb einer Seefunkstelle auf einem Sportboot zur Wahrung des Fernmeldegeheimnisses und des Abhörverbots verpflichtet? Seite 53
   a. Alle Personen, die das Funkgerät bedienen können
   b. Alle Personen, die eine Seefunkstelle beaufsichtigen, bedienen oder Kenntnis über öffentlichen Nachrichtenaustausch erlangt haben
   c. Alle Personen, die vom Schiffsführer ausdrücklich dazu verpflichtet worden sind
   d. Alle Personen, die ständig an Bord sind

44. Welche Nachrichten dürfen uneingeschränkt aufgenommen und verbreitet werden? Seite 53
   a. Aussendungen, die von allgemeinem Interesse sind
   b. Aussendungen im öffentlichen Seefunkdienst
   c. Aussendungen, die „An alle Funkstellen" gerichtet sind
   d. Aussendungen im Seefunkdienst dürfen uneingeschränkt aufgenommen und verbreitet werden

45. Wenn ein Funkgerät ordnungsgmäß in Verkehr gebracht worden ist, trägt es ... Seite 27
   a. das VDE-Prüfzeichen
   b. das GS-Prüfzeichen
   c. eine Seriennummer
   d. das CE-Zeichen

46. Zur Teilnahme am Binnenschifffahrtsfunk muss eine Seefunkstelle ... Seiten 29, 77
   a. nicht geändert werden
   b. mit einer umschaltbaren „Kombi-Anlage für Seefunkdienst und Binnenschifffahrtsfunk" oder einer zusätzlichen Sprechfunkanlage für den Binnenschifffahrtsfunk ausgerüstet werden
   c. mit einer weiteren Seefunkanlage ausgerüstet werden
   d. mit der MMSI auch eine ATIS-Kennung aussenden

47. Das Seefunkgerät nimmt bei Empfang einen Strom von 0,5 Ampere auf. Wie lange kann das Funkgerät im Empfangsbetrieb an einer Batterie ohne Nachladen überschlägig betrieben werden, wenn die Kapazität 60 Amperestunden beträgt? Seite 12
   a. 30 Stunden
   b. 60 Stunden
   c. 90 Stunden
   d. 120 Stunden

48. Welche Auswirkung auf die Betriebsdauer einer Batterie hat der Sendebetrieb einer Seefunkanlage im Vergleich zum Empfangsbetrieb? Seite 12
   a. Betriebsdauer wird verkürzt
   b. Betriebsdauer wird verlängert
   c. Betriebsdauer wird halbiert
   d. Betriebsdauer bleibt gleich

Richtige Antworten: 41c, 42a, 43b, 44c, 45d, 46b, 47d, 48a

49. Wie hoch ist die mittlere Stromaufnahme einer Seefunkanlage im Empfangsbetrieb? Seite 12
    a. Je nach Anlage zwischen 2 A und 3 A
    b. Je nach Anlage zwischen 1 A und 2 A
    c. Je nach Anlage zwischen 0,3 A und 1 A
    d. Je nach Anlage zwischen 0,1 A und 0,2 A

50. Wie hoch ist die mittlere Stromaufnahme einer Seefunkanlage im Sendebetrieb bei 25 Watt Sendeleistung? Seite 12
    a. Zwischen 10 und 12 Ampere
    b. Zwischen 4 und 8 Ampere
    c. Zwischen 2 und 3 Ampere
    d. Zwischen 1 und 2 Ampere

51. Wozu dient am UKW-Gerät die Rauschsperre (Squelch)? Seite 12
    a. Die Rauschsperre verbessert die Wiedergabe von schwachen Empfangssignalen
    b. Das Rauschen kann stufenlos auf einen angenehmen Wert eingestellt werden
    c. Der Lautsprecher des Empfängers wird nur beim Empfang von Notsignalen aktiviert
    d. Der Lautsprecher des Empfängers wird nur ab einem Mindest-Empfangssignalpegel aktiviert

52. Welche Eigenschaften des „GPS" sind für eine GMDSS-Funkanlage von besonderer Bedeutung? Seite 7
    a. Mithilfe von GPS ist ein weltweiter Funkverkehr über Satellit zwischen Schiffen untereinander bzw. mit Küstenfunkstellen möglich
    b. Mithilfe von GPS besteht die Möglichkeit der Kommunikation über Inmarsat bzw. Cospas-Sarsat
    c. Mithilfe von GPS erfolgt die Kommunikation mit der Rettungsleitstelle über Satellit
    d. Mithilfe von GPS kann die genaue Position des Fahrzeugs bestimmt und übermittelt werden. Ebenso kann die genaue Zeit bestimmt werden

III Digitaler Selektivruf (DSC)

53. Was bedeutet „DSC" im mobilen Seefunkdienst? Seite 9
    a. Digitales System für die Telekommunikation an Bord
    b. Gegensprechen auf zwei Frequenzen im Gegensatz zu Wechselsprechen auf einer Frequenz
    c. Funküberwachung auf zwei Funkkanälen (Dual Watch)
    d. Digitaler Selektivruf

54. Was ist ein „Digitaler Selektivruf"? Seite 15
    a. Digitale Aussendung, die bei der gerufenen Funkstelle ein optisches und/oder akustisches Signal auslöst
    b. Aussendung eines digitalen Anrufs auf Kanal 16
    c. Funkaussendung an eine ausgewählte Funkstelle
    d. Funkverkehr im GMDSS auf den dafür vorgesehenen Kanälen

55. Welches technische Verfahren im GMDSS ermöglicht einer Seefunkstelle die Verkehrsaufnahme in den Richtungen Schiff–Küstenfunkstelle und Schiff–Schiff? Seiten 14, 15
    a. SMS
    b. Navtex
    c. DSC
    d. Cospas-Sarsat

56. Welcher Unterschied besteht in der Reichweite bei analoger (Sprechfunk) und bei digitaler Übertragung (DSC) im UKW-Seefunkbereich? Seite 18
    a. Bei digitaler Übertragung besteht kein Unterschied im Vergleich zur analogen Übertragung
    b. Bei digitaler Übertragung deutlich größere Reichweite im Vergleich zur analogen Übertragung

Richtige Antworten: 49c, 50b, 51d, 52d, 53d, 54a, 55c, 56b

c. Bei digitaler Übertragung kürzere Reichweite im Vergleich zur analogen Übertragung
d. Bei digitaler Übertragung vierfache Reichweite im Vergleich zur analogen Übertragung

57. Welcher UKW-Kanal wird im Weltweiten Seenot- und Sicherheitsfunksystem (GMDSS) für die digitale Ankündigung einer Dringlichkeitsmeldung benutzt? Seite 51
a. Kanal 06
b. Kanal 10
c. Kanal 16
d. Kanal 70

58. Auf welchem UKW-Kanal erfolgt die Alarmierung mittels DSC? Seite 24
a. Kanal 70
b. Kanal 16
c. Kanal 10
d. Kanal 06

59. Wie wird eine mit DSC-Einrichtungen ausgerüstete Seefunkstelle gekennzeichnet? Seite 14
a. Rufnummer des mobilen Seefunkdienstes (MMSI), Schiffsname
b. Schiffsname, Rufzeichen, Rufnummer des mobilen Seefunkdienstes (MMSI)
c. Registriernummer des Schiffszertifikates, Rufzeichen
d. Schiffsname, Heimathafen, Rufzeichen

60. Der mit einem DSC-Gerät aufgenommene Notalarm wird ... Seite 7
a. automatisch gespeichert
b. manuell gespeichert
c. gespeichert, wenn im Speicher noch genügend Platz ist
d. nicht gespeichert, sondern ausgedruckt

61. Was wird als „Maritime Mobile Service Identity (MMSI)" bezeichnet? Seiten 13, 24
a. Maritimes Informationssystem
b. Landeskennung einer Seefunkstelle (z. B. 211)
c. Rufnummer im Seefunkdienst
d. Aussendung, die die Sicherheit der Schifffahrt betrifft

62. Wie lauten die Maritime Identification Digits (MID) für die Bundesrepublik Deutschland? Seiten 13, 24
a. 211 und 218
b. 211 und 219
c. 218 und 224
d. 218 und 226

63. Welche Urkunde enthält die eigene Seefunkstellen-Rufnummer (MMSI)? Seite 13
a. Gerätezulassungsurkunde
b. Schiffszertifikat
c. Zuteilungsurkunde (Ship Station Licence)
d. Internationaler Bootsschein

64. Wie setzt sich die Seefunkstellen-Rufnmmer (MMSI) zusammen? Seiten 13, 24
a. Drei Buchstaben und sechs Ziffern
b. Neun Ziffern, wobei die ersten drei Ziffern die Seefunkkennzahl (MID) enthalten
c. Sieben Ziffern, wobei die ersten beiden Ziffern Nullen sein müssen
d. Neun Ziffern, wobei die erste Ziffer eine Null ist

65. Wie setzt sich die Küstenfunkstellen-Rufnmmer (MMSI) zusammen? Seiten 13, 25
a. Internationale Telefon-Vorwahlnummer des Landes, in dem sich die Küstenfunkstelle befindet, gefolgt von fünf besonders festgelegten Ziffern
b. Neun Ziffern, die ersten drei Ziffern enthalten die Seefunkkennzahl MID

Richtige Antworten: 57d, 58a, 59b, 60a, 61c, 62a, 63c, 64b

c. Geografischer Ortsname der Küstenfunkstelle, gefolgt von drei Ziffern, die die Seefunkkennzahl (MID) bilden
d. Neun Ziffern, die ersten beiden Ziffern Nullen, die nächsten drei Ziffern enthalten die Seefunkkennzahl MID

66. Welche Art von Funkstelle des Seefunkdienstes kennzeichnet die Ziffernfolge 002111240? Seiten 13, 25

a. Deutsche Seefunkstelle
b. Deutsche Küstenfunkstelle
c. Deutsche Epirb
d. Deutsches SAR-Fahrzeug

67. Woran ist die Nationalität der Seefunkstelle in der MMSI erkennbar? Seiten 13, 24

a. Seefunkkennzahl (MID)
b. Länderkennung, bestehend aus drei Buchstaben
c. Letzte drei Ziffern der MMSI
d. Mittlere drei Ziffern der MMSI

68. Durch die Verbindung mit welchem Gerät ist gewährleistet, dass bei einem DSC-Notalarm die aktuelle Position automatisch mit ausgesendet wird? Seite 7

a. UKW-Wachempfänger
b. Radargerät
c. Navtex-Empfänger
d. GPS-Empfänger

IV UKW (VHF)-Sprechfunk

69. Wie wird der Frequenzbereich von 30 bis 300 MHz bezeichnet? Seite 10

a. Langwelle (LW/LF)
b. Mittelwelle (MW/MF)
c. Kurzwelle (KW/HF)
d. Ultrakurzwelle (UKW/VHF)

70. Welches Funkzeugnis muss der Führer eines Sportfahrzeugs oder Traditionsschiffes, das mit einer UKW-Seefunkstelle ausgerüstet ist, mindestens besitzen, um am GMDSS teilnehmen zu dürfen? Seite 20

a. Allgemeines Sprechfunkzeugnis für den Seefunkdienst
b. Beschränkt Gültiges Funkbetriebszeugnis (Short Range Certificate)
c. Allgemeines Betriebszeugnis für Funker (General Operator's Certificate)
d. UKW-Sprechfunkzeugnis für den Binnenschifffahrtsfunk

71. An welchem Funkdienst darf der Inhaber eines Beschränkt Gültigen Funkbetriebszeugnisses (SRC) teilnehmen? Seite 200

a. Mobiler Seefunkdienst auf Ultrakurzwelle (UKW/VHF) einschließlich Grenzwelle/Kurzwelle
b. Mobiler Seefunkdienst auf Kurzwelle (KW/HF) und Grenzwelle (GW/MF), außer Satellitenfunk
c. Mobiler Seefunkdienst auf Ultrakurzwelle (UKW/VHF) einschließlich Satellitenfunk
d. Mobiler Seefunkdienst auf Ultrakurzwelle (UKW/VHF)

Richtige Antworten: 65d, 66b, 67a, 68d, 69d, 70b, 71d

72. Was kennzeichnet die Betriebsart „Duplex"? Seite 11
   a. Gegensprechen auf zwei Frequenzen
   b. Gegensprechen auf einer Frequenz
   c. Wechselsprechen auf zwei Frequenzen
   d. Wechselsprechen auf einer Frequenz

73. Was kennzeichnet die Betriebsart „Simplex"? Seite 11
   a. Gegensprechen auf zwei Frequenzen
   b. Gegensprechen auf einer Frequenz
   c. Wechselsprechen auf zwei Frequenzen
   d. Wechselsprechen auf einer Frequenz

74. Welche Betriebsart wird als „Semi-Duplex" bezeichnet? Seite 11
   a. Wechselsprechen auf zwei Frequenzen
   b. Wechselsprechen auf einer Frequenz
   c. Gegensprechen auf zwei Frequenzen
   d. Gegensprechen auf einer Frequenz

75. Welche UKW-Kanäle sind international ausschließlich für den Funkverkehr zwischen Seefunkstellen vorgesehen? Seite 11
   a. Kanäle 15 und 17
   b. Kanäle 16, 69, 70 und 82
   c. Kanäle 06, 08, 72, 77
   d. Kanäle 16 und 18, ersatzweise 70

76. Für welchen Funkverkehr dürfen die UKW-Kanäle 75 und 76 verwendet werden? Seite 11
   a. Funkverkehr, der ausschließlich See-Land-Verbindungen betrifft
   b. Funkverkehr, der ausschließlich die Navigation betrifft
   c. Funkverkehr unter Behördenfahrzeugen
   d. Funkverkehr, der ausschließlich Land-See-Verbindungen betrifft

77. Atmosphärische Störungen des Funkverkehrs sind ... Seite 10
   a. im Seeverkehr im VHF-Bereich ein großes Problem
   b. im Seeverkehr im VHF-Bereich kein Problem
   c. gleichzeitig im VHF-Bereich und bei Navtex-Verbindungen vorhanden
   d. im VHF-Bereich nur bei Verwendung von nicht vertikal angebrachten Antennen vorhanden

78. Wie breiten sich Ultrakurzwellen (UKW/VHF) aus? Seite 10
   a. In der Ionosphäre reflektiert
   b. Der Erdkrümmung folgend bis weit hinter den Horizont
   c. Abhängig von der Tageszeit
   d. Geradlinig und quasioptisch

79. Wie werden die internationalen Kanäle im UKW-Seefunkbereich bezeichnet? Seite 205
   a. Kanal 1 bis 28 und 60 bis 88
   b. Kanal 1 bis 20 und 68 bis 88
   c. Kanal 1 bis 28 und 60 bis 87
   d. Kanal 1 bis 28 und 68 bis 88

80. Wovon hängt die Reichweite einer UKW-Funkanlage hauptsächlich ab? Seite 10
   a. Bordnetzspannung
   b. Tageszeit
   c. Antennenhöhe
   d. Wetter

81. Wie sollen UKW-Antennen ausgerichtet werden? Seite 10
   a. Horizontal
   b. Vertikal
   c. Radial
   d. Diagonal

Richtige Antworten: 72a, 73d, 74a, 75c, 76b, 77b, 78d, 79a, 80c, 81b

82. Wodurch kann die Abstrahlung der Sendeenergie einer UKW-Anlage auf einem Schiff wesentlich beeinträchtigt werden? Seite 10
   a. Wetter
   b. Metallische Gegenstände in der Nähe des Antennenkabels
   c. Schräglage des Schiffs
   d. Metallische Gegenstände in der Nähe der Antenne

83. Was hat keinen Einfluss auf die Reichweite eines UKW-Handsprechfunkgerätes? Seite 10
   a. Schlechtes Wetter
   b. Niedrige Antennenhöhe
   c. Geringer Ladezustand des Akkus
   d. Geringe Sendeleistung

84. Ist das Senden auf UKW in ausländischen Häfen gestattet? Seite 56
   a. Es ist immer gestattet
   b. Abhängig von den entsprechenden Vorschriften des Landes
   c. Außer in Notfällen ist es überall verboten
   d. Nur am Tage, in der Nacht herrscht Funkstille

V Betriebsverfahren und Rangfolgen

85. Wie ist die Rangfolge der Aussendungen im Seefunkdienst festgelegt? Seite 12
   a. Routine, Dringlichkeit, Sicherheit, Not
   b. Routine, Sicherheit, Dringlichkeit, Not
   c. Not, Sicherheit, Dringlichkeit, Routine
   d. Not, Dringlichkeit, Sicherheit, Routine

86. Welche Vorkommnisse im Seefunkdienst sollen im Schiffstagebuch dokumentiert werden? Seite 52
   a. Der gesamte DSC-Verkehr sowie wichtige Vorkommnisse, die den Seefunkdienst betreffen
   b. Der Not-, Dringlichkeits- und Sicherheitsverkehr sowie der Routineverkehr zwischen Seefunkstellen und Küstenfunkstellen
   c. Der Not-, Dringlichkeits- und Sicherheitsverkehr sowie wichtige Vorkommnisse, die den Seefunkdienst betreffen
   d. Der GMDSS-Verkehr zwischen Seefunkstellen sowie Fehlalarme und andere wichtige Vorkommnisse, die den Seefunk betreffen

87. Welchem Funkverkehr ist der Nachrichtenaustausch zwischen Küstenfunkstellen des Revier- und Hafenfunkdienstes und Seefunkstellen zuzuordnen? Seiten 12, 53 f.
   a. Port Radio
   b. On Board Traffic
   c. Nicht-öffentlicher Funkverkehr
   d. Öffentlicher Funkverkehr

88. Wozu dient der Revier- und Hafenfunkdienst? Seite 55
   a. Übermittlung von Nachrichten, die ausschließlich das Führen, die Fahrt und die Sicherheit von Schiffen auf dem Revier, innerhalb oder in der Nähe von Häfen betreffen

Richtige Antworten: 82d, 83a, 84b, 85d, 86c, 87c

b. Zuweisung von Liegeplätzen innerhalb oder in der Nähe von Häfen
c. Verbreitung von Wetterberichten auf dem Revier, innerhalb oder in der Nähe von Häfen
d. Nachrichtenaustausch innerhalb oder in der Nähe von Häfen über das öffentliche Netz

89. Welcher Funkdienst gehört neben dem Revier- und Hafenfunkdienst ebenfalls zum Sicherheitsfunkdienst innerhalb des mobilen Seefunkdienstes? Seite 54
a. Binnenschifffahrtsfunk
b. Schleusenfunk
c. Lotsenfunk
d. Schiffslenkungsfunkdienst

90. Wer bestimmt bei einer Verbindung zwischen See- und Küstenfunkstelle den für die weitere Verkehrsabwicklung zu benutzenden Arbeitskanal? Seite 54
a. Seefunkstelle
b. Küstenfunkstelle
c. On-Scene Co-ordinator (OSC)
d. Rufende Funkstelle

91. Wie ist eine Küstenfunkstelle des Revier- und Hafenfunkdienstes gekennzeichnet? Seite 54
a. Radio, dem der geografische Name des Ortes und die Art des Dienstes folgen
b. Geografischer Name des Ortes, dem die Art des Dienstes und das Wort Radio folgen
c. Wort Radio, dem die Art des Dienstes und der geografische Name des Ortes folgen
d. Geografischer Name des Ortes, dem das Wort Radio und die Art des Dienstes folgen

92. Welche Funkstelle wird mit dem Namen „Warnemünde Traffic" gerufen? Seite 54
a. Funkstelle des Hafenmeisters der Marina in Warnemünde
b. Wasserschutzpolizei Warnemünde
c. Küstenfunkstelle des Revierfunkdienstes in Warnemünde
d. Seefunkstelle der DGzRS-Sation Warnemünde

93. Was zeigt das Dringlichkeitszeichen an? Seiten 13, 51
a. Die rufende Funkstelle hat eine wichtige Meldung auszusenden, welche den Empfang einer Seenotfunkbake (Epirb) bestätigt
b. Die rufende Funkstelle hat eine eilige Meldung auszusenden, die eine nautische Warnnachricht zum Inhalt hat
c. Die rufende Funkstelle hat eine Meldung auszusenden, dass ein Schiff von einer ernsten und unmittelbaren Gefahr bedroht ist und sofortige Hilfe benötigt
d. Die rufende Funkstelle hat eine sehr dringende Meldung auszusenden, welche die Sicherheit einer mobilen Einheit oder einer Person betrifft

94. Wie lautet das Dringlichkeitszeichen im Sprechfunk? Seiten 13, 51
a. PAN PAN
b. SECURITE
c. MAYDAY
d. URGENCY

95. Was wird im Sprechfunk durch das Zeichen PAN PAN angekündigt? Seiten 13, 51
a. Dringlichkeitsmeldung
b. Notmeldung
c. Sicherheitsmeldung
d. Routinemeldung

Richtige Antworten: 88a, 89d, 90b, 91b, 92c, 93d, 94a, 95a

96. Wie ist im GMDSS zu verfahren, wenn eine dringende Meldung im UKW-Bereich auszusenden ist, welche die Sicherheit einer Person betrifft? Seite 51
    a. Ankündigung per digitalen Selektivruf (DSC) auf Kanal 70 und Aussendung der Dringlichkeitsmeldung auf einem Schiff-Schiff-Kanal
    b. Ankündigung per digitalen Selektivruf (DSC) auf Kanal 70 und Aussendung der Dringlichkeitsmeldung im Sprechfunk auf Kanal 16
    c. Ankündigung und Aussendung der Dringlichkeitsmeldung im Sprechfunk auf Kanal 16
    d. Ankündigung im Sprechfunk auf Kanal 16 und Aussendung der Dringlichkeitsmeldung auf einem Schiff-Schiff-Kanal

97. Was bedeutet im DSC-Controller die Anzeige „Urgency"? Seite 25
    a. Die nachfolgende Meldung ist dringend und die Seefunkstelle erbittet nautische Beratung
    b. Die nachfolgende Meldung ist eine Notmeldung und die Seefunkstelle erbittet sofortige Hilfe
    c. Die nachfolgende Meldung ist dringend und betrifft die Sicherheit einer mobilen Einheit oder einer Person
    d. Die nachfolgende Meldung ist eine Wetterwarnung und betrifft die Sicherheit der Schifffahrt

98. An wen dürfen Dringlichkeitsmeldungen im Seefunkdienst grundsätzlich gerichtet werden? Seite 51
    a. An alle Küstenfunkstellen oder die Seenotleitung (MRCC)
    b. An alle Küstenfunkstellen oder an alle Funkstellen im Seegebiet A1
    c. An alle Funkstellen im Seegebiet A1 oder an eine bestimmte Funkstelle im Seegebiet A1
    d. An alle Funkstellen oder an eine bestimmte Funkstelle

99. Wie ist zu verfahren, wenn eine an alle Funkstellen ausgesendete Dringlichkeitsmeldung erledigt ist? Seite 51
    a. Dringlichkeitsmeldung muss durch eine Meldung an alle Funkstellen aufgehoben werden
    b. Dringlichkeitsmeldung muss bei dem Fall „Mensch über Bord" durch eine Meldung an alle Funkstellen aufgehoben werden
    c. Dringlichkeitsmeldung muss durch eine Meldung an die nächste Küstenfunkstelle aufgehoben werden
    d. Dringlichkeitsmeldung muss durch die Meldung SILENCE FINI aufgehoben werden

100. Wie lautet das Sicherheitszeichen im Seefunkdienst? Seiten 13, 52
    a. MAYDAY
    b. PAN PAN
    c. SECURITE
    d. URGENCY

101. Welche Meldung wird mit SECURITE eingeleitet? Seiten 13, 52
    a. Notmeldung
    b. Sicherheitsmeldung
    c. Dringlichkeitsmeldung
    d. Routinemeldung

102. Welchen Inhalt kann eine Sicherheitsmeldung haben? Seiten 13, 52
    a. Aufhebung einer Dringlichkeitsmeldung oder ein Medico-Gespräch
    b. Aufhebung eines Fehlalarms oder eine wichtige Wetterwarnung
    c. Wichtige nautische Nachricht oder die Weiterleitung eines Notalarms
    d. Wichtige nautische Warnnachricht oder eine wichtige Wetterwarnung

Richtige Antworten: 96b, 97c, 98d, 99a, 100c, 101b, 102d

103. Welche UKW-Kanäle benutzen Sportfahrzeuge für den Funkverkehr untereinander vorzugsweise in den deutschen Hoheitsgewässern?
Seiten 11, 14 f.

a. Kanäle 10 oder 13
b. Kanäle 69 oder 70
c. Kanäle 69 oder 72
d. Kanäle 06 oder 16

104. Für welche Verkehrsabwicklungen werden UKW-Handsprechfunkgeräte vorzugsweise verwendet?
Seiten 29, 41

a. Funkverkehr an Bord, Funkverkehr Schiff–Überlebensfahrzeug
b. Funkverkehr Schiff–Schiff, Funkverkehr Schiff–SAR-Hubschrauber
c. Funkverkehr an Bord, Funkverkehr Schiff–Hafen
d. Funkverkehr mit Küstenfunkstellen, Funkverkehr Schiff–Überlebensfahrzeug

105. Was ist bei Testsendungen im Sprech-Seefunkdienst zu beachten?
Seite 61

a. Die Aussendungen dürfen nur einmal nach Einbau der Gerätes ohne Antenne erfolgen und müssen mit dem Wort „Test" gekennzeichnet werden
b. Die Aussendungen dürfen 20 Sekunden nicht überschreiten und müssen mit einer Kennung des Schiffes ausgestrahlt werden
c. Die Aussendungen dürfen 10 Sekunden nicht überschreiten, müssen mit dem Wort „Test" und mit einer Kennung des Schiffes ausgestrahlt werden
d. Die Aussendungen dürfen nur außerhalb der Hoheitsgewässer erfolgen

106. Welche Betriebsart wird für den Schiff-Schiff-Verkehr auf UKW im Sprechfunkverfahren verwendet?
Seite 11

a. Wechselsprechen auf einer Frequenz
b. Gegensprechen auf einer Frequenz
c. Wechselsprechen auf zwei Frequenzen
d. Gegensprechen auf zwei Frequenzen

107. Der UKW-Kanal 70 dient ausschließlich dem Zweck der Aussendung ...
Seiten 11, 24

a. von Küstenfunkstellen
b. von Positionsmeldungen
c. von Peilzeichen
d. des digitalen Selektivrufs

108. Welchen Zwecken dient der UKW-Kanal 16 (156,8 MHz) im Seefunkdienst?
Seiten 11, 52, 186

a. Notverkehr, Ankündigung einer Sicherheitsmeldung, Routineverkehr, Anrufkanal
b. Notverkehr, Dringlichkeitsmeldung, Ankündigung einer Sicherheitsmeldung, Anrufkanal
c. Funkverkehr zwischen Fischereifahrzeugen
d. Aussendung des digitalen Selektivrufs

109. Auf welchem Kanal muss ein Sportfahrzeug empfangsbereit sein, wenn es sich auf See befindet und mit einer GMDSS-Seefunkanlage ausgerüstet ist?
Seite 24

a. Kanal 72
b. Kanal 69
c. Kanal 16
d. Kanal 70

Richtige Antworten: 103c, 104a, 105c, 106a, 107d, 108b, 109d

110. Auf welchem Kanal sollte ein Sportfahrzeug in der Regel empfangsbereit sein, wenn es sich auf See befindet und nur mit einer UKW-Sprechfunkanlage ausgerüstet ist? Seite 24
a. Kanal 16
b. Kanal 70
c. Kanal 69
d. Kanal 06

111. Welcher UKW-Kanal ist vorzugsweise für den Schiff-Schiff-Verkehr und für koordinierte Such- und Rettungseinsätze (SAR) vorgesehen? Seite 11
a. Kanal 16
b. Kanal 10
c. Kanal 06
d. Kanal 72

112. Welchen Zwecken dienen der Anrufkanal und ein Arbeitskanal? Seite 15
a. Anrufkanal zur Verbindungsaufnahme, Arbeitskanal zur Abwicklung von Reiseplanungen
b. Anrufkanal zur Verbindungsaufnahme, Arbeitskanal zur Abwicklung des weiteren Funkverkehrs
c. Anrufkanal zur Verbindungsaufnahme, Arbeitskanal nur zur Abwicklung von Notfällen
d. Anrufkanal zur Verbindungsaufnahme mit Teilnehmern an Land, Arbeitskanal zur Zuweisung des Schleusenranges

113. Auf welchem Kanal ist eine Küstenfunkstelle zu rufen, die sowohl auf dem Kanal 70 als auch auf Kanal 16 sowie auf einem veröffentlichten Arbeitskanal empfangsbereit ist? Seite 54
a. Kanal 16 oder Arbeitskanal
b. Kanal 70 oder Kanal 72
c. Kanal 16 oder Kanal 70
d. Kanal 70 oder Arbeitskanal

114. Auf welchem Kanal wird eine Küstenfunkstelle ohne DSC im Routineverkehr gerufen? Seite 54
a. Kanal 16
b. Arbeitskanal
c. Ankündigung auf Kanal 16, dann Wechsel zum Arbeitskanal
d. Kanal 70

115. Was ist vor dem Anruf auf einem Arbeitskanal zu beachten? Seiten 10, 14
a. Der laufende Funkverkehr darf nicht gestört werden
b. Die geringste Sendeleistung muss eingestellt werden
c. Die Küstenfunkstelle muss den Arbeitskanal freigeben
d. Der laufende Funkverkehr muss aufgefordert werden, den Funkverkehr zu beenden

Richtige Antworten: 110a, 111c, 112b, 113d, 114b, 115a

VI Nautische und meteorologische Warnnachrichten (Navtex)

116. Was bedeutet Navtex? Seite 31
  a. Satellitengestütztes Navigationssystem für den Seenotfall
  b. MW-Empfänger an Bord eines Seeschiffs zur Aufzeichnung von Wetterberichten
  c. Navigationssystem, das Vorgaben im Funktelexverfahren erhält
  d. Nautische Warnnachrichten im Funktelexverfahren

117. Wie heißt der Dienst, in dem Nachrichten für die Sicherheit der Seeschifffahrt (MSI) über terrestrische Frequenzen verbreitet werden? Seite 31
  a. AIS
  b. Safetynet
  c. Navtex
  d. AMVER

118. Welchen Dienst bieten der Deutsche Wetterdienst (DWD) und das Bundesamt für Seeschifffahrt und Hydrografie (BSH) auf den Frequenzen 518 kHz und 490 kHz gemeinsan an? Seite 31
  a. TELEX
  b. Safetynet
  c. Navtex
  d. AMVER

119. Bis zu welcher Entfernung vom Standort des Senders können Sicherheitsmeldungen für die Seeschifffahrt im Navtex-Dienst empfangen werden? Seite 31
  a. Ca. 30 sm
  b. Ca. 600 sm
  c. Ca. 1000 sm
  d. Ca. 1500 sm

120. Worauf muss beim Einstellen eines Navtex-Empfängers geachtet werden? Seite 31
  a. Einstellen der jeweiligen Navtex-Sender und Auswählen der Art der benötigten Meldungen
  b. Auswählen der gewünschten Navtex-Sender und Eingeben der MMSI-Rufnummer
  c. Eingeben der eigenen Position und Auswählen der Art der benötigten Meldungen
  d. Auswählen der Sprache, in der die Nachricht empfangen werden soll, und Unterdrücken nicht benötigter Meldungen

121. Welche Informationen können bei der Programmierung eines Navtex-Empfängers nicht unterdrückt werden? Seite 31
  a. Meteorologische Warnungen, Revierinformationen und SAR-Meldungen
  b. Sat-Nav-Warnungen, meteorologische Warnungen und Navigationswarnungen
  c. Navigationswarnungen, meteorologische Warnungen und SAR-Meldungen
  d. Navigationswarnungen, Wettervorhersagen und SAR-Meldungen

122. In welcher Sprache werden Nachrichten für die Sicherheit der Seeschifffahrt (MSI) im Navtex-Dienst auf 490 kHz verbreitet? Seite 31
  a. Landessprache der Funkstelle
  b. Englisch
  c. Niederländisch
  d. Französisch

Richtige Antworten: 116d, 117c, 118c, 119b, 120a, 121c, 122a

123. In welchen Zeitabständen werden die regelmäßigen Navtex-Informationen vom deutschen Navtex-Sender ausgesendet? Seite 31
   a. 24 Stunden
   b. 12 Stunden
   c. 4 Stunden
   d. 1 Stunde

124. Was bezeichnet „Navarea"? Seite 31
   a. Internationales Seegebiet, das von Seeschiffen befahren wird
   b. Internationales Seegebiet, das in vier Gruppen eingeteilt ist (A1 bis A4)
   c. Internationales Seegebiet, das nicht befahren werden darf
   d. International festgelegtes Vorhersage- und Seewarngebiet

VII Suche und Rettung (SAR), Seenotfunkbake (Epirb) und Radartransponder (SART)

125. Was bezeichnet „SAR"? Seite 9
   a. Seenotfunkbake
   b. Suche und Rettung
   c. Sanitätsdienst
   d. Radartransponder

126. Welche Aufgabe hat ein „RCC" im Seenotfall? Seite 42
   a. Koordinierung der im Seenotfall zur Verfügung stehenden Kräfte und Abwicklung des Notverkehrs
   b. Stationierung von Seenotrettungskreuzern rund um die Uhr
   c. Alarmierung von SAR-Fahrzeugen im Seenotfall über Satellit
   d. Erteilung von Ratschlägen an den Havaristen

127. Welche Aufgaben hat ein „MRCC" im Seenotfall? Seiten 7, 18
   a. Erarbeitung von Richtlinien für das Verhalten im Seenotfall
   b. Bereithaltung von Rettungsfahrzeugen im Seenotfall
   c. Koordinierung der im Seenotfall zur Verfügung stehenden Kräfte
   d. Erteilung von Ratschlägen an den Havaristen

128. Was ist „On-Scene Communication"? Seite 47
   a. Funkverkehr von Behördenfahrzeugen
   b. Funkverkehr im Hafenfunk (Port Radio)
   c. Funkverkehr in Reichweite einer Küstenfunkstelle für UKW
   d. Funkverkehr vor Ort im Seenotfall

129. Welche Aufgabe hat der „On-Scene Co-ordinator" (OSC) im SAR-Fall? Seite 47
   a. Kooperation mit der nächstgelegenen Küstenfunkstelle des Revierfunkdienstes
   b. Leitung der Such- und Rettungsmaßnahmen vor Ort
   c. Verbreitung wichtiger SAR-Meldungen rund um die Uhr
   d. Festlegung der DSC-Kanäle zur Verständigung der SAR-Einheiten

130. Was bedeutet „Funkverkehr vor Ort"? Seite 47
   a. Funkverkehr zwischen dem Schiff in Not und in der Nähe befindlichen Luftfunkstellen
   b. Funkverkehr zwischen der Küstenfunkstelle und dem On-Scene Co-ordinator
   c. Funkverkehr zwischen dem Fahrzeug, das die Suche und Rettung koordiniert, und der Küstenfunkstelle

Richtige Antworten: 123c, 124d, 125b, 126a, 127c, 128d, 129b, 130d

d. Funkverkehr zwischen dem Schiff in Not und den Fahrzeugen, die Hilfe leisten, sowie dem Schiff in Not und dem Fahrzeug, das die Suche und Rettung koordiniert

131. Wer darf das Aussenden einer Notmeldung im Seefunkdienst veranlassen? Seite 8

a. Fahrzeugführer
b. Crewmitglied
c. Rudergänger
d. Rettungsleitstelle

132. Auf welchem UKW-Kanal müssen alle mit DSC ausgerüsteten seegehenden Schiffe im Weltweiten Seenot- und Sicherheitsfunksystem (GMDSS) empfangsbereit sein? Seite 11

a. Kanal 16
b. Kanal 70
c. Kanal 06
d. Kanal 10

133. Wie lautet das Notzeichen im Sprechfunk? Seiten 12, 42

a. DISTRESS
b. SOS
c. MAYDAY
d. PAN PAN

134. Womit wird der Notverkehr im Sprechfunk eingeleitet? Seiten 8, 9, 45

a. MAYDAY
b. Schiffsname
c. DISTRESS
d. SOS

135. Wann liegt ein Seenotfall vor, der das Aussenden des Notzeichens im Sprechfunk rechtfertigt? Seiten 12, 42

a. Wenn ein medizinischer Notfall vorliegt, der unmittelbare funkärztliche Beratung erfordert
b. Wenn eine nautische Warnnachricht vorliegt, die unbedingt beachtet werden muss
c. Wenn ein Schiff manövrierunfähig ist und Hilfe benötigt
d. Wenn ein Schiff oder eine Person von einer ernsten und unmittelbaren Gefahr bedroht ist und sofortige Hilfe benötigt

136. Welche Priorität der Alarmierung ist zu wählen, wenn sich eine Person in Lebensgefahr befindet und Hilfe benötigt? Seiten 12, 42

a. Routine
b. Sicherheit
c. Dringlichkeit
d. Notfall

137. Welche Frequenzen dürfen neben den Notfrequenzen für die Aussendung einer Notmeldung im Seefunkdienst benutzt werden? Seite 47

a. Nur Schiff-Schiff-Frequenzen
b. Jede andere verfügbare und geeignete Frequenz
c. Keine andere Frequenz
d. UKW-Kanal 06 (internationaler Verkehr)

138. Auf welchem UKW-Kanal findet der Notverkehr vorzugsweise statt? Seiten 11, 42ff.

a. Kanal 16
b. Kanal 70
c. Kanal 69
d. Kanal 06

Richtige Antworten: 131a, 132b, 133c, 134a, 135d, 136d, 137b, 138a

139. Welche Meldungen dürfen im Weltweiten Seenot- und Sicherheitsfunksystem (GMDSS) auf UKW-Kanal 16 (156,8 MHz) übermittelt werden? Seiten 11, 42 ff., 51, 52, 186

a. Sicherheits-, Dringlichkeitsmeldungen und nicht-öffentlicher Funkverkehr
b. Dringlichkeitsmeldungen und Meldungen im öffentlichen Funkverkehr
c. Notmeldungen, Dringlichkeitsmeldungen und die Ankündigung von Sicherheitsmeldungen
d. Notmeldungen und Routinemeldungen

140. Wann und warum wird die Einleitung des Notverkehrs wiederholt? Seite 44

a. Wenn die aussendende Seefunkstelle keine Antwort auf ihren DSC-Alarm oder ihre Notmeldung erhalten hat oder wenn sie es aus anderen Gründen für notwendig hält
b. Wenn der DSC-Notalarm nur von einer Küstenfunkstelle bestätigt worden ist
c. Die Einleitung des Notverkehrs darf nicht wiederholt werden, um Fehlalarme zu vermeiden
d. Die Einleitung des Notverkehrs wird nach sechs Minuten wiederholt, wenn keine Bestätigung erfolgt ist

141. An wen soll eine Seefunkstelle den Notalarm für ein anderes in Not befindliches Schiff richten? Seite 48

a. Grundsätzlich an ein Local User Terminal oder sonst an alle Seefunkstellen
b. Grundsätzlich an das Maritime Lagezentrum beim Havariekommando
c. Grundsätzlich an alle Seefunkstellen in der Nähe
d. Grundsätzlich an die nächstgelegene Küstenfunkstelle oder sonst an alle Funkstellen

142. Welche Voraussetzung muss eine Seefunkstelle erfüllen, die den Empfang eines DSC-Notalarms auf UKW im Sprechfunk bestätigt? Seite 44

a. Notalarme werden in jedem Fall bestätigt
b. Eine sichere Funkverbindung muss möglich sein
c. Sie muss Hilfe leisten können
d. Sie muss die Seefunkstelle in Not spätestens nach einer Stunde erreichen können

143. Wann darf eine Seefunkstelle, wenn sie Hilfe leisten kann, den Empfang eines DSC-Notalarms auf UKW im Sprechfunkverfahren bestätigen? Seite 44

a. Nach Bestätigung durch eine Küstenfunkstelle oder nach einer angemessenen Wartefrist
b. Sofort nach Empfang des DSC-Notalarms
c. Nach einer Wartefrist von drei Minuten
d. DSC-Notalarme dürfen grundsätzlich nur von Küstenfunkstellen bestätigt werden

144. Auf welchem UKW-Kanal und in welchem Verfahren bestätigt eine Seefunkstelle den auf Kanal 70 empfangenen Notalarm? Seite 44

a. Kanal 70, DSC
b. Kanal 16, Sprechfunkverfahren
c. Kanal 16, DSC
d. Arbeitskanal, Sprechfunkverfahren

145. Wann wird im Seefunkdienst die Aufforderung SILENCE MAYDAY ausgesendet? Seite 47

a. Wenn die Situation des Schiffes in Not besonders kritisch ist
b. Wenn die Funkstelle, die den Notverkehr leitet, störende Funkstellen zur Einhaltung der Funkstille auffordert

Richtige Antworten: 139c, 140a, 141d, 142c, 143a, 144b, 145b

c. Wenn eine Funkstelle sich besondere Aufmerksamkeit für die Verbreitung einer Dringlichkeits- oder Sicherheitsmeldung erbittet
d. Wenn die Funkstelle, die den Notverkehr leitet, die Beendigung des Notverkehrs ankündigen will

146. Wer fordert in einem Seenotfall eine störende Funkstelle mit den Wörtern SILENCE MAYDAY zur Einhaltung der Funkstille auf? Seite 47
a. Die Funkstelle, die der störenden Funkstelle nächstgelegen ist
b. Die Funkstelle, die die störende Funkstelle als erste empfangen hat
c. Die Funkstelle in Not oder eine Hilfe leistende Luftfunkstelle
d. Die Funkstelle, die den Notverkehr leitet

147. Welche Aufgaben übernimmt die Seenotleitung (Maritime Rescue Co-ordination Centre, MRCC) nach Eingang eines Notalarms? Seite 21
a. Bestimmung des On-Scene Co-ordinators (OSC)
b. Leitung des Notverkehrs auf Kanal 70
c. Koordinierung und Information über die SAR-Maßnahmen
d. Überwachung der Kanäle 16 und 70 sowie Dokumentation der SAR-Maßnahmen

148. Auf welchen UKW-Kanälen ist Bremen Rescue Radio empfangsbereit? Seiten 19, 23
a. Kanal 16 (Sprechfunk), Kanal 70 (DSC)
b. Kanal 10 (Sprechfunk), Kanal 70 (DSC)
c. Kanal 16 (Sprechfunk), Kanal 10 (DSC)
d. Kanal 06 (Sprechfunk), Kanal 70 (DSC)

149. Nach welchem Betriebsverfahren wird der Funkverkehr in Notfällen zwischen Seefunkstellen und SAR-Hubschraubern abgewickelt? Seite 47
a. Betriebsverfahren des mobilen Flugfunkdienstes
b. Betriebsverfahren des mobilen Seefunkdienstes
c. Betriebsverfahren des Revierfunkdienstes
d. Betriebsverfahren des Navigationsfunkdienstes

150. Welche Veröffentlichung enthält Angaben zu Verfahren, Abkürzungen und international entwickelte Redewendungen für Notfälle? Seite 61
a. Mitteilungen für Seefunkstellen und Schiffsfunkstellen
b. Nachrichten für Seefahrer
c. Handbuch „Funkdienst für die Klein- und Sportschiffahrt“
d. Handbuch „Suche und Rettung“

151. In welchem Frequenzbereich kann mit SAR-Einheiten Seefunkverkehr abgewickelt werden? Seite 47
a. UKW-Bereich
b. UHF-Bereich
c. MW-Bereich
d. VLF-Bereich

152. Im Funkverkehr zwischen Seefunkstellen und SAR-Hubschraubern gilt das Betriebsverfahren ... Seite 48
a. der Rettungsdienste
b. des Flugfunkdienstes
c. des Seefunkdienstes
d. des Binnenschifffahrtsfunks

153. Auf welchen UKW-Kanälen dürfen zu Sicherheitszwecken Seefunkstellen mit SAR-Hubschraubern Funkverkehr vorzugsweise abwickeln? Seiten 11, 47
a. Kanal 16, Kanal 06
b. Kanal 16, Kanal 10
c. Kanal 06, Kanal 10
d. Kanal 70, Kanal 16

Richtige Antworten: 146d, 147c, 148a, 149b, 150d, 151a, 152c, 153a

154. Wodurch werden in der Regel bei einer Rettungsaktion mit SAR-Hubschraubern die Kanäle 16 und 06 überwacht? Seite 47

a. Zwei unabhängige Seefunkgeräte
b. Zweikanal-Überwachung (Dual Watch)
c. Regelmäßiges manuelles Umschalten
d. Bedarfsweises manuelles Umschalten

155. Welchen UKW-Kanal soll ein Schiff in Not bis zur Ankunft eines SAR-Hubschraubers abhören? Seite 47

a. Kanal 70
b. Kanal 10
c. Kanal 06
d. Kanal 16

156. Wie ist zu verfahren, wenn während eines Not- verkehrs auf Kanal 16 die Ankündigung einer Dringlichkeits- oder Sicherheitsmeldung „An alle Funkstellen" vorgenommen werden soll? Seiten 52, 173

a. Ankündigung mittels digitalen Selektivrufs (DSC) auf Kanal 70, Information „An alle Funkstellen" über den Inhalt der Meldung auf Kanal 16
b. Ankündigung auf Kanal 06, Information an die Küstenfunkstelle/RCC über den Inhalt der Meldung auf einem Arbeitskanal
c. Ankündigung mittels digitalen Selektivrufs (DSC) auf Kanal 70, Ankündigung während einer Pause im Notverkehr auf Kanal 16, Aussendung der Meldung auf einem Schiff–Schiff-Kanal
d. Ankündigung auf Kanal 16 während einer Pause im Notverkehr, Aussendung auf einem Schiff–Schiff-Kanal

157. Was ist zu tun, wenn irrtümlich von einer Seefunkstelle ein Notalarm auf Kanal 70 ausgelöst worden ist? Seiten 49, 50

a. 1.) Gerät ausschalten, um weitere Sendungen zu verhindern
   2.) Eintragung der irrtümlichen Aussendung im Schiffstagebuch
   3.) Zuständiges MRCC telefonisch informieren
b. 1.) Ankündigung der Rücknahme des Notalarms mit DSC
   2.) Mit Meldung auf Kanal 16 „An alle Funkstellen" den Fehlalarm zurücknehmen
   3.) Schiffsführer informieren
c. 1.) Gerät umgehend zurücksetzen
   2.) Wenn möglich, den Fehlalarm per DSC zurücknehmen
   3.) Mit Meldung auf Kanal 16 „An alle Funkstellen" den Fehlalarm zurücknehmen
d. 1.) Gerät umgehend zurücksetzen
   2.) Ankündigung der Rücknahme des Notalarms mit DSC
   3.) Mit Meldung auf Kanal 13 „An alle Funkstellen" den Fehlalarm zurücknehmen

158. Womit können im Notfall nach dem Verlassen des havarierten Schiffes keine Such- und Rettungsarbeiten ausgelöst bzw. erleichtert werden? Seiten 29, 35, 40

a. UKW-Empfänger
b. Transponder für Suche und Rettung (SART)
c. Seenotfunkbake (Epirb)
d. Handsprechfunkgeräte

159. Welche Komponenten des Weltweiten Seenot- und Sicherheitsfunksystems (GMDSS) werden für die Aussendung von Signalen zur Ortsbestimmung eingesetzt? Seiten 37, 40

a. Navtex, SART
b. DSC, Epirb

Richtige Antworten: 154b, 155d, 156c, 157c, 158a, 159d

c. Navtex, EGC
d. SART, Epirb

160. Wo soll eine Satelliten-Seenotfunkbake (Epirb) an Bord eines Sportbootes installiert werden? Seite 36

a. Im äußeren Decksbereich
b. In der Backskiste
c. In mindestens 1 m Entfernung von Metallteilen
d. Geschützt unter Deck

161. Wann darf eine Satelliten-Seenotfunkbake (Epirb) für eine Aussendung aktiviert werden? Seite 36

a. Beim Herannahen von Rettungsfahrzeugen
b. Nur im Notfall
c. Zu Testzwecken
d. Im Notfall und zu Testzwecken

162. Wie kann eine Satelliten-Seenotfunkbake (Epirb) im Notfall aktiviert werden? Seite 36

a. Durch das Cospas-Sarsat-System
b. Nur automatisch
c. Manuell und automatisch
d. Nur manuell

163. Wodurch wird eine Epirb im Seenotfall automatisch aktiviert? Seite 36

a. Radar-Signale
b. GPS-Signale
c. Rüttelkontakt
d. Wasserdruckauslöser

164. Welche Informationen enthält die Aussendung einer Satelliten-Seenotfunkbake (Epirb)? Seiten 36, 38

a. 1.) Notsignal
 2.) Identifikationsmerkmal
 3.) Position mittels GPS, wenn vorhanden
b. 1.) Notsignal
 2.) Schiffstyp
 3.) Art des Notfalls
c. 1.) Position mittels GPS, wenn vorhanden
 2.) Identifikationsmerkmal
 3.) Zielhafen
d. 1.) Art des Notfalls
 2.) Position mittels GPS, wenn vorhanden
 3.) Rufzeichen

165. Wie lange dauert es in den Seegebieten A1 bis A3, bis der Alarm einer Cospas-Sarsat-Satelliten-Seenotfunkbake (Epirb) bei der zuständigen Seenotleitung (MRCC) aufläuft? Seiten 21, 37, 38

a. Bis zu vier Stunden
b. Bis zu 30 Minuten
c. Wenige Minuten
d. Bis zu zwei Stunden

166. Wie lange kann es unter ungünstigen Bedingungen von der Aktivierung einer Cospas-Sarsat-Satelliten-Seenotfunkbake ohne GPS bis zum Empfang der Position im MRCC dauern? Seiten 21, 37, 38

a. Bis zu einem Tag
b. Bis zu 4 Stunden
c. Bis zu 12 Stunden
d. Bis zu 8 Stunden

Richtige Antworten: 160a, 161b, 162c, 163d, 164a, 165c, 166b

167. Warum dauert es unter ungünstigen Bedingungen von der Aktivierung einer Cospas-Sarsat-Satelliten-Seenotfunkbake ohne GPS bis zum Empfang der Position im MRCC bis zu vier Stunden?
Seiten 36 f.

a. Die niedrige Datenrate im Uplink ermöglicht keine hohe Übertragungsgeschwindigkeit
b. Hoher Seegang behindert die Funkwellenausbreitung zum geostationären Cospas-Sarsat-Satelliten (Geosar)
c. Es müssen Überflüge der umlaufenden Cospas-Sarsat-Satelliten (Leosar) abgewartet werden
d. Schlechte Wetterverhältnisse behindern die Übertragung der Daten vom Cospas-Sarsat-Satelliten zur Bodenstation (LUT)

168. Wie groß ist die maximale Abweichung der ermittelten von der tatsächlichen Position einer Cospas-Sarsat-Satelliten-Seenotfunkbake (Epirb) ohne GPS?
Seite 38

a. 2 sm
b. 10 sm
c. 100 sm
d. 150 sm

169. Zu welchem Zweck benutzen Satelliten-Seenotfunkbaken (Epirb) die Frequenzen 121,5 MHz und 406 MHz?
Seite 38

a. 121,5 MHz zur Zielfahrt (Homing), 406 MHz zur Kommunikation
b. 121,5 MHz zur Zielfahrt (Homing), 406 MHz zur Alarmierung und Positionsbestimmung
c. 121,5 MHz zur Identifikation, 406 MHz zur Zielfahrt (Homing)
d. 121,5 MHz zur Kommunikation, 406 MHz zur Alarmierung und Positionsbestimmung

170. Welche Informationen müssen an einer Satelliten-Seenotfunkbake (Epirb) erkennbar sein?
Seite 38

a. 1.) Kurzanleitung
   2.) Zulassungsdatum der Epirb
   3.) Schiffsname/Rufzeichen/MMSI oder anderes Identifikationsmerkmal
   4.) Haltbarkeitsdatum der Batterie
b. 1.) Herstellerfirma
   2.) Schiffsname/Rufzeichen/MMSI oder anderes Identifikationsmerkmal
   3.) Prüfdatum
   4.) Sendefrequenz
c. 1.) Herstellerfirma
   2.) Haltbarkeitsdatum des Wasserdruckauslösers
   3.) Zulassungsdatum der Epirb
   4.) Kurzanleitung
d. 1.) Schiffsname/Rufzeichen/MMSI oder anderes Identifikationsmerkmal
   2.) Seriennummer
   3.) Haltbarkeitsdatum der Batterie
   4.) Haltbarkeitsdatum des Wasserdruckauslösers

171. Was ist zu tun, bevor die Satelliten-Seenotfunkbake (Epirb) für Wartungszwecke aus ihrer Halterung entfernt werden soll?
Seite 36

a. Sicherstellen, dass kein Fehlalarm ausgelöst wird
b. Sicherung lösen
c. MRCC informieren
d. Keine besonderen Vorkehrungen treffen

172. Welche Prüfungen sind an einer Satelliten-Seenotfunkbake (Epirb) durchzuführen?
Seite 36

a. Haltbarkeitsdatum der Batterie, Haltbarkeitsdatum des Wasserdruckauslösers, Befestigung am Schiffskörper
b. Haltbarkeitsdatum der Batterie, Haltbarkeitsdatum des Wasserdruckauslösers, Funktion entsprechend den Herstellerangaben

Richtige Antworten: 167c, 168a, 169b, 170d, 171a, 172b

c. Funktion entsprechend den Herstellerangaben, Haltbarkeitsdatum der Batterie, Festigkeit der Sicherheitsleine
d. Haltbarkeitsdatum des Wasserdruckauslösers, Lesbarkeit der Beschriftung, Kontakte der Batterien

173. Wie erscheint die Aussendung eines Transponders für Suche und Rettung (SART) auf einem Radarbildschirm? Seite 41
a. Die Aussendung eines Transponders ist auf dem Radarbildschirm nicht sichtbar
b. Als lange aus einem Zeichen bestehende Linie
c. Als Linie von mindestens zwölf Zeichen
d. Als Linie von mindestens drei Zeichen

174. Welches Navigationsgerät empfängt das Signal eines aktivierten Transponders für Suche und Rettung (SART)? Seite 41
a. GPS-Empfänger
b. DSC-Controller
c. Radargerät
d. Navtex-Gerät

175. Welche Vorteile hat eine UKW-Seefunkanlage gegenüber einem Mobiltelefon in einer Notsituation? Seite 7
a. Allgemeine und sichere Alarmierungsmöglichkeit
b. Hohe und gleichbleibende Sprachqualität
c. Wahrung des Fernmeldegeheimnisses und des Abhörverbots
d. Digitale und sichere Sprachübertragung

176. Welchen Vorteil hat eine UKW-Seefunkanlage gegenüber einem Mobiltelefon, wenn in einer Notsituation andere Fahrzeuge in Sicht sind und um Hilfe gebeten werden sollen? Seite 7
a. Erreichbarkeit aller Seefunkstellen im Seegebiet A1
b. Erreichbarkeit aller Rettungsfahrzeuge in Küstennähe
c. Erreichbarkeit aller Seefunkstellen in den Seegebieten A1 und A2
d. Erreichbarkeit aller in Funkreichweite befindlichen Seefunkstellen

177. Warum ist ein Mobiltelefon gegenüber einer UKW-Seefunkanlage keine Alternative, wenn in einer Notsituation die Such- und Rettungsmaßnahmen anderen Fahrzeugen bekannt gemacht werden müssen? Seite 7
a. Telefongespräche können von weiteren Fahrzeugen nicht bestätigt werden, der Seenotleitung (MRCC) fehlen daher wichtige Informationen
b. Telefongespräche können von Küstenfunkstellen nicht bestätigt werden, wichtige Informationen fehlen daher für die Koordination vor Ort
c. Telefongespräche können vom On-Scene Coordinator (OSC) nicht mitgehört werden, wichtige Informationen sind nur bei der Seenotleitung vorhanden
d. Telefongespräche können von weiteren Fahrzeugen nicht mitgehört werden, wichtige Informationen zur Hilfeleistung und Rettung sind nicht für alle Beteiligten verfügbar

178. Mit welcher Meldung werden die Funkstellen davon unterrichtet, dass der Notverkehr beendet ist? Seite 49
a. Meldung, die mit SILENCE MAYDAY abschließt
b. Meldung, die mit SILENCE FINI abschließt
c. Meldung, die mit OVER AND OUT abschließt
d. Meldung, die mit MASTER abschließt

179. Welche Funktion hat ein Transponder für Suche und Rettung (Search and Rescue Transponder, SART)? Seite 40
a. Reflexion von Radarstrahlen und Erzeugung eines deutlichen Echos auf Radarbildschirmen
b. Aussendung von Ortungsfunksignalen, die im

Richtige Antworten: 173c, 174c, 175a, 176d, 177d, 178b, 179b

Seenotfall das Auffinden des verunglückten Fahrzeuges mittels Radar erleichtern sollen

c. Automatische Aussendung der Notposition über UKW an Küsten- bzw. Schiffsfunkstellen
d. Automatische Übermittlung der Position des in Not befindlichen Fahrzeugs über die Cospas-Sarsat-Satelliten

180. Welche Funktion hat eine Satelliten-Seenotfunkbake (Emergency Position-Indicating Radiobeacon, Epirb)? Seite 36

a. Ermöglichen der Ortung mittels Radar und Erleichterung des Auffindens des Havaristen
b. Aussendung einer Notmeldung auf den Notfrequenzen der Luftfahrt (121,5 MHz bzw. 243 MHz), die von den Luftfahrzeugen bestätigt wird
c. Alarmierung und Kennzeichnung der Notposition
d. Kommunikation im VHF-Band zwischen Überlebensfahrzeug und SAR-Fahrzeugen bzw. dem MRCC

SRC-Übungsfragebogen

Die SRC-Übungsfragebogen bestehen aus 30 Fragen. Die Antworten sind anzukreuzen. Auf jede Frage gibt es genau eine richtige Antwort. Es müssen mindestens 80 % der Fragen richtig beantworten werden, um die Prüfung zu bestehen (Bearbeitungszeit: 30 Minuten, höchstens 6 Fehler, Lösungen: Seiten 117 – 119). Notieren Sie die Fragenummer und den Anfangsbuchstaben Ihrer Lösung auf einem Zettel, um einen Übungsbogen mehrmals benutzen zu können.

Die Prüfungfragebogen bestehen nur aus 24 Fragen (Bearbeitungszeit: 30 Minuten, max. 5 Fehler). Die Übungsbogen sind absichtlich schärfer gestaltet, damit Sie sicher durch die Prüfung kommen.

Richtige Antwort: 180c

SRC-Übungsfragebogen 1

1. Was regelt die Vollzugsordnung für den Funkdienst (VO Funk, engl. Radio Regulations, RR)?

❑ a. Die Vollzugsordnung für den Funkdienst (RR) regelt u. a. die Zuweisung von Frequenzbereichen an die Funkdienste und die Betriebsverfahren im Seefunkdienst

❑ b. Die Vollzugsordnung für den Funkdienst (RR) regelt den freien Funkverkehr zwischen den Seefahrt betreibenden Nationen

❑ c. Die Vollzugsordnung für den Funkdienst (RR) regelt die Benutzung von Radaranlagen auf Seeschiffen auf See und in Häfen

❑ d. Die Vollzugsordnung für den Funkdienst (RR) regelt die Ausrüstung von Seeschiffen bezüglich der Funkeinrichtung

2. Was sind die Abrechnungsgrundlagen für ein Seefunkgespräch über eine deutsche Küstenfunkstelle?

❑ a. Gesprächsdauer und Dringlichkeit des Gesprächs

❑ b. Gesprächsdauer und Frequenznutzungsgebühren

❑ c. Gesprächsdauer und Preis der Verrechnungseinheiten

❑ d. Gesprächsdauer und Entfernung zur Küstenfunkstelle

3. Was wird als MSI bezeichnet?

❑ a. Mittlere Signalstärke des modulierten Eingangsignals

❑ b. Nachricht, die die Sicherheit der Seeschifffahrt betrifft

❑ c. Landeskennung einer Seefunkstelle

❑ d. Rufnummer im Seefunkdienst (Maritime Mobile Service Identity)

4. Wonach richten sich die Zeitangaben im Seefunkdienst?

❑ a. Bordzeit, berichtigt nach Sommer- oder Winterzeit

❑ b. Greenwich-Zeit (Greenwich Mean Time, GMT)

❑ c. Koordinierte Weltzeit (Universal Time Co-ordinated, UTC)

❑ d. Ortszeit, bezogen auf den Standort des Schiffes (Local Time, LT)

5. Welche Sportboote müssen mit einer UKW-Seefunkanlage ausgerüstet sein?

❑ a. Sportboote mit einer Antriebsmaschine von 3,68 kW und mehr

❑ b. Gewerbsmäßig genutzte Sportboote mit einer Antriebsmaschine von 3,68 kW und mehr

❑ c. Sportboote mit einer Länge über alles von 12 m und mehr

❑ d. Gewerbsmäßig benutzte Sportboote mit einer Länge über alles von 12 m und mehr

6. Welche Behörde erteilt in Deutschland sechsstellige Rufzeichen für Seefunkstellen?

❑ a. Bundesnetzagentur (BNetzA), Außenstelle Hamburg

❑ b. Bundesamt für Seeschifffahrt und Hydrografie (BSH), Hamburg

❑ c. Bundesnetzagentur (BNetzA), Außenstelle Mülheim an der Ruhr

❑ d. Wasser- und Schifffahrtsamt (WSA), Hamburg

7. Das Abhörverbot und das Fernmeldegeheimnis sind geregelt ...

❑ a. in der Schiffssicherheitsverordnung (SchSV)

❑ b. in der Vollzugsordnung für den Funkdienst (VO Funk)/in den Radio Regulations (RR)

❑ c. im Telekommunikationsgesetz (TKG)

❑ d. im Gesetz über Funkanlagen und Telekommunikationseinrichtungen (FTEG)

8. Zur Teilnahme am Binnenschifffahrtsfunk muss eine Seefunkstelle ...

❑ a. mit der MMSI auch eine ATIS-Kennung aussenden

- ❑ b. nicht geändert werden
- ❑ c. mit einer umschaltbaren „Kombi-Anlage für Seefunkdienst und Binnenschifffahrtsfunk" oder einer zusätzlichen Sprechfunkanlage für den Binnenschifffahrtsfunk ausgerüstet werden
- ❑ d. mit einer weiteren Seefunkanlage ausgerüstet werden

9. Wie hoch ist die mittlere Stromaufnahme einer UKW-Seefunkanlage im Sendebetrieb bei 25 Watt Sendeleistung?

- ❑ a. Zwischen 2 und 3 Ampere
- ❑ b. Zwischen 10 und 12 Ampere
- ❑ c. Zwischen 1 und 2 Ampere
- ❑ d. Zwischen 4 und 8 Ampere

10. Welcher UKW-Kanal wird im Weltweiten Seenot- und Sicherheitsfunksystem (GMDSS) für die digitale Ankündigung einer Dringlichkeitsmeldung benutzt?

- ❑ a. Kanal 10
- ❑ b. Kanal 70
- ❑ c. Kanal 16
- ❑ d. Kanal 06

11. Wie setzt sich die Küstenfunkstellen-Rufnmmer (MMSI) zusammen?

- ❑ a. Neun Ziffern, die ersten beiden Ziffern Nullen, die nächsten drei Ziffern enthalten die Seefunkkennzahl MID
- ❑ b. Geografischer Ortsname der Küstenfunkstelle, gefolgt von drei Ziffern, die die Seefunkkennzahl (MID) bilden
- ❑ c. Internationale Telefon-Vorwahlnummer des Landes, in dem sich die Küstenfunkstelle befindet, gefolgt von fünf besonders festgelegten Ziffern
- ❑ d. Neun Ziffern, die ersten drei Ziffern enthalten die Seefunkkennzahl MID

12. Welches Funkzeugnis muss der Führer eines Sportfahrzeugs oder Traditionsschiffes, das mit einer UKW-Seefunkstelle ausgerüstet ist, mindestens besitzen, um am GMDSS teilnehmen zu dürfen?

- ❑ a. Allgemeines Betriebszeugnis für Funker (General Operator's Certificate)
- ❑ b. UKW-Sprechfunkzeugnis für den Binnenschifffahrtsfunk
- ❑ c. Beschränkt Gültiges Funkbetriebszeugnis (Short Range Certificate)
- ❑ d. Allgemeines Sprechfunkzeugnis für den Seefunkdienst

13. Welche Betriebsart wird als „Semi-Duplex" bezeichnet

- ❑ a. Gegensprechen auf zwei Frequenzen
- ❑ b. Wechselsprechen auf einer Frequenz
- ❑ c. Gegensprechen auf einer Frequenz
- ❑ d. Wechselsprechen auf zwei Frequenzen

14. Wovon hängt die Reichweite einer UKW-Funkanlage hauptsächlich ab?

- ❑ a. Antennenhöhe
- ❑ b. Wetter
- ❑ c. Tageszeit
- ❑ d. Bordnetzspannung

15. Welche Vorkommnisse im Seefunkdienst sollen im Schiffstagebuch dokumentiert werden?

- ❑ a. Der GMDSS-Verkehr zwischen Seefunkstellen sowie Fehlalarme und andere wichtige Vorkommnisse, die den Seefunk betreffen
- ❑ b. Der Not-, Dringlichkeits- und Sicherheitsverkehr sowie wichtige Vorkommnisse, die den Seefunkdienst betreffen
- ❑ c. Der gesamte DSC-Verkehr sowie wichtige Vorkommnisse, die den Seefunkdienst betreffen
- ❑ d. Der Not-, Dringlichkeits- und Sicherheitsverkehr sowie der Routineverkehr zwischen Seefunkstellen und Küstenfunkstellen

16. Wie ist eine Küstenfunkstelle des Revier- und Hafenfunkdienstes gekennzeichnet?
- ❑ a. Wort Radio, dem die Art des Dienstes und der geografische Name des Ortes folgen
- ❑ b. Geografischer Name des Ortes, dem das Wort Radio und die Art des Dienstes folgen
- ❑ c. Radio, dem der geografische Name des Ortes und die Art des Dienstes folgen
- ❑ d. Geografischer Name des Ortes, dem die Art des Dienstes und das Wort Radio folgen

17. Wie ist zu verfahren, wenn eine an alle Funkstellen ausgesendete Dringlichkeitsmeldung erledigt ist?
- a. Dringlichkeitsmeldung muss bei dem Fall „Mensch über Bord" durch eine Meldung an alle Funkstellen aufgehoben werden
- b. Dringlichkeitsmeldung muss durch eine Meldung an die nächste Küstenfunkstelle aufgehoben werden
- c. Dringlichkeitsmeldung muss durch eine Meldung an alle Funkstellen aufgehoben werden
- d. Dringlichkeitsmeldung muss durch die Meldung SILENCE FINI aufgehoben werden

18. Welche UKW-Kanäle benutzen Sportfahrzeuge für den Funkverkehr untereinander vorzugsweise in den deutschen Hoheitsgewässern?
- ❑ a. Kanäle 69 oder 70
- ❑ b. Kanäle 06 oder 16
- ❑ c. Kanäle 10 oder 13
- ❑ d. Kanäle 69 oder 72

19. Auf welchem Kanal sollte ein Sportfahrzeug in der Regel empfangsbereit sein, wenn es sich auf See befindet und nur mit einer UKW-Sprechfunkanlage ausgerüstet ist?
- ❑ a. Kanal 16
- ❑ b. Kanal 06
- ❑ c. Kanal 70
- ❑ d. Kanal 69

20. Was bedeutet „Navtex"?
- ❑ a. MW-Empfänger an Bord eines Seeschiffes zur Aufzeichnung von Wetterberichten
- ❑ b. Nautische Warnnachrichten im Funktelexverfahren
- ❑ c. Navigationssystem, das Vorgaben im Funktelexverfahren erhält
- ❑ d. Satellitengestütztes Navigationssystem für den Seenotfall

21. In welchen Zeitabständen werden die regelmäßigen Navtex-Informationen vom deutschen Navtex-Sender ausgesendet?
- ❑ a. 1 Stunde
- ❑ b. 4 Stunden
- ❑ c. 12 Stunden
- ❑ d. 24 Stunden

22. Welche Aufgabe hat der „On-Scene Co-ordinator" (OSC) im SAR-Fall?
- ❑ a. Verbreitung wichtiger SAR-Meldungen rund um die Uhr
- ❑ b. Festlegung der DSC-Kanäle zur Verständigung der SAR-Einheiten
- ❑ c. Leitung der Such- und Rettungsmaßnahmen vor Ort
- ❑ d. Kooperation mit der nächstgelegenen Küstenfunkstelle des Revierfunkdienstes

23. Wie lautet das Notzeichen im Sprechfunk?
- ❑ a. MAYDAY
- ❑ b. PAN PAN
- ❑ c. SOS
- ❑ d. DISTRESS

24. Wann und warum wird die Einleitung des Notverkehrs wiederholt?
- ❑ a. Die Einleitung des Notverkehrs darf nicht wiederholt werden, um Fehlalarme zu vermeiden
- ❑ b. Wenn der DSC-Notalarm nur von einer Küstenfunkstelle bestätigt worden ist
- ❑ c. Die Einleitung des Notverkehrs wird nach sechs Minuten wiederholt, wenn keine Bestätigung erfolgt ist
- ❑ d. Wenn die aussendende Seefunkstelle keine Antwort auf ihren DSC-Alarm oder ihre Notmeldung erhalten hat oder wenn sie es aus anderen Gründen für notwendig hält

25. Wer fordert in einem Seenotfall eine störende Funkstelle mit den Wörtern SILENCE MAYDAY zur Einhaltung der Funkstille auf?
- a. Die Funkstelle, die der störenden Funkstelle nächstgelegen ist
- b. Die Funkstelle, die die störende Funkstelle als erste empfangen hat
- c. Die Funkstelle, die den Notverkehr leitet
- d. Die Funkstelle in Not oder eine Hilfe leistende Luftfunkstelle

26. Im Funkverkehr zwischen Seefunkstellen und SAR-Hubschraubern gilt das Betriebsverfahren ...
- ❑ a. des Seefunkdienstes
- ❑ b. der Rettungsdienste
- ❑ c. des Binnenschifffahrtsfunks
- ❑ d. des Flugfunkdienstes

27. Wo soll eine Satelliten-Seenotfunkbake (Epirb) an Bord eines Sportbootes installiert werden?
- ❑ a. Geschützt unter Deck
- ❑ b. Im äußeren Decksbereich
- ❑ c. In der Backskiste
- ❑ d. In mindestens 1 m Entfernung von Metallteilen

28. Wie lange dauert es in den Seegebieten A1 bis A3, bis der Alarm einer Cospas-Sarsat-Satelliten-Seenotfunkbake (Epirb) bei der zuständigen Seenotleitung (MRCC) aufläuft?
- ❑ a. Bis zu 4 Stunden
- ❑ b. Bis zu 2 Stunden
- ❑ c. Bis zu 30 Minuten
- ❑ d. Wenige Minuten

29. Was ist zu tun, bevor die Satelliten-Seenotfunkbake (Epirb) für Wartungszwecke aus ihrer Halterung entfernt werden soll?
- ❑ a. Keine besonderen Vorkehrungen treffen
- ❑ b. Sicherung lösen
- ❑ c. Sicherstellen, dass kein Fehlalarm ausgelöst wird
- ❑ d. MRCC informieren

30. Welche Funktion hat ein Transponder für Suche und Rettung (Search and Rescue Transponder, SART)?
- ❑ a. Aussendung von Ortungsfunksignalen, die im Seenotfall das Auffinden des verunglückten Fahrzeugs mittels Radar erleichtern sollen
- ❑ b. Automatische Übermittlung der Position des in Not befindlichen Fahrzeuges über die Cospas-Sarsat-Satelliten
- ❑ c. Reflexion von Radarstrahlen und Erzeugung eines deutlichen Echos auf Radarbildschirmen
- ❑ d. Automatische Aussendung der Notposition über UKW an Küsten- bzw. Schiffsfunkstellen

SRC-Übungsfragebogen 2

1. Zu welchem Zweck wurde das Weltweite Seenot- und Sicherheitsfunksystem (GMDSS) eingeführt?
- ❏ a. Schnelle und genaue Alarmierung in Not- und Dringlichkeitsfällen
- ❏ b. Schnelle Alarmierung nur in Notfällen
- ❏ c. Schnelle und genaue Alarmierung in Not- und Sicherheitsfällen
- ❏ d. Schnelle und genaue Alarmierung in Not-, Dringlichkeits- und Sicherheitsfällen

2. Für die Teilnahme am öffentlichen Funkverkehr ist – im Gegensatz zur Teilnahme am Nicht-öffentlichen Funkverkehr – zusätzlich erforderlich ...
- a Vertrag mit einer Abrechnungsgesellschaft
- b. Zuteilung (Ship Station Licence)
- c. Zulassung des Funkgeräts
- d. Besitz eines Seefunkzeugnisses

3. Welche Aussendung wird als „WX" bezeichnet?
- ❏ a. Funktelexaussendung im GMDSS
- ❏ b. Aussendung, die zurückgenommen wurde
- ❏ c. Nautische Warnnachricht
- ❏ d. Wetterbericht

4. Welche Bedeutung hat die Zeitangabe „LT" (Local Time)?
- ❏ a. Zeit, die automatisch durch ein an die Funkanlage angeschlossenes GPS-Gerät übermittelt wird
- ❏ b. Ortszeit bezogen auf den Standort des Schiffes
- ❏ c. Zeitzone, entsprechend der geografischen Breite des Schiffsortes
- ❏ d. Zeit, die bei Funkaussendungen in einem bestimmten Seegebiet zu verwenden ist

5. Welche Urkunde und welcher Befähigungsnachweis müssen bei der Überprüfung einer Seefunkstelle auf einem Sportfahrzeug dem Prüfbeamten auf Verlangen vorgelegt werden?
- a. Zuteilung (Ship Station Licence) und Sportbootführerschein des Fahrzeugführers
- b. Seefunkzeugnis eines Besatzungsmitgliedes und Internationaler Bootsschein (IBS)
- c. Seefunkzeugnis des Fahrzeugführers und Eigentumsnachweis des Fahrzeugführers
- d. Zuteilung (Ship Station Licence) und Seefunkzeugnis des Fahrzeugführers

6. Was ist beim Kauf eines UKW-Sprechfunkgeräts für den Seefunkdienst oder eines UKW-GMDSS-Funkgeräts zu beachten?
- a. Das Gerät muss funktionsfähig und TÜV-geprüft sein
- b. Das Funkgerät muss von der Dienststelle Schiffssicherheit der Berufsgenossenschaft Verkehrswirtschaft Post-Logistik Telekommunikation (BG Verkehr) für Sportboote zugelassen sein
- c. Das Funkgerät muss für den Seefunkdienst zugelassen oder in Verkehr gebracht worden sein
- d. Das Funkgerät muss eine Navtex-Schnittstelle aufweisen oder Wetterberichte empfangen können

7. Welche Behörde teilt einer in das Seeschiffsregister eingetragenen Yacht das mindestens vierstellige Unterscheidungssignal zu?
- ❏ a. Seeschiffsregister des zuständigen Amtsgerichts
- ❏ b. Bundesamt für Seeschifffahrt und Hydrografie (BSH)
- ❏ c. Bundesnetzagentur (BNetzA)
- ❏ d. Wasser- und Schifffahrtsverwaltung (WSV)

8. Welche Nachrichten dürfen uneingeschränkt aufgenommen und verbreitet werden?
- ❏ a. Aussendungen im öffentlichen Seefunkdienst
- ❏ b. Aussendungen im Seefunkdienst dürfen uneingeschränkt aufgenommen und verbreitet werden
- ❏ c. Aussendungen, die von allgemeinem Interesse sind
- ❏ d. Aussendungen, die „An alle Funkstellen" gerichtet sind

9. Was bedeutet „DSC" im mobilen Seefunkdienst?
- ❑ a. Funküberwachung auf 2 Funkkanälen (Dual Watch)
- ❑ b. Digitaler Selektivruf
- ❑ c. Gegensprechen auf zwei Frequenzen im Gegensatz zu Wechselsprechen auf einer Frequenz
- ❑ d. Digitales System für die Telekommunikation an Bord

10. Der mit einem DSC-Gerät aufgenommene Notalarm wird
- ❑ a. nicht gespeichert, sondern ausgedruckt
- ❑ b. gespeichert, wenn im Speicher genügend Platz ist
- ❑ c. automatisch gespeichert
- ❑ d. manuell gespeichert

11. Welche Urkunde enthält die eigene Seefunkstellen-Rufnummer (MMSI)?
- ❑ a. Frequenzzuteilungsurkunde
- ❑ b. Internationaler Bootsschein
- ❑ c. Gerätezulassungsurkunde
- ❑ d. Schiffszertifikat

12. Durch die Verbindung mit welchem Gerät ist gewährleistet, dass bei einem DSC-Notalarm die aktuelle Position automatisch mit ausgesendet wird?
- ❑ a. Navtex-Empfänger
- ❑ b. UKW-Wachempfänger
- ❑ c. GPS-Empfänger
- ❑ d. Radargerät

13. Welche UKW-Kanäle sind international ausschließlich für den Funkverkehr zwischen Seefunkstellen vorgesehen?
- ❑ a. Kanäle 16, 69, 70 und 82
- ❑ b. Kanäle 06, 08, 72, 77
- ❑ c. Kanäle 16 und 18, ersatzweise 70
- ❑ d. Kanäle 15 und 17

14. Wodurch kann die Abstrahlung der Sendeenergie einer UKW-Anlage auf einem Schiff wesentlich beeinträchtigt werden?
- ❑ a. Metallische Gegenstände in der Nähe des Antennenkabels
- ❑ b. Schräglage des Schiffs
- ❑ c. Metallische Gegenstände in der Nähe der Antenne
- ❑ d. Wetter

15. Wie ist die Rangfolge der Aussendungen im Seefunkdienst festgelegt?
- ❑ a. Not, Dringlichkeit, Sicherheit, Routine
- ❑ b. Routine, Dringlichkeit, Sicherheit, Not
- ❑ c. Not, Sicherheit, Dringlichkeit, Routine
- ❑ d. Routine, Sicherheit, Dringlichkeit, Not

16. Wie lautet das Dringlichkeitszeichen im Sprechfunk?
- ❑ a. SECURITE
- ❑ b. MAYDAY
- ❑ c. URGENCY
- ❑ d. PAN PAN

17. Welche Meldung wird mit SECURITE eingeleitet?
- ❑ a. Routinemeldung
- ❑ b. Dringlichkeitsmeldung
- ❑ c. Notmeldung
- ❑ d. Sicherheitsmeldung

18. Der UKW-Kanal 70 dient ausschließlich dem Zweck der Aussendung ...
- ❑ a. von Peilzeichen
- ❑ b. von Küstenfunkstellen
- ❑ c. des digitalen Selektivrufs
- ❑ d. von Positionsmeldungen

19. Welcher UKW-Kanal ist vorzugsweise für den Schiff-Schiff-Verkehr und für koordinierte Such- und Rettungseinsätze vorgesehen?
- ❑ a. Kanal 16
- ❑ b. Kanal 06
- ❑ c. Kanal 72
- ❑ d. Kanal 10

20. Auf welchem Kanal wird eine Küstenfunkstelle ohne DSC im Routineverkehr gerufen?
- ❑ a. Ankündigung auf Kanal 16, dann Wechsel zum Arbeitskanal
- ❑ b. Kanal 16
- ❑ c. Kanal 70
- ❑ d. Arbeitskanal

21. In welcher Sprache werden Nachrichten für die Sicherheit der Seeschifffahrt (MSI) im Navtex-Dienst auf 490 kHz verbreitet?
- ❑ a. Französisch
- ❑ b. Niederländisch
- ❑ c. Landessprache der Funkstelle
- ❑ d. Englisch

22. Welche Aufgaben hat ein MRCC im Seenotfall?
- ❑ a. Koordinierung der im Seenotfall zur Verfügung stehenden Kräfte
- ❑ b. Erteilung von Ratschlägen an den Havaristen
- ❑ c. Erarbeitung von Richtlinien für das Verhalten im Seenotfall
- ❑ d. Bereithaltung von Rettungsfahrzeugen im Seenotfall

23. Welche Priorität der Alarmierung ist zu wählen, wenn sich eine Person in Lebensgefahr befindet und Hilfe benötigt?
- ❑ a. Dringlichkeit
- ❑ b. Notfall
- ❑ c. Sicherheit
- ❑ d. Routine

24. Welche Voraussetzung muss eine Seefunkstelle erfüllen, die den Empfang eines DSC-Notalarms auf UKW im Sprechfunk bestätigt?
- ❑ a. Eine sichere Funkverbindung muss möglich sein
- ❑ b. Notalarme werden in jedem Fall bestätigt
- ❑ c. Sie muss die Seefunkstelle in Not spätestens nach einer Stunde erreichen können
- ❑ d. Sie muss Hilfe leisten können

25. Auf welchen UKW-Kanälen ist Bremen Rescue Radio empfangsbereit?
- ❑ a. Kanal 06 (Sprechfunk), Kanal 70 (DSC)
- ❑ b. Kanal 10 (Sprechfunk), Kanal 70 (DSC)
- ❑ c. Kanal 16 (Sprechfunk), Kanal 70 (DSC)
- ❑ d. Kanal 16 (Sprechfunk), Kanal 10 (DSC)

26. Welchen UKW-Kanal soll ein Schiff in Not bis zur Ankunft eines SAR-Hubschraubers abhören?
- ❑ a. Kanal 10
- ❑ b. Kanal 16
- ❑ c. Kanal 70
- ❑ d. Kanal 06

27. Welche Komponenten des Weltweiten Seenot- und Sicherheitsfunksystems (GMDSS) werden für die Aussendung von Signalen zur Ortsbestimmung eingesetzt?
- ❑ a. SART, Epirb
- ❑ b. Navtex, EGC
- ❑ c. DSC, Epirb
- ❑ d. Navtex, SART

28. Wie kann eine Satelliten-Seenotfunkbake (Epirb) im Notfall aktiviert werden?
- ❑ a. Nur manuell
- ❑ b. Durch das Cospas-Sarsat-System
- ❑ c. Nur automatisch
- ❑ d. Manuell und automatisch

29. Wie groß ist die maximale Abweichung der ermittelten von der tatsächlichen Position einer Cospas-Sarsat-Satelliten-Seenotfunkbake (Epirb) ohne GPS?
- ❑ a. 150 sm
- ❑ b. 10 sm
- ❑ c. 2 sm
- ❑ d. 100 sm

30. Mit welcher Meldung werden die Funkstellen davon unterrichtet, dass der Notverkehr beendet ist?
- ❑ a. Meldung, die mit MASTER abschließt
- ❑ b. Meldung, die mit OVER AND OUT abschließt
- ❑ c. Meldung, die mit SILENCE MAYDAY abschließt
- ❑ d. Meldung, die mit SILENCE FINI abschließt

SRC-Übungsfragebogen 3

1. Welche Funktion hat das „GMDSS" (Global Maritime Distress and Safety System)?

- ❑ a. Hilfe in Seenotfällen und Sicherung der Schifffahrt durch schnelle und genaue Alarmierung im Seenotfall
- ❑ b. Koordinierung der Alarmierung von Seefunkstellen im Seenotfall
- ❑ c. Störungsfreier Funkverkehr im Seenotfall
- ❑ d. Positionsbestimmung des Havaristen durch geostationäre Satelliten

2. Was bedeutet „öffentlicher Funkverkehr"?

- ❑ a. Funkverkehr, der von jeder Seefunkstelle abgehört werden muss
- ❑ b. Funkverkehr, der im Gegensatz zum nicht-öffentlichen Funkverkehr unverschlüsselt abgewickelt wird
- ❑ c. Funkverkehr, der der Allgemeinheit zum Austausch von Nachrichten dient
- ❑ d. Funkverkehr, der nicht dem Fernmeldegeheimnis und dem Abhörverkehr unterliegt

3. Welches sind die satellitengestützten Alarmierungssysteme im Weltweiten Seenot- und Sicherheitsfunksystem (GMDSS)?

- ❑ a. Eutelsat, Globalstar
- ❑ b. COSPAS-SARSAT, Inmarsat
- ❑ c. Epirb, AIS
- ❑ d. DSC, Cospas-Sarsat

4. Wie bezeichnet man ein funkärztliches Beratungsgespräch?

- ❑ a. Erste-Hilfe-Gespräch
- ❑ b. Medico-Gespräch
- ❑ c. Emergency-Gespräch
- ❑ d. Medical-Transport-Gespräch

5. Welche Funkanlagen darf der Inhaber eines Beschränkt Gültigen Funkbetriebszeugnisses (Short Range Certificate, SRC) bedienen?

- ❑ a. UKW-Funkanlagen im Seefunkdienst auf nicht funkausrüstungspflichtigen Fahrzeugen und auf Traditionsschiffen
- ❑ b. UKW-Funkanlagen auf Sportbooten im Seefunkdienst und Binnenschifffahrtsfunk
- ❑ c. UKW-Funkanlagen auf funkausrüstungspflichtigen und nicht funkausrüstungspflichtigen Seeschiffen
- ❑ d. UKW-Funkanlagen für See- und Luftfunkstellen

6. Was und zu welchem Zweck muss ein Schiffseigner bei Änderung des Schiffsnamens in Bezug auf seine Seefunkstelle veranlassen? S

- a. Namensänderung der Zentralen Verwaltungsstelle schriftlich mitteilen zwecks Änderung des Kennzeichenausweises
- b. Namensänderung dem Wasser- und Schifffahrtsamt, Hamburg, schriftlich mitteilen zwecks Änderung des Kennzeichenausweises
- c. Namensänderung dem Bundesamt für Seeschifffahrt und Hydrografie schriftlich mitteilen zwecks Änderung der Gerätezulassungsurkunde
- d. Namensänderung der Bundesnetzagentur schriftlich mitteilen zwecks Änderung seiner Zuteilungsurkunde (Ship Station Licence)

7. Ein Sportboot von 12 Meter Länge und mehr benötigt ein Funksicherheitszeugnis ...

- ❑ a. bei Regattateilnahme
- ❑ b. bei Auslandsfahrten und in internationalen Gewässern
- ❑ c. bei gewerbsmäßiger Nutzung
- ❑ d. in jedem Fall

8. Wer ist beim Betrieb einer Seefunkstelle auf einem Sportboot zur Wahrung des Fernmeldegeheimnisses und des Abhörverbots verpflichtet?
- ❑ a. Alle Personen, die vom Schiffsführer ausdrücklich dazu verpflichtet worden sind
- ❑ b. Alle Personen, die ständig an Bord sind
- ❑ c. Alle Personen, die das Funkgerät bedienen können
- ❑ d. Alle Personen, die eine Seefunkstelle beaufsichtigen, bedienen oder Kenntnis über öffentlichen Nachrichtenaustausch erlangt haben

9. Welche Eigenschaften des „GPS" sind für eine GMDSS-Funkanlage von besonderer Bedeutung?
- ❑ a. Mithilfe von GPS erfolgt die Kommunikation mit der Rettungsleitstelle über Satellit
- ❑ b. Mithilfe von GPS kann die genaue Position des Fahrzeugs bestimmt und übermittelt werden. Ebenso kann die genaue Zeit bestimmt werden
- ❑ c. Mithilfe von GPS besteht die Möglichkeit der Kommunikation über Inmarsat bzw. Cospas-Sarsat
- ❑ d. Mithilfe von GPS ist ein weltweiter Funkverkehr über Satellit zwischen Schiffen untereinander bzw. mit Küstenfunkstellen möglich

10. Wie wird eine mit DSC-Einrichtungen ausgerüstete Seefunkstelle gekennzeichnet?
- ❑ a. Schiffsname, Rufzeichen, Rufnummer des mobilen Seefunkdienstes (MMSI)
- ❑ b. Schiffsname, Heimathafen, Rufzeichen
- ❑ c. Rufnummer des mobilen Seefunkdienstes (MMSI), Schiffsname
- ❑ d. Registriernummer des Schiffszertifikates, Rufzeichen

11. Für welchen Funkverkehr dürfen die UKW-Kanäle 75 und 76 verwendet werden?
- ❑ a. Funkverkehr unter Behördenfahrzeugen
- ❑ b. Funkverkehr, der ausschließlich See–Land-Verbindungen betrifft
- ❑ c. Funkverkehr, der ausschließlich Land–See-Verbindungen betrifft
- ❑ d. Funkverkehr, der ausschließlich die Navigation betrifft

12. Was hat keinen Einfluss auf die Reichweite eines UKW-Handsprechfunkgerätes?
- ❑ a. Geringer Ladezustand des Akkus
- ❑ b. Schlechtes Wetter
- ❑ c. Niedrige Antennenhöhe
- ❑ d. Geringe Sendeleistung

13. Welcher Funkdienst gehört neben dem Revier- und Hafenfunkdienst ebenfalls zum Sicherheitsfunkdienst innerhalb des mobilen Seefunkdienstes?
- ❑ a. Lotsenfunk
- ❑ b. Schleusenfunk
- ❑ c. Schiffslenkungsfunkdienst
- ❑ d. Binnenschifffahrtsfunk

14. Wer bestimmt bei einer Verbindung zwischen See- und Küstenfunkstelle den für die weitere Verkehrsabwicklung zu benutzenden Arbeitskanal?
- ❑ a. On-Scene Co-ordinator (OSC)
- ❑ b. Rufende Funkstelle
- ❑ c. Küstenfunkstelle
- ❑ d. Seefunkstelle

15. Wie lautet das Sicherheitszeichen im Seefunkdienst?
- ❑ a. URGENCY
- ❑ b. SECURITE
- ❑ c. PAN PAN
- ❑ d. MAYDAY

Lösungen SRC-Übungsbogen 3: 1a, 2c, 3b, 4b, 5a, 6d, 7c, 8d, 9b, 10a, 11d, 12b, 13c, 14c, 15b, 16d, 17a, 18b, 19d, 20c, 21d, 22a, 23c, 24b, 25c, 26d, 27d, 28b, 29c, 30a

16. Für welche Verkehrsabwicklungen werden UKW-Handsprechfunkgeräte vorzugsweise verwendet?
- ❑ a. Funkverkehr an Bord, Funkverkehr Schiff–Hafen
- ❑ b. Funkverkehr mit Küstenfunkstellen, Funkverkehr Schiff-Überlebensfahrzeug
- ❑ c. Funkverkehr Schiff–Schiff, Funkverkehr Schiff–SAR-Hubschrauber
- ❑ d. Funkverkehr an Bord, Funkverkehr Schiff–Überlebensfahrzeug

17. Was ist bei Testsendungen im Sprech-Seefunkdienst zu beachten?
- ❑ a. Die Aussendungen dürfen 10 Sekunden nicht überschreiten, müssen mit dem Wort „Test" und mit einer Kennung des Schiffes ausgestrahlt werden
- ❑ b. Die Aussendungen dürfen nur außerhalb der Hoheitsgewässer erfolgen
- ❑ c. Die Aussendungen dürfen nur einmal nach Einbau der Gerätes ohne Antenne erfolgen und müssen mit dem Wort „Test" gekennzeichnet werden
- ❑ d. Die Aussendungen dürfen 20 Sekunden nicht überschreiten und müssen mit einer Kennung des Schiffes ausgestrahlt werden

18. Auf welchem Kanal sollte ein Sportfahrzeug in der Regel empfangsbereit sein, wenn es sich auf See befindet und nur mit einer UKW-Sprechfunkanlage ausgerüstet ist?
- ❑ a. Kanal 70
- ❑ b. Kanal 16
- ❑ c. Kanal 69
- ❑ d. Kanal 06

19. Wie heißt der Dienst, in dem Nachrichten für die Sicherheit der Seeschifffahrt (MSI) über terrestrische Frequenzen verbreitet werden?
- ❑ a. AMVER
- ❑ b. Safetynet
- ❑ c. AIS
- ❑ d. Navtex

20. Worauf muss beim Einstellen eines Navtex-Empfängers geachtet werden?
- ❑ a. Auswählen der gewünschten Navtex-Sender und Eingeben der MMSI-Rufnummer
- ❑ b. Auswählen der Sprache, in der die Nachricht empfangen werden soll, und Unterdrücken nicht benötigter Meldungen
- ❑ c. Einstellen der jeweiligen Navtex-Sender und Auswählen der Art der benötigten Meldungen
- ❑ d. Eingeben der eigenen Position und Auswählen der Art der benötigten Meldungen

21. Welche Aufgabe hat ein „RCC" im Seenotfall?
- ❑ a. Stationierung von Seenotrettungskreuzern rund um die Uhr
- ❑ b. Alarmierung von SAR-Fahrzeugen im Seenotfall über Satellit
- ❑ c. Erteilung von Ratschlägen an den Havaristen
- ❑ d. Koordinierung der im Seenotfall zur Verfügung stehenden Kräfte und Abwicklung des Notverkehrs

22. Was bedeutet „Funkverkehr vor Ort"?
- ❑ a. Funkverkehr zwischen dem Schiff in Not und den Fahrzeugen, die Hilfe leisten, sowie dem Schiff in Not und dem Fahrzeug, das die Suche und Rettung koordiniert
- ❑ b. Funkverkehr zwischen der Küstenfunkstelle und dem On-Scene Co-ordinator
- ❑ c. Funkverkehr zwischen dem Fahrzeug, das die

Lösungen SRC-Übungsbogen 2: 1d, 2a, 3d, 4b, 5d, 6c, 7a, 8d, 9b, 10c, 11a, 12c, 13b, 14c, 15a, 16d, 17d, 18c, 19b, 20d, 21c, 22a, 23b, 24d, 25c, 26b, 27a, 28d, 29c, 30d

Suche und Rettung koordiniert, und der Küstenfunkstelle

❑ d. Funkverkehr zwischen dem Schiff in Not und in der Nähe befindlichen Luftfunkstellen

23. Wann liegt ein Seenotfall vor, der das Aussenden des Notzeichens im Sprechfunk rechtfertigt?

❑ a. Wenn ein Schiff manövrierunfähig ist und Hilfe benötigt

❑ b. Wenn eine nautische Warnnachricht vorliegt, die unbedingt beachtet werden muss

❑ c. Wenn ein Schiff oder eine Person von einer ernsten und unmittelbaren Gefahr bedroht ist und sofortige Hilfe benötigt

❑ d. Wenn ein medizinischer Notfall vorliegt, der unmittelbare funkärztliche Beratung erfordert

24. Auf welchem UKW-Kanal und in welchem Verfahren bestätigt eine Seefunkstelle den auf Kanal 70 empfangenen Notalarm?

❑ a. Arbeitskanal, Sprechfunkverfahren

❑ b. Kanal 16, Sprechfunkverfahren

❑ c. Kanal 70, DSC

❑ d. Kanal 16, DSC

25. Auf welchen UKW-Kanälen dürfen zu Sicherheitszwecken Seefunkstellen mit SAR-Hubschraubern Funkverkehr abwickeln?

❑ a. Kanal 16, Kanal 10

❑ b. Kanal 06, Kanal 10

❑ c. Kanal 16, Kanal 06

❑ d. Kanal 70, Kanal 16

26. Wann darf eine Satelliten-Seenotfunkbake (Epirb) für eine Aussendung aktiviert werden?

❑ a. Im Notfall und zu Testzwecken

❑ b. Zu Testzwecken

❑ c. Beim Herannahen von Rettungsfahrzeugen

❑ d. Nur im Notfall

27. Wie lange kann es unter ungünstigen Bedingungen von der Aktivierung einer Cospas-Sarsat-Satelliten-Seenotfunkbake ohne GPS bis zum Empfang der Position im MRCC dauern?

❑ a. Bis zu 12 Stunden

❑ b. Bis zu 8 Stunden

❑ c. Bis zu einem Tag

❑ d. Bis zu 4 Stunden

28. Welches Navigationsgerät empfängt das Signal eines aktivierten Transponders für Suche und Rettung (SART)?

❑ a. DSC-Controller

❑ b. Radargerät

❑ c. Navtex-Gerät

❑ d. GPS-Empfänger

29. Welche Vorteile hat eine UKW-Seefunkanlage gegenüber einem Mobiltelefon in einer Notsituation?

❑ a. Digitale und sichere Sprachübertragung

❑ b. Hohe und gleichbleibende Sprachqualität

❑ c. Allgemeine und sichere Alarmierungsmöglichkeit

❑ d. Wahrung des Fernmeldegeheimnisses und des Abhörverbots

30. Welche Funktion hat eine Satelliten-Seenotfunkbake (Emergency Position-Indicating Radiobeacon, Epirb)?

❑ a. Alarmierung und Kennzeichnung der Notposition

❑ b. Kommunikation im VHF-Band zwischen Überlebensfahrzeug und SAR-Fahrzeugen bzw. dem MRCC

❑ c. Aussendung einer Notmeldung auf den Notfrequenzen der Luftfahrt (121,5 MHz bzw. 243 MHz), die von den Luftfahrzeugen bestätigt wird

❑ d. Ermöglichen der Ortung mittels Radar und Erleichterung des Auffindens des Havaristen

Lösungen SRC-Übungsbogen 1: 1a, 2c, 3b, 4c, 5d, 6a, 7c, 8c, 9d, 10b, 11a, 12c, 13d, 14a, 15b, 16d, 17c, 18d, 19a, 20b, 21b, 22c, 23a, 24d, 25c, 26a, 27b, 28d, 29c, 30a

Fragenkatalog für das UKW-Sprechfunkzeugnis für den Binnenschifffahrtsfunk (UBI)

Der Fragenkatalog enthält die amtlichen Prüfungsfragen und -antworten. Es ist immer genau eine Antwort richtig. Sie ist in der Prüfung anzukreuzen. Die Reihenfolge der Antworten wurde nicht veröffentlicht. Die hier abgedruckte Antwortreihenfolge wurde vom Autor festgelegt. Die eingeklammerten Fragen kommen nur in der UBI-Vollprüfung vor, nicht aber in der Ergänzungsprüfung für Inhaber des SRC/LRC (s. auch Seiten 136, 201).

I. Begriffsbestimmungen, Abkürzungen

1. Was ist Binnenschifffahrtsfunk? Seite 76
   - a. Nationaler mobiler UKW/VHF-Sprechfunkdienst auf Binnenschifffahrtsstraßen
   - b. Internationaler mobiler UKW/VHF-Sprechfunkdienst auf Binnenschifffahrtsstraßen
   - c. Internationales UKW/VHF-Sprechfunkverfahren im Binnenbereich
   - d. Nationales UKW/VHF-Sprechfunkverfahren im Binnenbereich

2. Wozu dient der Binnenschifffahrtsfunk? Seite 76
   - a. Funkverkehr für Schiffsfunkstellen über Landfunkstellen auf vereinbarten Kanälen (Verkehrskreise) und nach einem festgelegten Betriebsverfahren
   - b. Funkverkehr für Schiffsfunkstellen zu bestimmten Zwecken auf vereinbarten Kanälen (Verkehrskreise) und nach einem festgelegten Betriebsverfahren
   - c. Funkverkehr für bestimmte Zwecke auf vereinbarten Kanälen (Verkehrskreise) und nach einem festgelegten Betriebsverfahren
   - d. Funkverkehr zu Landfunkstellen für bestimmte Zwecke auf vereinbarten Kanälen (Verkehrskreise) und nach einem festgelegten Betriebsverfahren

3. Wo findet man Angaben über die grundsätzlichen Regelungen für den Binnenschifffahrtsfunk in Europa? Seite 76
   - a. Regionale Vereinbarung über den Binnenschifffahrtsfunk (RAINWAT)
   - b. Binnenschifffahrt-Sprechfunkverordnung (BinSchSprFunkV)
   - c. Verwaltungsvereinbarung über die Koordinierung von Frequenzen (HCM)
   - d. International Convention for the Safety of Life at Sea (SOLAS)

(4. Was ist eine „ortsfeste Funkstelle"? Seite 81)
   - a. Funkstelle, die an Land betrieben wird
   - b. Funkstelle, die von der Fernmeldebehörde betrieben wird
   - c. Funkstelle, die im Verkehrskreis Funkverkehr an Bord betrieben wird
   - d. Funkstelle, die an Bord eines nicht dauernd festgemachten Binnenschiffes betrieben wird

5. Was ist eine „Revierzentrale"? Seite 81
   - a. Zentrale Telematikdienste zur Datenübermittlung von AIS
   - b. Zentrale Schiffsfunkstelle der Wasserstraßen- und Schifffahrtsverwaltung
   - c. Zentrale Landfunkstelle des Verkehrskreises Nautische Information
   - d. Zentrale Seefunkstelle zur Schiffslenkung

6. Was ist ein „Verkehrsposten"? Seite 81
   - a. Zentrale mobile Funkstelle in den Niederlanden
   - b. Zentrale ortsfeste Funkstelle in den Niederlanden und in Frankreich
   - c. Zentrale mobile Funkstelle in den Niederlanden und in Frankreich
   - d. Zentrale ortsfeste Funkstelle in den Niederlanden

Richtige Antworten: 1b, 2c, 3a, 4a, 5c, 6d

7. Was ist ein „Blockkanal"? Seite 77
   a. Gesperrter Funkkanal der Verkehrsposten und Verkehrszentralen in den Niederlanden
   b. Funkkanal für sicherheitsrelevante Meldungen der Verkehrsposten und Schiffsfunkstellen in den Niederlanden
   c. Funkkanal für Routinegespräche der Verkehrsposten und Schiffsfunkstellen in den Niederlanden
   d. Funkkanal für öffentlichen Nachrichtenaustausch zwischen den Verkehrsposten in den Niederlanden

8. Was bedeutet „MIB"? Seite 81
   a. Melde- und Identifikationssystem in der Binnenschifffahrt
   b. Mobiles Informationssystem in der Binnenschifffahrt
   c. Maritimes Identifikationssystem in der Binnenschifffahrt
   d. Melde- und Informationssystem in der Binnenschifffahrt

9. Wo darf der Inhaber eines in Deutschland erworbenen UKW-Sprechfunkzeugnisses für den Binnenschifffahrtsfunk am Funkverkehr teilnehmen? Seite 200
   a. In allen Ländern, die der Regionalen Vereinbarung über den Binnenschifffahrtsfunk beigetreten sind
   b. In allen Mitgliedstaaten der EU
   c. In allen Staaten, die die Vollzugsordnung für den Funkdienst ratifiziert haben
   d. In allen deutschsprachigen Ländern

10. Wo berechtigt das UKW-Sprechfunkzeugnis für den Binnenschifffahrtsfunk (UBI) auch zur Teilnahme am mobilen Seefunkdienst? Seite 200
   a. Wasserstraßen der Zonen 2 bis 3
   b. Wasserstraßen der Zonen 1 bis 4
   c. Wasserstraßen der Zonen 2 bis 4
   d. Wasserstraßen der Zonen 1 bis 2

11. Wer erteilt neben der zuständigen Stelle des Bundes das UKW-Sprechfunkzeugnis für den Binnenschifffahrtsfunk (UBI)? Seite 200
   a. Bundesnetzagentur (BNetzA) und das Bundesamt für Seeschifffahrt und Hydrographie (BSH)
   b. Zentrale Verwaltungsstelle (ZVST) und Generaldirektion Wasserstraßen und Schifffahrt (GDWS)
   c. Prüfungsausschüsse des Deutschen Motoryachtverbandes e. V. (DMYV) und des Deutschen Segler-Verbandes e. V. (DSV)
   d. Wasserstraßen- und Schifffahrtsamt (WSA) und Bundesnetzagentur (BNetzA)

12. Welches Funkzeugnis berechtigt nicht zur Teilnahme am Weltweiten Seenot- und Sicherheitsfunksystem (GMDSS)? Seite 200
   a. Beschränkt Gültiges Funkbetriebszeugnis (SRC)
   b. Allgemeines Funkbetriebszeugnis (LRC)
   c. Allgemeines Betriebszeugnis für Funker (GOC)
   d. UKW-Sprechfunkzeugnis für den Binnenschifffahrtsfunk (UBI)

13. Welches Funkzeugnis berechtigt nicht zur Teilnahme am Binnenschifffahrtsfunk? Seite 200
   a. Amateurfunkzeugnis
   b. UKW-Sprechfunkzeugnis für den Binnenschifffahrtsfunk (UBI)
   c. Allgemeines Sprechfunkzeugnis für den Seefunkdienst
   d. Beschränkt gültiges Betriebszeugnis für Funker I (BZ I)

14. Worauf ist bei der Teilnahme am Binnenschifffahrtsfunk in anderen Ländern zu achten? Seite 79
   a. Die Bestimmungen der Binnenschifffahrt-Sprechfunkverordnung sind zu beachten
   b. Die Bestimmungen im Regionalen Teil des Handbuchs Binnenschifffahrtsfunk sind zu beachten

Richtige Antworten: 7b, 8d, 9a, 10d, 11c, 12d, 13a, 14b

c. Die Bestimmungen der Binnenschifffahrtsstraßenordnung sind zu beachten
d. Die Bestimmungen der EU-Kommission sind zu beachten

(15. Wo findet man grundsätzliche Bestimmungen über den Sprechfunk auf den jeweiligen Bundeswasserstraßen? Seite 79)
a. Schifffahrtspolizeiverordnungen
b. Binnenschifffahrt-Sprechfunkverordnung
c. Binnenschifffahrtspatentverordnung
d. Binnenschiffsuntersuchungsordnung

16. Wo findet man z. B. Angaben über die Ausrüstungspflicht mit Funkanlagen auf Binnenschiffen? Seite 77
a. Schiffssicherheitsverordnung
b. Binnenschifffahrtstraßenordnung
c. Binnenschifferpatentverordnung
d. Binnenschifffahrt-Sprechfunkverordnung

17. Wo findet man Angaben über die Funkbenutzungspflicht für Fahrzeuge auf bestimmten Binnenschifffahrtsstraßen? Seite 77
a. Binnenschifferpatentverordnung
b. Binnenschifffahrt-Sprechfunkverordnung
c. Allgemeiner Teil des Handbuchs Binnenschifffahrtsfunk
d. Regionale Teile des Handbuchs Binnenschifffahrtsfunk

18. Das Abhörverbot und das Fernmeldegeheimnis sind geregelt. Seite 53
a. in der Schiffssicherheitsverordnung (SchSV)
b. im Gesetz über Funkanlagen und Telekommunikationsendeinrichtungen (FTEG)
c. im Telekommunikationsgesetz (TKG)
d. in der Binnenschifffahrt-Sprechfunkverordnung (BinSchSprFunkV)

(19. Was unterliegt dem Fernmeldegeheimnis? Seite 53)
a. Inhalt des Funkverkehrs und seine näheren Umstände, insbesondere konkrete Daten wie z. B. der ATIS-Code
b. Inhalt des Funkverkehrs und seine näheren Umstände, sofern es sich um Nachrichtenaustausch mit einer Revierzentrale handelt
c. Inhalt des Funkverkehrs und seine näheren Umstände, insbesondere die Tatsache, ob jemand an der Abwicklung des Funkverkehrs beteiligt ist oder war
d. Inhalt des Funkverkehrs und seine näheren Umstände, sofern es sich um Nachrichtenaustausch im Rahmen des Not-, Dringlichkeits- und Sicherheitsverkehrs handelt

(20. Welche Nachrichten dürfen uneingeschränkt aufgenommen und verbreitet werden? Seite 53)
a. Aussendungen, die „An alle Funkstellen" gerichtet sind
b. Aussendungen im Binnenschifffahrtsfunk dürfen uneingeschränkt aufgenommen und verbreitet werden
c. Aussendungen des Öffentlichen Nachrichtenaustauschs
d. Aussendungen im Verkehrskreis Funkverkehr an Bord

21. Welche Folgen kann die Verletzung des Fernmeldegeheimnisses haben? Seite 53
a. Ordnungswidrigkeitsverfahren
b. Strafrechtliche Verfolgung
c. Einzug der Funkanlage
d. Schriftliche Verwarnung

(22. Welchen Frequenzbereich nutzt der Binnenschifffahrtsfunk? Seiten 10, 76)
a. Langwelle (LW/LF)
b. Grenzwelle (GW/MF)

Richtige Antworten: 15a, 16b, 17d, 18c, 19c, 20a, 21b

c. Kurzwelle (KW/HF)
d. Ultrakurzwelle (UKW/VHF)

23. Wie breiten sich Ultrakurzwellen aus? Seite 10)
a. In der Ionosphäre reflektiert
b. Geradlinig und quasioptisch
c. Der Erdkrümmung folgend bis weit hinter den Horizont
d. Ultrakurzwelle (UKW/VHF)

24. Welche Faktoren können die Ausbreitung der Ultrakurzwellen beeinflussen? Seite 10)
a. Niederschläge, z. B. Schnee- oder Regenschauer
b. Hindernisse, z. B. Berge oder hohe Bauwerke
c. Tag- und Nachtschwankungen
d. Kurs und Geschwindigkeit des Schiffes

II. Funkeinrichtungen und Schiffsfunkstellen

25. Was ist eine „Schiffsfunkstelle"? Seite 12
a. Ortsfeste Funkstelle des mobilen Seefunkdienstes
b. Ortsfeste Funkstelle des Binnenschifffahrtsfunks
c. Mobile Funkstelle des mobilen Seefunkdienstes
d. Mobile Funkstelle des Binnenschifffahrtsfunks

26. Was ist eine „Seefunkstelle"? Seite 12)
a. Funkstelle des Binnenschifffahrtsfunks, die im Seebereich an Bord eines Seeschiffes betrieben wird
b. Funkstelle des Mobilen Seefunkdienstes, die an Land als Küstenfunkstelle betrieben wird
c. Funkstelle des Mobilen Seefunkdienstes an Bord eines nicht dauernd verankerten Seefahrzeuges
d. Funkstelle des Mobilen Seefunkdienstes, die im Verkehrskreis Nautische Information betrieben wird

27. Wer darf eine Schiffsfunkstelle bedienen? Seite 76
a. Inhaber eines gültigen Sprechfunkzeugnisses für den Binnenschifffahrtsfunk (UBI) oder eines gleichwertigen Zeugnisses
b. Personen, die über einen gültigen Sportbootführerschein-Binnen und über die Erlaubnis des Schiffsführers verfügen
c. Nur der Schiffsführer, sofern er über ein gültiges Sprechfunkzeugnis für den Binnenschifffahrtsfunk (UBI) verfügt
d. Personen, die ohne Aufsicht eines Funkzeugnisinhabers am Funkverkehr teilnehmen, sofern sie älter als 16 Jahre sind

(28. Wer stellt in Deutschland die Zuteilungsurkunde (Ship Station Licence) für eine Schiffsfunkstelle aus? Seiten 13, 78)
a. Bundesnetzagentur (BNetzA)
b. Wasserstraßen- und Schifffahrtsamt (WSA)
c. Bundesamt für Seeschifffahrt und Hydrographie (BSH)
d. Generaldirektion Wasserstraßen und Schifffahrt (GDWS)

29. Der Betrieb einer Schiffsfunkstelle ohne Zuteilungsurkunde (Ship Station Licence) verstößt gegen Vorschriften ... Seite 13
a. der Binnenschifffahrtstraßenordnung (BinSchStrO)
b. des Telekommunikationsgesetzes (TKG)
c. des Gesetzes über Funkanlagen und Telekommunikationsendeinrichtungen (FTEG)
d. der Binnenschifffahrt-Sprechfunkverordnung (BinSchSprFunkV)

30. Die Bedienung einer Schiffsfunkstelle ohne Erlaubnis (UKW-Sprechfunkzeugnis) verstößt gegen Vorschriften ... Seite 76
a. der Binnenschifffahrtstraßenordnung (BinSchStrO)
b. des Telekommunikationsgesetzes (TKG)
c. des Gesetzes über Funkanlagen und Telekommunikationsendeinrichtungen (FTEG)
d. der Binnenschifffahrt-Sprechfunkverordnung (BinSchSprFunkV)

Richtige Antworten: 22d, 23b, 24b, 25d, 26c, 27a, 28a, 29b, 30d

31. Welches amtliche Dokument für eine Schiffsfunkstelle muss sich an Bord befinden? Seiten 13, 61, 78
   a. UKW-Sprechfunkzeugnis (UBI)
   b. Zulassungsurkunde
   c. Zuteilungsurkunde (Ship Station Licence)
   d. UKW-Betriebszeugnis

(32. Die telekommunikationsrechtliche Überprüfung einer Schiffsfunkstelle wird durchgeführt von ... Seite 61)
   a. Bundesnetzagentur (BNetzA)
   b. Wasserstraßen- und Schifffahrtsamt (WSA)
   c. Bundesamt für Seeschifffahrt und Hydrographie (BSH)
   d. Generaldirektion Wasserstraßen und Schifffahrt (GDWS)

(33. Wer ist bei Eignerwechsel eines Binnenschiffes in Bezug auf die Schiffsfunkstelle zu benachrichtigen? Seite 61)
   a. Bundesamt für Seeschifffahrt und Hydrographie (BSH)
   b. Bundesnetzagentur (BNetzA)
   c. Wasserstraßen- und Schifffahrtsamt (WSA)
   d. Generaldirektion Wasserstraßen und Schifffahrt (GDWS)

(34. Wer ist bei technischen Änderungen an einer Schiffsfunkstelle, z. B. bei Änderung des Gerätebestandes , schriftlich zu informieren? Seite 61)
   a. Generaldirektion Wasserstraßen und Schifffahrt (GDWS)
   b. Bundesamt für Seeschifffahrt und Hydrographie (BSH)
   c. Wasserstraßen- und Schifffahrtsamt (WSA)
   d. Bundesnetzagentur (BNetzA)

(35. Wer kann die Einstellung des Betriebes einer Schiffsfunkstelle anordnen? Seite 61)
   a. Bundesnetzagentur (BNetzA)
   b. Wasserstraßen- und Schifffahrtsamt (WSA)
   c. Generaldirektion Wasserstraßen und Schifffahrt (GDWS)
   d. Bundesamt für Seeschifffahrt und Hydrographie (BSH)

36. Welche Teile des Handbuchs Binnenschifffahrtsfunk müssen bei einer Schiffsfunkstelle mitgeführt werden? Seite 81
   a. Regionale Teile für die Strecke, in der sich die Schiffsfunkstelle gerade befindet
   b. Regionale Teile für alle europäischen Wasserstraßen
   c. Allgemeiner Teil sowie Regionale Teile für die Strecken, in denen die Schiffsfunkstelle am Binnenschifffahrtsfunk teilnimmt
   d. Allgemeiner Teil sowie Regionale Teile des Landes, in dem die Schiffsfunkstelle angemeldet wurde

37. Woraus besteht das Rufzeichen für eine deutsche Schiffsfunkstelle? Seite 13
   a. Zwei Buchstaben der Rufzeichenreihe für Deutschland, gefolgt von zwei Ziffern
   b. Vier Buchstaben der Rufzeichenreihe für Deutschland, gefolgt von zwei Ziffern
   c. Zwei Buchstaben der Rufzeichenreihe für Deutschland, gefolgt von vier Ziffern
   d. Vier Buchstaben der Rufzeichenreihe für Deutschland, gefolgt von vier Ziffern

(38. Welches der nachfolgend angegebenen Rufzeichen kennzeichnet eine Schiffsfunkstelle? Seite 13)
   a. DA505B
   b. DA5 0BC
   c. DABC 55
   d. DA 5005

Richtige Antworten: 31c, 32a, 33b, 34d, 35a, 36c, 37c, 38d, 39d

39. Was bedeutet „ATIS"? Seite 78
    a. Automatisches Schiffsidentifizierungssystem
    b. Automatisches Verkehrsinformationssystem
    c. Automatisches Transponderabfragesystem
    d. Automatisches Senderidentifizierungssystem

40. Welchem Zweck dient die Aussendung eines ATIS-Codes? Seite 78
    a. Identifizierung einer Schiffsfunkstelle
    b. Identifizierung einer Seefunkstelle
    c. Identifizierung des Verkehrskreises
    d. Identifizierung des Bedieners der Schiffsfunkstelle

(41. Wie setzt sich der ATIS-Code zusammen? Seite 78)
    a. Aus 10 Ziffern: der dreistelligen Seefunkkennzahl (MID), 6 Ziffern
    b. Aus 10 Ziffern: der Ziffer 9, der dreistelligen Seefunkkennzahl (MID) und 6 Ziffern
    c. Aus 10 Ziffern: zwei Nullen, der dreistelligen Seefunkkennzahl (MID) und 5 Ziffern
    d. Aus 10 Ziffern: der Ziffer 9, zwei Nullen, der dreistelligen Seefunkkennzahl (MID) und 4 Ziffern

42. Wann wird das ATIS-Signal ausgesendet? Seite 78
    a. Automatisch beim Drücken der Sprechtaste
    b. Automatisch alle 10 Minuten
    c. Automatisch nach dem Loslassen der Sprechtaste
    d. Automatisch beim Kanalwechsel

43. Welchen ATIS-Code sendet eine tragbare Funkanlage aus? Seite 78
    a. ATIS-Code, der ihr gesondert mit der Zuteilungsurkunde (Ship Station Licence) zugewiesen wurde
    b. ATIS-Code der ortsfesten Funkstelle
    c. ATIS-Code der Schiffsfunkstelle und Gerätenummer
    d. ATIS-Code der Schiffsfunkstelle, zu der sie gehört

44. Was ist ein „ATIS-Killer"? Seite 78
    a. Zusatzeinrichtung in der Funkanlage zur akustischen Unterdrückung des empfangenen ATIS- Signals
    b. Zusatzeinrichtung in der Funkanlage zur optischen Unterdrückung des empfangenen ATIS-Signals
    c. Zusatzeinrichtung in der Funkanlage zur Unterdrückung der Aussendung des ATIS-Signals
    d. Zusatzeinrichtung in der Funkanlage zur Unterdrückung der versehentlichen Aussendung des ATIS-Signals

45. Was versteht man unter „AIS"? Seite 58
    a. Identifizierung eines Schiffes mit Hilfe von Radarpeilungen und deren Weitergabe an die Schifffahrt zur Kollisionsverhütung
    b. Automatische Aussendung der Kennung eines Binnenschiffes beim Loslassen der Sprechtaste
    c. Automatisches Schiffsidentifizierungs- und Überwachungssystem, das statische, dynamische und reisebezogene Informationen auf UKW überträgt
    d. Allgemeines Informationssystem für die Binnenschifffahrt

(46. Welche Informationen werden bei AIS automatisch ausgetauscht? Seite 59)
    a. Statische Informationen (z. B. Schiffsname), notfallbezogene Informationen (z. B. Notalarme) und reisebezogene Informationen (z. B. Bestimmungsmungsort)
    b. Statische Informationen (z. B. Schiffsname), reisebezogene Informationen (z. B. Bestimmungsort) und dringende Informationen (z. B. Treibstoffmangel)
    c. Statische Informationen (z. B. Schiffsname), dynamische Informationen (z. B. Kurs) und notfallbezogene Informationen (z. B. Notalarme)
    d. Statische Informationen (z. B. Schiffsname), dynamische Informationen (z. B. Kurs) und reisebezogene Informationen (z. B Bestimmungsort)

Richtige Antworten: 40a 41b, 42c, 43d, 44a, 45c, 46d

47. Was ist beim Betrieb einer Amateurfunkstelle an Bord eines Binnenschiffes, das mit einer Schiffsfunkstelle ausgerüstet ist, zu beachten? Seite 200
    a. Die Amateurfunkstelle darf nur mit Zustimmung des Schiffsführers und zur Vermeidung von schädlichen Störungen nur mit einer Leistung von bis zu 5 Watt betrieben werden
    b. Die Amateurfunkstelle darf nur mit Zustimmung des Schiffsführers betrieben werden und keine schädlichen Störungen bei der Schiffsfunkstelle oder bei sonstigen nautischen und technischen Einrichtungen des Fahrzeugs verursachen.
    c. Die Amateurfunkstelle darf nur mit Zustimmung der Revierzentrale betrieben werden und keine schädlichen Störungen bei der Schiffsfunkstelle oder bei sonstigen nautischen und technischen Einrichtungen des Fahrzeugs verursachen
    d. Die Amateurfunkstelle darf nur nach Eintragung in die Zuteilungsurkunde (Ship Station Licence) der Schiffsfunkstelle betrieben werden und keine schädlichen Störungen bei der Schiffsfunkstelle oder bei sonstigen nautischen und technischen Einrichtungen des Fahrzeugs verursachen

(48. Was bedeutet die Angabe „Betriebsspannung 10,8 – 14,6 V" in der Bedienungsanleitung für eine Funkanlage? Seite 28)
    a. Es ist eine Wechselspannung von 12,7 Volt (Mittelwert zwischen 10,8 und 14,6 Volt) für den Betrieb erforderlich
    b. Es ist eine Wechselspannung zwischen 10,8 und 14,6 Volt für den Betrieb erforderlich
    c. Es ist eine Gleichspannung zwischen 10,8 und 14,6 Volt für den Betrieb erforderlich
    d. Es ist eine Gleichspannung von 12,7 Volt (Mittelwert zwischen 10,8 und 14,6 Volt) für den Betrieb erforderlich.

(49. Was ist beim Kauf eines UKW-Sprechfunkgerätes für den Binnenschifffahrtsfunk zu beachten? Seite 27)
    a. Das Funkgerät muss funktionsfähig und für die Teilnahme am Binnenschifffahrtsfunk TÜV-geprüft sein
    b. Das Funkgerät muss zugelassen oder für die Teilnahme am Binnenschifffahrtsfunk in Verkehr gebracht worden sein
    c. Das Funkgerät muss für die Teilnahme am Binnenschifffahrtsfunk eine ATIS-Schnittstelle besitzen und Wetterberichte empfangen können
    d. Das Funkgerät muss gemäß der Binnenschifffahrt-Sprechfunkverordnung für die Teilnahme am Binnenschifffahrtsfunk zugelassen sein

(50. Je höher die Antenne angebracht ist, desto ... Seite 10)
    a. größer ist die Reichweite
    b. größer wird die Gefährdung von Personen in elektromagnetischen Feldern
    c. wetterunabhängiger ist der Funkverkehr
    d. größer ist die erforderliche Sendeleistung

(51. Bei einer Beschädigung der äußeren Isolierung (Mantel) des Antennenkabels sollte das Antennenkabel ... Seite 27)
    a. bei Gelegenheit erneuert werden
    b. umgehend hilfsweise durch ein Stromkabel ersetzt werden
    c. bei Gelegenheit gegen eindringende Feuchtigkeit gesichert werden
    d. umgehend erneuert werden

(52. Eine Schiffsfunkstelle empfängt auf allen UKW-Kanälen nur starkes Rauschen. Was könnte die mögliche Ursache für die Störung sein? Seite 27)
    a. Die Funkantenne wurde in zu geringer Nähe zur Radarantenne angebracht
    b. Eine unbeabsichtigte Aussendung einer anderen Schiffsfunkstelle blockiert die UKW-Kanäle

Richtige Antworten: 47b, 48c, 49b, 50a, 51d, 52d

c. Der Empfang wird durch atmosphärische Störungen beeinträchtigt
d. Die Antenne oder das Antennenkabel ist möglicherweise beschädigt

53. Worauf ist beim Austausch einer defekten UKW-Antenne bei einer Schiffsfunkstelle durch eine Ersatzantenne zu achten? Seite 27)
a. Die Ersatzantenne muss wettergeschützt angebracht werden
b. Die Ersatzantenne muss außerhalb des Abdeckungsbereichs des Radars angebracht werden
c. Die Ersatzantenne muss für den Frequenzbereich des Binnenschifffahrtsfunks ausgelegt sein
d. Die Ersatzantenne muss am höchsten Punkt des Fahrzeugs angebracht werden

54. Wozu dient am UKW-Gerät die Rauschsperre (Squelch)? Seite 12)
a. Die Wiedergabe des Empfängers wird nur bei einem brauchbaren Empfangssignal aktiviert
b. Die Wiedergabe des Empfängers wird nur beim Empfang von Notsignalen aktiviert
c. Das Rauschen kann stufenlos auf einen angenehmen Wert eingestellt werden
d. Die Rauschsperre verbessert die Wiedergabe von schwachen Empfangssignalen

III. Verkehrskreise

55. Wozu dient ein „Verkehrskreis" im Binnenschifffahrtsfunk? Seite 76
a. Zuordnung von Sprechfunk-Kanälen für bestimmte Schiffsfunkstellen
b. Zuordnung von Sprechfunkkanälen für bestimmte Zwecke
c. Zuordnung von Sprechfunk-Rufzeichen für bestimmte Funkstellen
d. Zuordnung der Rangfolge von bestimmten Arten von Funkgesprächen

56. Welche Verkehrskreise werden im Binnenschifffahrtsfunk betrieben? Seite 76
a. Schiff–Schiff, Schiff–Verkehrszentrale, Schiff–Hafenbehörde, Funkverkehr an Bord
b. Schiff–Schiff, Nautische Information, Schiff–Hafenbehörde, Schiff–Verkehrsposten
c. Schiff–Schiff, Nautische Information, Schiff–Hafenbehörde, Funkverkehr an Bord
d. Schiff–Schiff, Nautische Information, Schiff–Hafenbehörde, Schiff–Landfunkstelle

57. Wo findet man Angaben über die Verkehrskreise des Binnenschifffahrtsfunks? Seite 76
a. Regionaler Teil Deutschland des Handbuchs Binnenschifffahrtsfunk
b. Binnenschifffahrt-Sprechfunkverordnung
c. Binnenschifffahrtsstraßenordnung
d. Gesetz über Funkanlagen und Telekommunikationsendeinrichtungen (FTEG)

58. Die Verkehrskreise „Nautische Information" und „Schiff–Hafenbehörde" werden ... Seite 76
a. auf allen Bundeswasserstraßen angeboten
b. in Häfen und ausgewiesenen Liegestellen angeboten
c. auf dem Rhein, auf der Donau und auf der Mosel angeboten
d. nicht auf allen Bundeswasserstraßen angeboten

59. Wozu dient der Verkehrskreis „Schiff–Schiff"? S. 76
a. Funkverkehr zwischen Schiffsfunkstellen
b. Funkverkehr zwischen Handfunkgeräten auf einem Schiff
c. Funkverkehr von Schiffsfunkstellen über Landfunkstellen mit dem öffentlichen Telekommunikationsnetz
d. Funkverkehr zwischen Schiffsfunkstellen und Funkstellen der Behörden, die für die Betriebsdienste auf Binnenwasserstraßen zuständig sind

Richtige Antworten: 53c, 54a, 55b, 56c, 57b, 58d, 59a

(60. Welche Nachrichten werden im Verkehrskreis „Schiff–Schiff" übermittelt? Seite 77)

a. Nachrichten über schiffsbetriebliche Angelegenheiten, die sich auf die Sicherheit von Schiffen beziehen
b. Nachrichten über den Zustand der Wasserstraßen, über Verkehrsberatung und zur Verkehrslenkung zwischen Schiffsfunkstellen und Landfunkstellen
c. Nachrichten, die sich auf den Schutz von Personen oder auf die Fahrt oder auf die Sicherheit von Schiffen beziehen
d. Nachrichten über die Zuweisung von Liegeplätzen oder über die Fahrt in den Häfen

(61. Welche Funkstelle ist nicht dem Verkehrskreis „Schiff–Schiff" zugeordnet? Seite 80)

a. MS Mainz
b. Spey Fähre
c. Segelyacht Robbe DA 5005
d. Duisburg Hafen

(62. Welche Funkstelle kann am Verkehrskreis „Schiff–Schiff" teilnehmen? Seite 80)

a. Minden Revierzentrale
b. Duisburg Hafen
c. Lauenburg Schleuse
d. Segelyacht Robbe DA 5005

63. Wozu dient der Verkehrskreis „Nautische Information"? Seite 81

a. Funkverkehr von Schiffsfunkstellen über Landfunkstellen mit dem öffentlichen Telekommunikationsnetz
b. Funkverkehr zwischen Schiffsfunkstellen
c. Funkverkehr zwischen Schiffsfunkstellen und Funkstellen der Behörden, denen der Betrieb der Bundeswasserstraßen obliegt
d. Funkverkehr zwischen Schiffsfunkstellen und Landfunkstellen von Hafenbehörden

64. Welche Nachrichten werden im Verkehrskreis „Nautische Information" übermittelt? Seite 81

a. Nachrichten über den Zustand der Wasserstraßen, über Verkehrsberatung und zur Verkehrslenkung
b. Nachrichten über schiffsbetriebliche Angelegenheiten
c. Nachrichten über die Zuweisung von Liegeplätzen oder über die Fahrt in den Häfen
d. Nachrichten, die sich auf Funkverkehr zwischen Schiffsfunkstellen beziehen

65. Wodurch kann bei einem nicht funkausrüstungspflichtigen Fahrzeug die ununterbrochene Teilnahme am Verkehrskreis „Nautische Information" sichergestellt werden? Seite 79

a. Zweikanalüberwachung (DualWatch)
b. Zusätzliche UKW-Funkanlage für den Binnenschifffahrtsfunk
c. Ununterbrochene Empfangsbereitschaft auf Kanal 10
d. Einschalten des Kanals der Funkstelle der zuständigen Hafenbehörde

66. Welche Funkstelle ist nicht dem Verkehrskreis „Nautische Information" zugeordnet? Seite 76

a. Iffezheim Schleuse
b. Gerstheim Ecluse
c. Oberwesel Revierzentrale
d. Neuss Hafen

67. Welche Funkstelle ist dem Verkehrskreis „Nautische Information" zugeordnet? Seiten 76, 81

a. Iffezheim Schleuse
b. Diffenébrücke Mannheim
c. Neuss Hafen
d. Mannheim Hafenschleuse

Richtige Antworten: 60c, 61d, 62d, 63c, 64a, 65b, 66d, 67a

(68. Wozu dient der Verkehrskreis „Schiff-Hafenbehörde"? Seite 76)

a. Funkverkehr von Schiffsfunkstellen über Landfunkstellen mit dem öffentlichen Telekommunikationsnetz
b. Funkverkehr an Bord eines Schiffes oder innerhalb einer Gruppe von Fahrzeugen, die geschleppt oder geschoben werden
c. Funkverkehr zwischen Schiffsfunkstellen und Landfunkstellen von Hafenbehörden
d. Funkverkehr zwischen Schiffsfunkstellen in Häfen

69. Welche Nachrichten werden im Verkehrskreis „Schiff-Hafenbehörde" übermittelt? Seite 76

a. Nachrichten über den Zustand der Wasserstraßen, über Verkehrsberatung und zur Verkehrslenkung
b. Nachrichten über die Zuweisung von Liegeplätzen oder über die Fahrt in den Häfen
c. Nachrichten, die sich auf Funkverkehr zwischen Schiffsfunkstellen beziehen
d. Nachrichten über schiffsbetriebliche Angelegenheiten.

70. Welchem Verkehrskreis ist die Landfunkstelle Düsseldorf Marina zugeordnet? Seiten 76, 80

a. Funkverkehr an Bord
b. Nautische Information
c. Schiff–Schiff
d. Schiff–Hafenbehörde

(71. Welche Funkstelle ist nicht dem Verkehrskreis „Schiff–Hafenbehörde" zugeordnet? Seiten 76, 80)

a. Mannheim Hafenschleuse
b. Segelyacht Robbe DA 5005
c. Gerstheim Ecluse
d. Duisburg Hafen

(72. Welche Funkstelle ist dem Verkehrskreis „Schiff–Hafenbehörde" zugeordnet? Seite 76)

a. Rothensee Hebewerk
b. Duisburg Hafen
c. Gerstheim Ecluse
d. Lauenburg Schleuse

(73. Wozu dient der Verkehrskreis „Funkverkehr an Bord"? Seite 76)

a. Funkverkehr an Bord eines Schiffes oder innerhalb einer Gruppe von Fahrzeugen, die geschleppt oder geschoben werden
b. Funkverkehr zwischen Schiffsfunkstellen in Häfen
c. Funkverkehr zwischen Schiffsfunkstellen und Landfunkstellen von Hafenbehörden
d. Funkverkehr von Schiffsfunkstellen über Landfunkstellen mit dem öffentlichen Telekommunikationsnetz

74. Welche Nachrichten werden im Verkehrskreis „Funkverkehr an Bord" übermittelt? Seite 76

a. Nachrichten über die Zuweisung von Liegeplätzen oder über die Fahrt in den Häfen
b. Nachrichten über schiffsbetriebliche Angelegenheiten sowie bei Anweisungen für das Arbeiten mit Leinen und für das Ankern
c. Nachrichten über den Zustand der Wasserstraßen, über Verkehrsberatung und zur Verkehrslenkung zwischen Schiffsfunkstellen und Landfunkstellen
d. Nachrichten, die sich auf den Schutz von Personen und auf die Fahrt oder auf die Sicherheit von Schiffen beziehen

75. Welche UKW-Kanäle dürfen im Verkehrskreis „Funkverkehr an Bord" benutzt werden? Seite 76

a. 18 und 22
b. 06 und 16
c. 72 und 77
d. 15 und 17

Richtige Antworten: 68c, 69b, 70d 71c, 72b, 73a, 74b, 75d

(76. In welchem Verkehrskreis dürfen tragbare Funkanlagen in Deutschland benutzt werden? Seite 76)
a. Nautische Informationen
b. Schiff–Schiff
c. Funkverkehr an Bord
d. Schiff–Hafenbehörde

(77. Welche Fahrzeuge/Schiffe mit Schiffsfunkstellen dürfen nicht am Verkehrskreis „Funkverkehr an Bord" teilnehmen? Seite 77)
a. Kleinfahrzeuge
b. Fahrgastschiffe
c. Schlepp- und Schubschiffe
d. Behördenfahrzeuge

78. Welche Kennung müssen Schiffsfunkstellen in den Verkehrskreisen „Schiff–Schiff", „Nautische Information" und „Schiff–Hafenbehörde" im Sprechfunkverkehr verwenden? Seite 80
a. ATIS-Kennung
b. Rufnummer im Seefunkdienst (MMSI)
c. Schiffsname und Rufzeichen
d. Heimathafen

79. In welchen Verkehrskreisen müssen Schiffsfunkstellen, außer auf Kleinfahrzeugen, während der Fahrt empfangsbereit sein? Seite 77
a. Mindestens in drei der Verkehrskreise Schiff–Schiff, Nautische Information, Funkverkehr an Bord oder Schiff–Hafenbehörde
b. Mindestens in einem der Verkehrskreise Schiff–Schiff, Nautische Information oder Schiff–Hafenbehörde
c. Mindestens in zwei der Verkehrskreise Schiff–Schiff, Nautische Information oder Schiff–Hafenbehörde
d. Mindestens abwechselnd in einem der Verkehrskreise Schiff–Schiff, Nautische Information, Funkverkehr an Bord oder Schiff–Hafenbehörde

IV. Sprechfunk

80. Wo findet man Regelungen über die Abwicklung des Binnenschifffahrtsfunks? Seite 79
a. Binnenschifffahrtsstraßenordnung
b. Binnenschifffahrt-Sprechfunkverordnung
c. Regionaler Teil Deutschland des Handbuchs Binnenschifffahrtsfunk
d. Allgemeiner Teil des Handbuchs Binnenschifffahrtsfunk

81. Wo findet man die empfohlenen fremdsprachlichen Redewendungen für die Abwicklung des Binnenschifffahrtsfunks? Seite 79
a. Regionale Teile des Handbuchs Binnenschifffahrtsfunk
b. Binnenschifffahrt-Sprechfunkverordnung
c. Binnenschifffahrtsstraßenordnung
d. Allgemeiner Teil des Handbuchs Binnenschifffahrtsfunk

82. Wozu dient die Internationale Buchstabiertafel im Binnenschifffahrtsfunk? Seite 202
a. Zum Buchstabieren schwieriger Wörter, Namen und Bezeichnungen, um die Vorschriften der Binnenschifffahrt-Sprechfunkverordnung zu erfüllen
b. Zum Buchstabieren schwieriger Wörter, Namen und Bezeichnungen innerhalb von Meldungen, um Übermittlungsfehler zu vermeiden
c. Zum Buchstabieren schwieriger Wörter, Namen und Bezeichnungen, um die Wichtigkeit der buchstabierten Begriffe zu betonen
d. Zum Buchstabieren schwieriger Wörter, Namen und Bezeichnungen, um Informationen zu verschlüsseln

83. Wo findet man Angaben über die UKW-Kanäle, die im Binnenschifffahrtsfunk in bestimmten Regionen benutzt werden sollen? Seite 77

Richtige Antworten: 76c, 77a, 78c, 79c, 80d, 81a, 82b

a. Binnenschifffahrt-Sprechfunkverordnung
b. Binnenschifffahrtsstraßenordnung
c. Schifffahrtspolizeiverordnungen, z. B. Rheinschifffahrtspolizeiverordnung
d. Regionale Teile des Handbuchs Binnenschifffahrtsfunk

(84. Was bedeutet die Betriebsart „Simplex"? Seite 11)
a. Wechselsprechen
b. Sprechen über Ober- und Unterband
c. Sprechen mit einem Funkgerät
d. Gegensprechen

(85. Wie erfolgt die Verkehrsabwicklung in der Betriebsart „Simplex"? Seite 9)
a. Beide Gesprächspartner können gleichzeitig senden und empfangen
b. Der Funkverkehr kann nur in Richtung Landfunkstelle-Schiffsfunkstelle betrieben werden
c. Jeder Gesprächspartner kann entweder senden oder empfangen
d. Nach den Vorgaben der Revierzentrale

(86. Was bedeutet die Betriebsart „Duplex"? Seite 11)
a. Sprechen auf einer Frequenz
b. Sprechen mit zwei Funkgeräten
c. Wechselsprechen
d. Gegensprechen

(87. Was bedeutet Semi-Duplex? Seite 11)
a. Wechselsprechen auf einem Simplex-Kanal
b. Wechselsprechen auf einem Duplex-Kanal
c. Gegensprechen auf einem Simplex-Kanal
d. Gegensprechen auf einem Duplex-Kanal

(88. Warum kann die Hörbereitschaft auf zwei Kanälen im Binnenschifffahrtsfunk nicht durch die Zweikanalüberwachung (Dual Watch) wahrgenommen werden? Seite 26)
a. Die Zweikanalüberwachung vermindert die Empfangsreichweite der Funkanlage
b. Die Zweikanalüberwachung wertet die ATIS-Kennungen anderer Funkstellen nicht aus
c. Die Zweikanalüberwachung ermöglicht nicht den gleichzeitigen Empfang auf zwei Funkkanälen
d. Die Zweikanalüberwachung funktioniert nur in bestimmten Verkehrskreisen

89. Wie erfolgt die Leistungsreduzierung beim Sendebetrieb einer Schiffsfunkstelle auf dem UKW-Kanal 10? Seite 77
a. Automatisch
b. Durch längeres Drücken der Sendetaste
c. Durch die Revierzentrale
d. Manuell

90. Mit welcher Leistung sendet eine Schiffsfunkstelle auf UKW-Kanal 10? Seite 77
a. 0,5 bis 25 Watt
b. 0,5 bis 1 Watt
c. 10 bis 25 Watt
d. 2 bis 5 Watt

91. Auf welchem UKW-Kanal müssen Schiffsfunkstellen – unabhängig von dem befahrenen Streckenabschnitt – während der Fahrt ständig empfangsbereit sein? Seite 79
a. 13
b. 20
c. 72
d. 10

92. Welcher UKW-Kanal darf im Binnenschifffahrtsfunk auf den Bundeswasserstraßen der Zonen 3 und 4 nicht benutzt werden? Seite 76
a. 77
b. 10
c. 72
d. 16

Richtige Antworten: 83d, 84a, 85c, 86d, 87b, 88c, 89a, 90b, 91d, 92d

93. Wozu dienen im Binnenschifffahrtsfunk die UKW-Kanäle 72 und 77? Seite 77
   a. Nautische Absprachen
   b. Funkverkehr mit einer Revierzentrale
   c. Funkverkehr sozialer Art
   d. Anrufe an eine Schleuse

(94. Welche UKW-Kanäle dürfen für „Nachrichten sozialer Art" benutzt werden? Seite 77)
   a. 72 und 77
   b. 15 und 17
   c. 06 und 16
   d. 20 und 22

95. Welche Fahrzeuge unterliegen auf bestimmten Wasserstraßen und an bestimmten Stellen einer Meldepflicht? Seite 81
   a. Motorfahrzeuge mit einer Gesamtlänge von mehr als 20 Metern
   b. Gefahrgutschiffe und Sondertransporte
   c. Sportboote unter Segel
   d. Fahrgastschiffe mit mehr als 20 Passagieren

96. Vor jeder Aussendung ist durch kurzzeitiges Öffnen der Rauschsperre sicherzustellen, dass ... Seite 79
   a. die ATIS-Kennung zuvor ausgesendet wird
   b. kein anderer Funkverkehr gestört wird
   c. die Sendeleistung auf 25 Watt eingestellt ist
   d. der DSC-Controller ausgeschaltet ist

(97. Die längere Aussendung einer anderen Schiffsfunkstelle auf Kanal 10 kann ... Seite 79)
   a. jederzeit unterbrochen werden
   b. nicht unterbrochen werden
   c. durch Schiffsfunkstellen desselben Verkehrskreises unterbrochen werden
   d. jederzeit durch Landfunkstellen unterbrochen werden

(98. Längere Aussendungen auf Kanal 10 sollen vermieden werden, weil sie ... Seite 80)
   a. durch Landfunkstellen nur im Notfall unterbrochen werden können
   b. den Empfang des ebenfalls im UKW-Bereich arbeitenden AIS stören können
   c. in der Nähe von Landesgrenzen andere Funkdienste im Ausland stören können
   d. nicht durch andere Schiffsfunkstellen unterbrochen werden können

(99. Was hat eine Schiffsfunkstelle im Verkehr mit einer Funkstelle des Verkehrskreises Nautische Information zu beachten? Seite 81)
   a. Sendeleistung ist zu reduzieren
   b. Hörbereitschaft auf Kanal 13 ist sicherzustellen
   c. Anweisungen der Funkstelle des Verkehrskreises Nautische Information sind zu befolgen
   d. Nachrichten mit der Funkstelle des Verkehrskreises Nautische Information sind auf Kanal 16 auszutauschen

100. Was kann die Funkverbindung zwischen einer Schiffsfunkstelle und einer Seefunkstelle beeinträchtigen? Seite 77
   a. Die Schiffsfunkstelle kann die AIS-Aussendung der Seefunkstelle auf bestimmten UKW-Kanälen nicht auswerten
   b. Die Seefunkstelle sendet auf bestimmten UKW-Kanälen nur mit automatisch reduzierter Leistung
   c. Die Schiffsfunkstelle sendet auf bestimmten UKW-Kanälen nur mit automatisch reduzierter Leistung
   d. Die Seefunkstelle kann die ATIS-Aussendung der Schiffsfunkstelle auf bestimmten UKW-Kanälen nicht auswerten

101. Warum dürfen Seefunkstellen mit ihrer Seefunkanlage nicht am Binnenschifffahrtsfunk teilnehmen? Seiten 77, 78

Richtige Antworten: 93c, 94a, 95b, 96b, 97b, 98d, 99c, 100c

a. Seefunkanlagen nutzen ein anderes Frequenzband als Binnenschifffahrtsfunkanlagen
b. Seefunkanlagen verfügen über einen DSC-Controller, der mit dem ATIS-System nicht kompatibel ist
c. Seefunkanlagen ermöglichen die Hörbereitschaft auf den UKW-Kanälen 16 und 70
d. Seefunkanlagen verfügen weder über eine automatische Sendeleistungsreduzierung auf bestimmten UKW-Kanälen noch können sie einen ATIS-Code aussenden

102. Die Verwendung des Digitalen Selektivrufs (DSC) ist ... Seite 80
a. eingeführt zur Verbindungsaufnahme mit anderen Schiffsfunkstellen
b. eingeführt zur Identifizierung von Schiffsfunkstellen
c. im Binnenschifffahrtsfunk zulässig für Notalarme
d. im Binnenschifffahrtsfunk nicht zulässig

103. Welche Sprache muss bei Verbindungen zwischen deutschen Schiffsfunkstellen und ausländischen Landfunkstellen benutzt werden? Seite 79
a. Sprache des Landes, in dem sich die Landfunkstelle befindet
b. Vorrangig Deutsch
c. Heimatsprache des Funkers
d. Vorrangig Englisch

(104. Was ist bei Testsendungen im Binnenschifffahrtsfunk zu beachten? Seite 61)
a. Die Aussendungen dürfen 20 Sekunden nicht überschreiten und müssen mit einer Kennung des Schiffes ausgestrahlt werdent
b. Die Aussendungen dürfen nur einmal nach Einbau des Gerätes ohne Antenne erfolgen und müssen mit dem Wort „Test" gekennzeichnet werden
c. Die Aussendungen dürfen nur außerhalb der Hoheitsgewässer erfolgen
d. Die Aussendungen dürfen 10 Sekunden nicht überschreiten; sie müssen den Rufnamen der aussendenden Funkstelle enthalten, gefolgt von dem Wort „Test"

(105. Wann müssen Meldungen grundsätzlich bestätigt werden? Seite 81)
a. Bei Verständigungsschwierigkeiten
b. Auf Verlangen
c. Immer
d. Nie

(106. Woran erkennt man beim Befahren von Binnenwasserstraßen, welcher UKW-Kanal im Schleusenbereich zu benutzen ist? Seite 77)
a. Tafelzeichen
b. Durchsage der Revierzentrale
c. Lichtzeichen der Schleuse
d. Schwimmende Schifffahrtszeichen

107. Welche Bedeutung hat ein weißes Tafelzeichen mit rotem Rand und der schwarzen Aufschrift „UKW 20" oder „VHF 20"? Seite 81
a. Hinweis, dass der Verkehrskreis Schiff–Schiff auf UKW-Kanal 20 abzuwickeln ist
b. Hinweis, dass der UKW-Kanal 20 für die Nutzung durch die Berufsschifffahrt vorgesehen ist
c. Gebot, UKW-Kanal 20 zu benutzen
d. Gebot, eine Sendeleistung von 20 Watt zu gewährleisten

(108. Welche Bedeutung hat ein blaues Tafelzeichen mit der weißen Aufschrift „UKW 18" oder „VHF 18"? Seite 77)
a. Hinweis, dass der Verkehrskreis Schiff–Schiff auf UKW-Kanal 18 abzuwickeln ist
b. Hinweis, dass der UKW-Kanal 18 für die Nutzung durch die Sportschifffahrt vorgesehen ist
c. Hinweis auf den Nautischen Informationsfunk

Richtige Antworten: 101d, 102d, 103a, 104d, 105b, 106a, 107c

(NIF) auf UKW-Kanal 18

d. Gebot, UKW-Kanal 18 statt 10 für die Verkehrsabwicklung zu benutzen

V. Betriebsverfahren und Rangfolgen

109. Welche Landfunkstellen sind zur Einleitung von Rettungsmaßnahmen vorzugsweise anzurufen? Seite 79

a. Rettungsleitstellen
b. Revierzentralen
c. Polizeifunkstellen
d. Schiffsfunkstellen

110. Wie ist die Rangfolge des Funkverkehrs im Binnenschifffahrtsfunk? Seite 79

a. Notverkehr, Dringlichkeitsverkehr, Sicherheitsverkehr, Routineverkehr
b. Notverkehr, Dringlichkeitsverkehr, Routineverkehr, Sicherheitsverkehr
c. Sicherheitsverkehr, Dringlichkeitsverkehr, Notverkehr, Routineverkehr
d. Dringlichkeitsverkehr, Notverkehr, Sicherheitsverkehr, Routineverkehr

111. Wie heißt das Notzeichen im Sprechfunk? Seite 79

a. PAN PAN
b. SOS
c. SECURITE
d. MAYDAY

(112. Ein Notverkehr im Binnenschifffahrtsfunk muss eingeleitet werden, wenn eine unmittelbare Gefährdung von Mensch oder Schiff gegeben ist oder ... Seite 79)

a. eine Behinderung der Schifffahrt droht
b. eine Gefahrenabwehr an Land notwendig ist
c. das Schiff manövrierunfähig ist
d. gefährliche Wetterlagen auftreten

113. Welcher Funkverkehr ist einzuleiten, wenn sich an Bord eine lebensgefährlich verletzte Person befindet? Seite 79

a. Dringlichkeitsverkehr
b. Sicherheitsverkehr
c. Notverkehr
d. Routineverkehr

114. Welcher Funkverkehr ist einzuleiten, wenn eine Person über Bord gefallen ist? Seite 79

a. Notverkehr
b. Sicherheitsverkehr
c. Routineverkehr
d. Dringlichkeitsverkehr

(115. Welcher Funkverkehr ist einzuleiten, wenn das Fahrzeug in gefährlicher Weise zu kentern droht? Seite 79)

a. Dringlichkeitsverkehr
b. Sicherheitsverkehr
c. Routineverkehr
d. Notverkehr

116. Wer bestätigt eine Notmeldung im Verkehrskreis „Nautische Information"? Seite 79

a. Der Schiffsführer
b. In der Nähe befindliche Schiffsfunkstelle
c. Behördenfahrzeug
d. Ortsfeste Funkstelle

117. Wer bestätigt eine Notmeldung im Verkehrskreis „Schiff–Schiff"? Seite 79

a. Der Schiffsführer
b. Verkehrsposten
c. In der Nähe befindliche Schiffsfunkstelle
d. Ortsfeste Funkstelle

118. Was bedeuten die Worte MAYDAY RELAY? Seite 79

a. Bestätigung des Empfangs einer Notmeldung

Richtige Antworten: 108c, 109b, 110a, 111d, 112b, 113c, 114a, 115d, 116d, 117c

b. Aussendung einer Notmeldung durch eine Funkstelle, die sich selbst nicht in Not befindet
c. Beendigung einer Notmeldung durch die Funkstelle, die den Notverkehr leitet
d. Notmeldung an eine Landstation mit der Bitte um Leitung des Notverkehrs

119. Was bedeuten die Worte SILENCE FINI? Seite 79
a. Der Notverkehr ist beendet
b. Dringlichkeits- und Sicherheitsverkehr darf wieder aufgenommen werden
c. Alle Funkstellen müssen Funkstille einhalten
d. Einer Funkstelle, die den Notverkehr stört, wird Funkstille geboten

120. Was bedeuten die Worte SILENCE MAYDAY? Seite 79
a. Die am Notverkehr beteiligten Funkstellen genießen Vorrang
b. Eine Notmeldung folgt
c. Die Funkstelle in Not gebietet den nicht am Notverkehr beteiligten Funkstellen Funkstille
d. Der Notverkehr ist beendet

(121. Woraus besteht das Dringlichkeitszeichen im Sprechfunk? Seite 80)
a. URGENT
b. PAN PAN
c. SECURITE
d. MAYDAY

122. Wann liegt ein Dringlichkeitsfall vor? Seite 80
a. Wenn dringende Nachrichten übermittelt werden sollen, welche die Unterstützung durch die Wasserschutzpolizei betreffen
b. Wenn dringende Nachrichten übermittelt werden sollen, welche den Empfang eines Notzeichens betreffen
c. Wenn eine unmittelbare Gefährdung von Mensch oder Schiff gegeben ist oder eine Gefahrenabwehr an Land notwendig ist
d. Wenn dringende Nachrichten übermittelt werden sollen, welche die Besatzung und/oder das Schiff betreffen, ohne dass eine unmittelbare Gefährdung gegeben ist

(123. Welche Meldungen können beispielsweise mit dem Dringlichkeitszeichen angekündigt werden? Seite 80)
a. Meldungen, die sich auf eine unmittelbare Gefährdung von Mensch oder Schiff oder eine Gefahrenabwehr an Land beziehen
b. Meldungen, die sich auf Krankheiten beziehen, die keine Lebensgefahr bedeuten, oder auf Schäden an Fahrzeugen, von denen eine unmittelbare Gefahr ausgeht
c. Meldungen, die sich auf Krankheiten beziehen, die keine Lebensgefahr bedeuten, oder auf Schäden an Fahrzeugen, ohne dass davon eine unmittelbare Gefahr ausgeht
d. Meldungen, die sich auf lebensgefährliche Krankheiten oder auf Schäden an Fahrzeugen oder Anlagen beziehen

(124. Welcher Funkverkehr ist einzuleiten, wenn bei einer Person an Bord eine nicht lebensbedrohliche Verletzung festgestellt wurde, die kurzfristig ärztlicher Versorgung bedarf? Seite 80)
a. Dringlichkeitsverkehr
b. Routineverkehr
c. Notverkehr
d. Sicherheitsverkehr

(125. Welcher Funkverkehr ist grundsätzlich einzuleiten, wenn das Fahrzeug einen Maschinenschaden hat, der die Sicherheit des Schiffsverkehrs gefährden könnte? Seite 80)
a. Sicherheitsverkehr

Richtige Antworten: 118b, 119a, 120c, 121b, 122d, 123c, 124a, 125b

b. Dringlichkeitsverkehr
c. Notverkehr
d. Routineverkehr

126. Wie lautet das Sicherheitszeichen im Sprechfunk? Seite 80
a. SECURITE
b. PAN PAN
c. SOS
d. MAYDAY

127. Welche Meldungen werden mit dem Sicherheitszeichen SECURITE angekündigt? Seite 80
a. Nachrichten, die eine wichtige nautische Warnnachricht oder den Radareinsatz bei unsichtigem Wetter beinhalten
b. Nachrichten, die eine wichtige Wetterwarnung oder eine Warnung zur Vermeidung von Umweltschäden beinhalten
c. Nachrichten, die eine wichtige nautische Warnnachricht oder eine wichtige Wetterwarnung beinhalten
d. Nachrichten, die eine wichtige nautische Warnnachricht oder eine dringende medizinische Meldung beinhalten

128. Welche Meldung ist zu verbreiten, wenn ein treibender Baumstamm beobachtet wird, der eine Gefahr für den Verkehr darstellt? Seite 80
a. Notmeldung
b. keine Meldung
c. Dringlichkeitsmeldung
d. Sicherheitsmeldung

129. Welche Meldung ist zu verbreiten, wenn eine vertriebene Tonne beobachtet wird? Seite 80
a. Notmeldung
b. keine Meldung
c. Dringlichkeitsmeldung
d. Sicherheitsmeldung

130. Wer entscheidet über die Art der auszusendenden Sprechfunkmeldung? Seite 79
a. Bediener der Funkanlage
b. Schiffsführer
c. Revierzentrale
d. Wasserschutzpolizei

UBI-Übungsfragebogen

Auch die UBI-Übungsfragebogen bestehen aus 30 Fragen. Die Antworten sind auch hier anzukreuzen. Wie bei den SRC-Fragen, gibt es wiederum auf jede Frage genau eine richtige Antwort. Die Lösungen finden Sie auf den Seiten 140, 144 und 148.

Die Reihenfolge der Antworten wurde gegenüber dem UBI-Fragenkatalog noch einmal geändert, um die Beantwortung der Fragen in einer unbekannten Permutation der Antworten üben zu können.

Notieren Sie die Fragenummer und den Anfangsbuchstaben Ihrer Lösung auf einem Zettel, wenn Sie einen Übungsbogen mehrmals benutzen möchten. Sie sollten mindestens 80 % der Fragen in 30 Minuten richtig beantworten können (höchstens 6 Fehler).

Die UBI-Prüfungfragebogen bestehen aus 22 Fragen bei der Vollprüfung und aus 10 Fragen bei der Ergänzungsprüfung vom SRC/LRC auf das UBI (s. Seite 201). Die Übungsbogen sind absichtlich schärfer gestaltet, damit Sie sicher durch die Prüfung kommen.

Richtige Antworten: 126a, 127c, 128d, 129d, 130b

UBI-Übungsfragebogen 1

1. Wozu dient der Binnenschifffahrtsfunk?

❑ a. Funkverkehr für Schiffsfunkstellen zu bestimmten Zwecken auf vereinbarten Kanälen (Verkehrskreise) und nach einem festgelegten Betriebsverfahren

❑ b. Funkverkehr für bestimmte Zwecke auf vereinbarten Kanälen (Verkehrskreise) und nach einem festgelegten Betriebsverfahren

❑ c. Funkverkehr zu Landfunkstellen für bestimmte Zwecke auf vereinbarten Kanälen (Verkehrskreise) und nach einem festgelegten Betriebsverfahren

❑ d. Funkverkehr für Schiffsfunkstellen über Landfunkstellen auf vereinbarten Kanälen (Verkehrskreise) und nach einem festgelegten Betriebsverfahren

2. Was ist ein „Blockkanal"?

❑ a. Gesperrter Funkkanal der Verkehrsposten und Verkehrszentralen in den Niederlanden

❑ b. Funkkanal für Routinegespräche der Verkehrsposten und Schiffsfunkstellen in den Niederlanden

❑ c. Funkkanal für öffentlichen Nachrichtenaustausch zwischen den Verkehrsposten in den Niederlanden

❑ d. Funkkanal für sicherheitsrelevante Meldungen der Verkehrsposten und Schiffsfunkstellen in den Niederlanden

3. Wo berechtigt das UKW-Sprechfunkzeugnis für den Binnenschifffahrtsfunk (UBI) auch zur Teilnahme am mobilen Seefunkdienst?

❑ a. Wasserstraßen der Zonen 1 bis 2

❑ b. Wasserstraßen der Zonen 2 bis 3

❑ c. Wasserstraßen der Zonen 2 bis 4

❑ d. Wasserstraßen der Zonen 1 bis 4

4. Welches Funkzeugnis berechtigt nicht zur Teilnahme am Binnenschifffahrtsfunk?

❑ a. Amateurfunkzeugnis

❑ b. Beschränkt gültiges Betriebszeugnis für Funker I (BZ I)

❑ c. UKW-Sprechfunkzeugnis für den Binnenschifffahrtsfunk (UBI)

❑ d. Allgemeines Sprechfunkzeugnis für den Seefunkdienst

5. Was unterliegt dem Fernmeldegeheimnis?

❑ a. Inhalt des Funkverkehrs und seine näheren Umstände, sofern es sich um Nachrichtenaustausch mit einer Revierzentrale handelt

❑ b. Inhalt des Funkverkehrs und seine näheren Umstände, sofern es sich um Nachrichtenaustausch im Rahmen des Not-, Dringlichkeits- und Sicherheitsverkehrs handelt

❑ c. Inhalt des Funkverkehrs und seine näheren Umstände, insbesondere die Tatsache, ob jemand an der Abwicklung des Funkverkehrs beteiligt ist oder war

❑ d. Inhalt des Funkverkehrs und seine näheren Umstände, insbesondere konkrete Daten wie z. B. der ATIS-Code

6. Welchen Frequenzbereich nutzt der Binnenschifffahrtsfunk?

❑ a. Kurzwelle (KW/HF)

❑ b. Grenzwelle (GW/MF)

❑ c. Langwelle(LW/LF)

❑ d. Ultrakurzwelle (UKW/VHF)

7. Was ist eine „Seefunkstelle"?

❑ a. Funkstelle des Mobilen Seefunkdienstes, die im Verkehrskreis Nautische Information betrieben wird

❑ b. Funkstelle des Mobilen Seefunkdienstes an Bord eines nicht dauernd verankerten Seefahrzeuges

❑ c. Funkstelle des Binnenschifffahrtsfunks, die im Seebereich an Bord eines Seeschiffes betrieben wird
❑ d. Funkstelle des Mobilen Seefunkdienstes, die an Land als Küstenfunkstelle betrieben wird

8. Die Bedienung einer Schiffsfunkstelle ohne Erlaubnis (UKW-Sprechfunkzeugnis) verstößt gegen Vorschriften ...
❑ a. der Binnenschifffahrt-Sprechfunkverordnung (BinSchSprFunkV)
❑ b. der Binnenschifffahrtstraßenordnung (BinSchStrO)
❑ c. des Telekommunikationsgesetzes (TKG)
❑ d. des Gesetzes über Funkanlagen und Telekommunikationsendeinrichtungen (FTEG)

9. Wer kann die Einstellung des Betriebes einer Schiffsfunkstelle anordnen?
a. Generaldirektion Wasserstraßen und Schifffahrt (GDWS)
b. Bundesamt für Seeschifffahrt und Hydrographie (BSH)
c. Wasserstraßen- und Schifffahrtsamt (WSA)
d. Bundesnetzagentur (BNetzA)

10. Was bedeutet „ATIS"?
❑ a. Automatisches Transponderabfragesystem
❑ b. Automatisches Schiffsidentifizierungssystem
❑ c. Automatisches Senderidentifizierungssystem
❑ d. Automatisches Verkehrsinformationssystem

11. Was versteht man unter „AIS"?
❑ a. Automatische Aussendung der Kennung eines Binnenschiffes beim Loslassen der Sprechtaste
❑ b. Allgemeines Informationssystem für die Binnenschifffahrt
❑ c. Automatisches Schiffsidentifizierungs- und Überwachungssystem, das statische, dynamische und reisebezogene Informationen auf UKW überträgt
❑ d. Identifizierung eines Schiffes mit Hilfe von Radarpeilungen und deren Weitergabe an die Schifffahrt zur Kollisionsverhütung

12. Was ist beim Betrieb einer Amateurfunkstelle an Bord eines Binnenschiffes, das mit einer Schiffsfunkstelle ausgerüstet ist, zu beachten? Seite 200
a. Die Amateurfunkstelle darf nur mit Zustimmung des Schiffsführers und zur Vermeidung von schädlichen Störungen nur mit einer Leistung von bis zu 5 Watt betrieben werden
b. Die Amateurfunkstelle darf nur mit Zustimmung des Schiffsführers betrieben werden und keine schädlichen Störungen bei der Schiffsfunkstelle oder bei sonstigen nautischen und technischen Einrichtungen des Fahrzeugs verursachen.
c. Die Amateurfunkstelle darf nur mit Zustimmung der Revierzentrale betrieben werden und keine schädlichen Störungen bei der Schiffsfunkstelle oder bei sonstigen nautischen und technischen Einrichtungen des Fahrzeugs verursachen
d. Die Amateurfunkstelle darf nur nach Eintragung in die Zuteilungsurkunde (Ship Station Licence) der Schiffsfunkstelle betrieben werden und keine schädlichen Störungen bei der Schiffsfunkstelle oder bei sonstigen nautischen und technischen Einrichtungen des Fahrzeugs verursachen

13. Worauf ist beim Austausch einer defekten UKW-Antenne bei einer Schiffsfunkstelle durch eine Ersatzantenne zu achten?
❑ a. Die Ersatzantenne muss für den Frequenzbereich des Binnenschifffahrtsfunks ausgelegt sein
❑ b. Die Ersatzantenne muss am höchsten Punkt des Fahrzeugs angebracht werden
❑ c. Die Ersatzantenne muss außerhalb des Abdeckungsbereichs des Radars angebracht werden
❑ d. Die Ersatzantenne muss wettergeschützt angebracht werden

14. Wozu dient der Verkehrskreis „Schiff–Schiff"?
- ❑ a. Funkverkehr zwischen Handfunkgeräten auf einem Schiff
- ❑ b. Funkverkehr zwischen Schiffsfunkstellen und Funkstellen der Behörden, die für die Betriebsdienste auf Binnenwasserstraßen zuständig sind
- ❑ c. Funkverkehr zwischen Schiffsfunkstellen
- ❑ d. Funkverkehr von Schiffsfunkstellen über Landfunkstellen mit dem öffentlichen Telekommunikationsnetz

15. Welche Funkstelle ist nicht dem Verkehrskreis „Schiff–Schiff" zugeordnet?
- ❑ a. Segelyacht Robbe DA 5005
- ❑ b. MS Mainz
- ❑ c. Spey Fähre
- ❑ d. Duisburg Hafen

16. Welche Funkstelle ist nicht dem Verkehrskreis „Nautische Information" zugeordnet?
- ❑ a. Iffezheim Schleuse
- ❑ b. Neuss Hafen
- ❑ c. Oberwesel Revierzentrale
- ❑ d. Gerstheim Eclusen

17. Welche Funkstelle ist dem Verkehrskreis „Schiff–Hafenbehörde" zugeordnet?
- ❑ a. Gerstheim Ecluse
- ❑ b. Rothensee Hebewerk
- ❑ c. Duisburg Hafen
- ❑ d. Lauenburg Schleuse

18. Welche Fahrzeuge/Schiffe mit Schiffsfunkstellen dürfen nicht am Verkehrskreis „Funkverkehr an Bord" teilnehmen?
- ❑ a. Kleinfahrzeuge
- ❑ b. Behördenfahrzeuge
- ❑ c. Schlepp- und Schubschiffe
- ❑ d. Fahrgastschiffe

19. Wo findet man Regelungen über die Abwicklung des Binnenschifffahrtsfunks?
- ❑ a. Binnenschifffahrt-Sprechfunkverordnung
- ❑ b. Allgemeiner Teil des Handbuchs Binnenschifffahrtsfunk
- ❑ c. Binnenschifffahrtsstraßenordnung
- ❑ d. Regionaler Teil Deutschland des Handbuchs Binnenschifffahrtsfunk

20. Was bedeutet Semi-Duplex?
- ❑ a. Wechselsprechen auf einem Simplex-Kanal
- ❑ b. Gegensprechen auf einem Simplex-Kanal
- ❑ c. Gegensprechen auf einem Duplex-Kanal
- ❑ d. Wechselsprechen auf einem Duplex-Kanal

21. Auf welchem UKW-Kanal müssen Schiffsfunkstellen – unabhängig von dem befahrenen Streckenabschnitt – während der Fahrt ständig empfangsbereit sein?
- ❑ a. 20
- ❑ b. 13
- ❑ c. 10
- ❑ d. 72

22. Die längere Aussendung einer anderen Schiffsfunkstelle auf Kanal 10 kann ...
- ❑ a. jederzeit durch Landfunkstellen unterbrochen werden
- ❑ b. nicht unterbrochen werden
- ❑ c. durch Schiffsfunkstellen desselben Verkehrskreises unterbrochen werden
- ❑ d. jederzeit unterbrochen werden

23. Warum dürfen Seefunkstellen mit ihrer Seefunkanlage nicht am Binnenschifffahrtsfunk teilnehmen?
- ❑ a. Seefunkanlagen verfügen weder über eine automatische Sendeleistungsreduzierung auf bestimmten UKW-Kanälen noch können sie einen ATIS-Code aussenden

❑ b. Seefunkanlagen nutzen ein anderes Frequenzband als Binnenschifffahrtsfunkanlagen
❑ c. Seefunkanlagen verfügen über einen DSC-Controller, der mit dem ATIS-System nicht kompatibel ist
❑ d. Seefunkanlagen ermöglichen die Hörbereitschaft auf den UKW-Kanälen 16 und 70

24. Woran erkennt man beim Befahren von Binnenwasserstraßen, welcher UKW-Kanal im Schleusenbereich zu benutzen ist?
❑ a. Schwimmende Schifffahrtszeichen
❑ b. Tafelzeichen
❑ c. Lichtzeichen der Schleuse
❑ d. Durchsage der Revierzentrale

25. Welche Landfunkstellen sind zur Einleitung von Rettungsmaßnahmen vorzugsweise anzurufen?
❑ a. Schiffsfunkstellen
❑ b. Polizeifunkstellen
❑ c. Revierzentralen
❑ d. Rettungsleitstellen

26. Ein Notverkehr im Binnenschifffahrtsfunk muss eingeleitet werden, wenn eine unmittelbare Gefährdung von Mensch oder Schiff gegeben ist oder ...
❑ a. das Schiff manövrierunfähig ist
❑ b. gefährliche Wetterlagen auftreten
❑ c. eine Behinderung der Schifffahrt droht
❑ d. eine Gefahrenabwehr an Land notwendig ist

27. Wer bestätigt eine Notmeldung im Verkehrskreis „Schiff-Schiff"?
❑ a. In der Nähe befindliche Schiffsfunkstelle
❑ b. Ortsfeste Funkstelle
❑ c. Der Schiffsführer
❑ d. Verkehrsposten

28. Woraus besteht das Dringlichkeitszeichen im Sprechfunk?
❑ a. URGENT
❑ b. SECURITE
❑ c. MAYDAY
❑ d. PAN PAN

29. Welche Meldung ist zu verbreiten, wenn ein treibender Baumstamm beobachtet wird, der eine Gefahr für den Verkehr darstellt?
❑ a. Notmeldung
❑ b. Dringlichkeitsmeldung
❑ c. Sicherheitsmeldung
❑ d. keine Meldung

30. Welche Meldung ist zu verbreiten, wenn eine vertriebene Tonne beobachtet wird?
❑ a. Dringlichkeitsmeldung
❑ b. Sicherheitsmeldung
❑ c. Notmeldung
❑ d. keine Meldung

Lösungen UBI-Übungsbogen 1: 1b, 2d, 3a, 4a, 5c, 6d, 7b, 8a, 9d, 10c, 11c, 12b, 13a, 14c, 15d, 16b, 17c, 18a, 19b, 20d, 21c, 22b, 23a, 24b, 25c, 26d, 27a, 28d, 29c, 30b

UBI-Übungsfragebogen 2

1. Was ist Binnenschifffahrtsfunk?
- ❑ a. Nationales UKW/VHF-Sprechfunkverfahren im Binnenbereich
- ❑ b. Nationaler mobiler UKW/VHF-Sprechfunkdienst auf Binnenschifffahrtsstraßen
- ❑ c. Internationales UKW/VHF-Sprechfunkverfahren im Binnenbereich
- ❑ d. Internationaler mobiler UKW/VHF-Sprechfunkdienst auf Binnenschifffahrtsstraßen

2. Was ist eine „Revierzentrale"?
- a. Zentrale Telematikdienste zur Datenübermittlung von AIS
- b. Zentrale Landfunkstelle des Verkehrskreises Nautische Information
- c. Zentrale Schiffsfunkstelle der Wasserstraßen- und Schifffahrtsverwaltung
- d. Zentrale Seefunkstelle zur Schiffslenkung

3. Wo darf der Inhaber eines in Deutschland erworbenen UKW-Sprechfunkzeugnisses für den Binnenschifffahrtsfunk am Funkverkehr teilnehmen?
- ❑ a. In allen Staaten, die die Vollzugsordnung für den Funkdienst ratifiziert haben
- ❑ b. In allen Ländern, die der Regionalen Vereinbarung über den Binnenschifffahrtsfunk beigetreten sind
- ❑ c. In allen deutschsprachigen Ländern
- ❑ d. In allen Mitgliedstaaten der EU

4. Worauf ist bei der Teilnahme am Binnenschifffahrtsfunk in anderen Ländern zu achten?
- ❑ a. Die Bestimmungen der Binnenschifffahrtsstraßenordnung sind zu beachten
- ❑ b. Die Bestimmungen der EU-Kommission sind zu beachten
- ❑ c. Die Bestimmungen im Regionalen Teil des Handbuchs Binnenschifffahrtsfunk sind zu beachten
- ❑ d. Die Bestimmungen der Binnenschifffahrt-Sprechfunkverordnung sind zu beachten

5. Wo findet man Angaben über die Funkbenutzungspflicht für Fahrzeuge auf bestimmten Binnenschifffahrtsstraßen?
- ❑ a. Regionale Teile des Handbuchs Binnenschifffahrtsfunk
- ❑ b. Allgemeiner Teil des Handbuchs Binnenschifffahrtsfunk
- ❑ c. Binnenschifferpatentverordnung
- ❑ d. Binnenschifffahrt-Sprechfunkverordnung

6. Welche Folgen kann die Verletzung des Fernmeldegeheimnisses haben?
- ❑ a. Ordnungswidrigkeitsverfahren
- ❑ b. Schriftliche Verwarnung
- ❑ c. Strafrechtliche Verfolgung
- ❑ d. Einzug der Funkanlage

7. Welche Faktoren können die Ausbreitung der Ultrakurzwellen beeinflussen?
- ❑ a. Kurs und Geschwindigkeit des Schiffes
- ❑ b. Hindernisse, z. B. Berge oder hohe Bauwerke
- ❑ c. Niederschläge, z. B. Schnee- oder Regenschauer
- ❑ d. Tag- und Nachtschwankungen

8. Wer darf eine Schiffsfunkstelle bedienen?
- ❑ a. Personen, die über einen gültigen Sportbootführerschein-Binnen und über die Erlaubnis des Schiffsführers verfügen
- ❑ b. Nur der Schiffsführer, sofern er über ein gültiges Sprechfunkzeugnis für den Binnenschifffahrtsfunk (UBI) verfügt
- ❑ c. Personen, die ohne Aufsicht eines Funkzeugnisinhabers am Funkverkehr teilnehmen, sofern sie älter als 16 Jahre sind

❑ d. Inhaber eines gültigen Sprechfunkzeugnisses für den Binnenschifffahrtsfunk (UBI) oder eines gleichwertigen Zeugnisses

9. Welches amtliche Dokument für eine Schiffsfunkstelle muss sich an Bord befinden?

❑ a. UKW-Sprechfunkzeugnis
❑ b. Zulassungsurkunde
❑ c. UKW-Betriebszeugnis
❑ d. Frequenzzuteilungsurkunde

10. Wer ist bei technischen Änderungen an einer Schiffsfunkstelle, z. B. bei Änderung des Gerätebestandes , schriftlich zu informieren?

❑ a. Generaldirektion Wasserstraßen und Schifffahrt (GDWS)
❑ b. Bundesamt für Seeschifffahrt und Hydrographie (BSH)
❑ c. Bundesnetzagentur (BNetzA)
❑ d. Wasserstraßen- und Schifffahrtsamt (WSA)

11. Wie setzt sich der ATIS-Code zusammen?

❑ a. Aus 10 Ziffern: der dreistelligen Seefunkkennzahl (MID), 6 Ziffern
❑ b. Aus 10 Ziffern: zwei Nullen, der dreistelligen Seefunkkennzahl (MID) und 5 Ziffern
❑ c. Aus 10 Ziffern: der Ziffer 9, zwei Nullen, der dreistelligen Seefunkkennzahl (MID) und 4 Ziffern
❑ d. Aus 10 Ziffern: der Ziffer 9, der dreistelligen Seefunkkennzahl (MID) und 6 Ziffern

12. Was ist ein „ATIS-Killer"?

❑ a. Zusatzeinrichtung in der Funkanlage zur Unterdrückung der versehentlichen Aussendung des ATIS-Signals
❑ b. Zusatzeinrichtung in der Funkanlage zur Unterdrückung der Aussendung des ATIS-Signals
❑ c. Zusatzeinrichtung in der Funkanlage zur akustischen Unterdrückung des empfangenen ATIS-Signals
❑ d. Zusatzeinrichtung in der Funkanlage zur optischen Unterdrückung des empfangenen ATIS-Signals

13. Was ist beim Kauf eines UKW-Sprechfunkgerätes für den Binnenschifffahrtsfunk zu beachten?

❑ a. Das Funkgerät muss zugelassen oder für die Teilnahme am Binnenschifffahrtsfunk in Verkehr gebracht worden sein
❑ b. Das Funkgerät muss für die Teilnahme am Binnenschifffahrtsfunk eine ATIS-Schnittstelle besitzen und Wetterberichte empfangen können
❑ c. Das Funkgerät muss gemäß der Binnenschifffahrt-Sprechfunkverordnung für die Teilnahme am Binnenschifffahrtsfunk zugelassen sein
❑ d. Das Funkgerät muss funktionsfähig und für die Teilnahme am Binnenschifffahrtsfunk TÜV-geprüft sein

14. Wozu dient am UKW-Gerät die Rauschsperre (Squelch)?

❑ a. Das Rauschen kann stufenlos auf einen angenehmen Wert eingestellt werden
❑ b. Die Wiedergabe des Empfängers wird nur bei einem brauchbaren Empfangssignal aktiviert
❑ c. Die Rauschsperre verbessert die Wiedergabe von schwachen Empfangssignalen
❑ d. Die Wiedergabe des Empfängers wird nur beim Empfang von Notsignalen aktiviert

15. Die Verkehrskreise „Nautische Information" und „Schiff–Hafenbehörde" werden ...

❑ a. in Häfen und ausgewiesenen Liegestellen angeboten
❑ b. auf dem Rhein, auf der Donau und auf der Mosel angeboten

- ❑ c. auf allen Bundeswasserstraßen angeboten
- ❑ d. nicht auf allen Bundeswasserstraßen angeboten

16. Wozu dient der Verkehrskreis „Nautische Information"?

- ❑ a. Funkverkehr zwischen Schiffsfunkstellen
- ❑ b. Funkverkehr zwischen Schiffsfunkstellen und Landfunkstellen von Hafenbehörden.
- ❑ c. Funkverkehr zwischen Schiffsfunkstellen und Funkstellen der Behörden, denen der Betrieb der Bundeswasserstraßen obliegt
- ❑ d. Funkverkehr von Schiffsfunkstellen über Landfunkstellen mit dem öffentlichen Telekommunikationsnetz

17. Welche Funkstelle ist dem Verkehrskreis „Nautische Information" zugeordnet?

- ❑ a. Diffenébrücke Mannheim
- ❑ b. Iffezheim Schleuse
- ❑ c. Mannheim Hafenschleuse
- ❑ d. Neuss Hafen

18. Welche Funkstelle ist nicht dem Verkehrskreis „Schiff–Hafenbehörde" zugeordnet?

- ❑ a. Duisburg Hafen
- ❑ b. Segelyacht Robbe DA 5005
- ❑ c. Mannheim Hafenschleuse
- ❑ d. Gerstheim Ecluse

19. In welchem Verkehrskreis dürfen tragbare Funkanlagen in Deutschland benutzt werden?

- ❑ a. Funkverkehr an Bord
- ❑ b. Nautische Informationen
- ❑ c. Schiff–Hafenbehörde
- ❑ d. Schiff–Schiff

20. Wo findet man die empfohlenen fremdsprachlichen Redewendungen für die Abwicklung des Binnenschifffahrtsfunks?

- ❑ a. Regionale Teile des Handbuchs Binnenschifffahrtsfunk
- ❑ b. Allgemeiner Teil des Handbuchs Binnenschifffahrtsfunk
- ❑ c. Binnenschifffahrt-Sprechfunkverordnung
- ❑ d. Binnenschifffahrtsstraßenordnung
- ❑ d. Gerstheim Ecluse

21. Was bedeutet die Betriebsart „Duplex"?

- ❑ a. Sprechen mit zwei Funkgeräten
- ❑ b. Wechselsprechen
- ❑ c. Gegensprechen
- ❑ d. Sprechen auf einer Frequenz

22. Mit welcher Leistung sendet eine Schiffsfunkstelle auf UKW-Kanal 10?

- ❑ a. 2 bis 5 Watt
- ❑ b. 0,5 bis 1 Watt
- ❑ c. 10 bis 25 Watt
- ❑ d. 0,5 bis 25 Watt

23. Welche UKW-Kanäle dürfen für „Nachrichten sozialer Art" benutzt werden?

- ❑ a. 15 und 17
- ❑ b. 06 und 16
- ❑ c. 20 und 22
- ❑ d. 72 und 77

24. Was hat eine Schiffsfunkstelle im Verkehr mit einer Funkstelle des Verkehrskreises Nautische Information zu beachten?
- ❑ a. Hörbereitschaft auf Kanal 13 ist sicherzustellen
- ❑ b. Sendeleistung ist zu reduzieren
- ❑ c. Anweisungen der Funkstelle des Verkehrskreises Nautische Information sind zu befolgen
- ❑ d. Nachrichten mit der Funkstelle des Verkehrskreises Nautische Information sind auf Kanal 16 auszutauschen

25. Welche Sprache muss bei Verbindungen zwischen deutschen Schiffsfunkstellen und ausländischen Landfunkstellen benutzt werden?
- ❑ a. Vorrangig Englisch
- ❑ b. Sprache des Landes, in dem sich die Landfunkstelle befindet
- ❑ c. Vorrangig Deutsch
- ❑ d. Heimatsprache des Funkers

26. Welche Bedeutung hat ein blaues Tafelzeichen mit der weißen Aufschrift „UKW 18" oder „VHF 18"?
- ❑ a. Hinweis auf den Nautischen Informationsfunk (NIF) auf UKW-Kanal 18
- ❑ b. Hinweis, dass der Verkehrskreis Schiff–Schiff auf UKW-Kanal 18 abzuwickeln ist
- ❑ c. Gebot, UKW-Kanal 18 statt 10 für die Verkehrsabwicklung zu benutzen
- ❑ d. Hinweis, dass der UKW-Kanal 18 für die Nutzung durch die Sportschifffahrt vorgesehen ist

27. Welcher Funkverkehr ist einzuleiten, wenn sich an Bord eine lebensgefährlich verletzte Person befindet?
- ❑ a. Dringlichkeitsverkehr
- ❑ b. Sicherheitsverkehr
- ❑ c. Routineverkehr
- ❑ d. Notverkehr

28. Was bedeuten die Worte SILENCE FINI?
- ❑ a. Alle Funkstellen müssen Funkstille einhalten
- ❑ b. Einer Funkstelle, die den Notverkehr stört, wird Funkstille geboten
- ❑ c. Der Notverkehr ist beendet
- ❑ d. Dringlichkeits- und Sicherheitsverkehr darf wieder aufgenommen werden

29. Welcher Funkverkehr ist grundsätzlich einzuleiten, wenn das Fahrzeug einen Maschinenschaden hat, der die Sicherheit des Schiffsverkehrs gefährden könnte?
- ❑ a. Notverkehr
- ❑ b. Dringlichkeitsverkehr
- ❑ c. Sicherheitsverkehr
- ❑ d. Routineverkehr

30. Wer entscheidet über die Art der auszusendenden Sprechfunkmeldung?
- ❑ a. Schiffsführer
- ❑ b. Revierzentrale
- ❑ c. Wasserschutzpolizei
- ❑ d. Bediener der Funkanlage

Lösungen UBI-Übungsbogen 2: 1d, 2b, 3b, 4c, 5a, 6c, 7b, 8d, 9d, 10c, 11d, 12c, 13a, 14b, 15d, 16c, 17b, 18d, 19a, 20a, 21c, 22b, 23d, 24c, 25b, 26a, 27d, 28c, 29b, 30a

UBI-Übungsfragebogen 3

1. Was ist eine „ortsfeste Funkstelle"?

- ❑ a. Funkstelle, die im Verkehrskreis Funkverkehr an Bord betrieben wird
- ❑ b. Funkstelle, die an Bord eines nicht dauernd festgemachten Binnenschiffes betrieben wird
- ❑ c. Funkstelle, die von der Fernmeldebehörde betrieben wird
- ❑ d. Funkstelle, die an Land betrieben wird

2. Was bedeutet „MIB"?

- ❑ a. Melde- und Informationssystem in der Binnenschifffahrt
- ❑ b. Maritimes Identifikationssystem in der Binnenschifffahrt
- ❑ c. Mobiles Informationssystem in der Binnenschifffahrt
- ❑ d. Melde- und Identifikationssystem in der Binnenschifffahrt

3. Welches Funkzeugnis berechtigt nicht zur Teilnahme am Weltweiten Seenot- und Sicherheitsfunksystem (GMDSS)?

- ❑ a. Allgemeines Betriebszeugnis für Funker (GOC)
- ❑ b. UKW-Sprechfunkzeugnis für den Binnenschifffahrtsfunk (UBI)
- ❑ c. Beschränkt Gültiges Funkbetriebszeugnis (SRC)
- ❑ d. Allgemeines Funkbetriebszeugnis (LRC)

4. Wo findet man grundsätzliche Bestimmungen über den Sprechfunk auf den jeweiligen Bundeswasserstraßen?

- ❑ a. Schifffahrtspolizeiverordnungen
- ❑ b. Binnenschifffahrtspatentverordnung
- ❑ c. Binnenschiffsuntersuchungsordnung
- ❑ d. Binnenschifffahrt-Sprechfunkverordnung

5. Welche Nachrichten dürfen uneingeschränkt aufgenommen und verbreitet werden?

- ❑ a. Aussendungen im Binnenschifffahrtsfunk dürfen uneingeschränkt aufgenommen und verbreitet werden
- ❑ b. Aussendungen des Öffentlichen Nachrichtenaustauschs
- ❑ c. Aussendungen im Verkehrskreis Funkverkehr an Bord
- ❑ d. Aussendungen, die „An alle Funkstellen" gerichtet sind

6. Was ist eine „Schiffsfunkstelle"?

- ❑ a. Mobile Funkstelle des mobilen Seefunkdienstes
- ❑ b. Ortsfeste Funkstelle des Binnenschifffahrtsfunks
- ❑ c. Mobile Funkstelle des Binnenschifffahrtsfunks
- ❑ d. Ortsfeste Funkstelle des mobilen Seefunkdienstes

7. Wer stellt in Deutschland die Zuteilungsurkunde (Ship Station Licence) für eine Schiffsfunkstelle aus?

- ❑ a. Wasserstraßen- und Schifffahrtsamt (WSA)
- ❑ b. Bundesnetzagentur (BNetzA)
- ❑ c. Generaldirektion Wasserstraßen und Schifffahrt (GDWS)
- ❑ d. Bundesamt für Seeschifffahrt und Hydrographie (BSH)

8. Die telekommunikationsrechtliche Überprüfung einer Schiffsfunkstelle wird durchgeführt von ...

- ❑ a. Bundesnetzagentur (BNetzA)
- ❑ b. Wasserstraßen- und Schifffahrtsamt (WSA)
- ❑ c. Generaldirektion Wasserstraßen und Schifffahrt (GDWS)
- ❑ d. Bundesamt für Seeschifffahrt und Hydrographie (BSH)

9. Welche Teile des Handbuchs Binnenschifffahrtsfunk müssen bei einer Schiffsfunkstelle mitgeführt werden?

- ❑ a. Allgemeiner Teil sowie Regionale Teile des Landes, in dem die Schiffsfunkstelle angemeldet wurde
- ❑ b. Allgemeiner Teil sowie Regionale Teile für die Strecken, in denen die Schiffsfunkstelle am Binnenschifffahrtsfunk teilnimmt
- ❑ c. Regionale Teile für die Strecke, in der sich die Schiffsfunkstelle gerade befindet
- ❑ d. Regionale Teile für alle europäischen Wasserstraßen

10. Welches der nachfolgend angegebenen Rufzeichen kennzeichnet eine Schiffsfunkstelle?

- ❑ a. DABC 55
- ❑ b. DA5 0BC
- ❑ c. DA505B
- ❑ d. DA 5005

11. Welchen ATIS-Code sendet eine tragbare Funkanlage aus?

- ❑ a. ATIS-Code der Schiffsfunkstelle und Gerätenummer
- ❑ b. ATIS-Code der ortsfesten Funkstelle
- ❑ c. ATIS-Code der Schiffsfunkstelle, zu der sie gehört
- ❑ d. ATIS-Code, der ihr gesondert mit der Zuteilungsurkunde (Ship Station Licence) zugewiesen wurde

12. Was bedeutet die Angabe „Betriebsspannung 10,8 – 14,6 V" in der Bedienungsanleitung für eine Funkanlage?

- ❑ a. Es ist eine Gleichspannung von 12,7 Volt (Mittelwert zwischen 10,8 und 14,6 Volt) für den Betrieb erforderlich.
- ❑ b. Es ist eine Gleichspannung zwischen 10,8 und 14,6 Volt für den Betrieb erforderlich
- ❑ c. Es ist eine Wechselspannung zwischen 10,8 und 14,6 Volt für den Betrieb erforderlich
- ❑ d. Es ist eine Wechselspannung von 12,7 Volt (Mittelwert zwischen 10,8 und 14,6 Volt) für den Betrieb erforderlich

13. Bei einer Beschädigung der äußeren Isolierung (Mantel) des Antennenkabels sollte das Antennenkabel ...

- ❑ a. umgehend erneuert werden
- ❑ b. bei Gelegenheit gegen eindringende Feuchtigkeit gesichert werden
- ❑ c. umgehend hilfsweise durch ein Stromkabel ersetzt werden
- ❑ d. bei Gelegenheit erneuert werden

14. Wo findet man Angaben über die Verkehrskreise des Binnenschifffahrtsfunks?

- ❑ a. Binnenschifffahrtsstraßenordnung
- ❑ b. Gesetz über Funkanlagen und Telekommunikationsendeinrichtungen (FTEG)
- ❑ c. Binnenschifffahrt-Sprechfunkverordnung
- ❑ d. Regionaler Teil Deutschland des Handbuchs Binnenschifffahrtsfunk

15. Welche Nachrichten werden im Verkehrskreis „Schiff–Schiff" übermittelt?

- ❑ a. Nachrichten über den Zustand der Wasserstraßen, über Verkehrsberatung und zur Verkehrslenkung zwischen Schiffsfunkstellen und Landfunkstellen
- ❑ b. Nachrichten über die Zuweisung von Liegeplätzen oder über die Fahrt in den Häfen
- ❑ c. Nachrichten über schiffsbetriebliche Angelegenheiten, die sich auf die Sicherheit von Schiffen beziehen
- ❑ d. Nachrichten, die sich auf den Schutz von Personen oder auf die Fahrt oder auf die Sicherheit von Schiffen beziehen

16. Welche Nachrichten werden im Verkehrskreis „Nautische Information" übermittelt?

- ❑ a. Nachrichten über den Zustand der Wasserstraßen, über Verkehrsberatung und zur Verkehrslenkung
- ❑ b. Nachrichten, die sich auf Funkverkehr zwischen Schiffsfunkstellen beziehen
- ❑ c. Nachrichten über schiffsbetriebliche Angelegenheiten
- ❑ d. Nachrichten über die Zuweisung von Liegeplätzen oder über die Fahrt in den Häfen

17. Welche Nachrichten werden im Verkehrskreis „Schiff–Hafenbehörde" übermittelt?

- ❑ a. Nachrichten, die sich auf Funkverkehr zwischen Schiffsfunkstellen beziehen
- ❑ b. Nachrichten über die Zuweisung von Liegeplätzen oder über die Fahrt in den Häfen
- ❑ c. Nachrichten über schiffsbetriebliche Angelegenheiten.
- ❑ d. Nachrichten über den Zustand der Wasserstraßen, über Verkehrsberatung und zur Verkehrslenkung

18. Wozu dient der Verkehrskreis „Funkverkehr an Bord"?

- ❑ a. Funkverkehr zwischen Schiffsfunkstellen und Landfunkstellen von Hafenbehörden
- ❑ b. Funkverkehr von Schiffsfunkstellen über Landfunkstellen mit dem öffentlichen Telekommunikationsnetz
- ❑ c. Funkverkehr an Bord eines Schiffes oder innerhalb einer Gruppe von Fahrzeugen, die geschleppt oder geschoben werden
- ❑ d. Funkverkehr zwischen Schiffsfunkstellen in Häfen

19. Welche Kennung müssen Schiffsfunkstellen in den Verkehrskreisen „Schiff–Schiff", „Nautische Information" und „Schiff–Hafenbehörde" im Sprechfunkverkehr verwenden?

- ❑ a. Heimathafen
- ❑ b. Schiffsname und Rufzeichen
- ❑ c. ATIS-Kennung
- ❑ d. Rufnummer im Seefunkdienst (MMSI)

20. In welchen Verkehrskreisen müssen Schiffsfunkstellen, außer auf Kleinfahrzeugen, während der Fahrt empfangsbereit sein?

- ❑ a. Mindestens abwechselnd in einem der Verkehrskreise Schiff–Schiff, Nautische Information, Funkverkehr an Bord oder Schiff–Hafenbehörde
- ❑ b. Mindestens in zwei der Verkehrskreise Schiff–Schiff, Nautische Information oder Schiff–Hafenbehörde
- ❑ c. Mindestens in einem der Verkehrskreise Schiff–Schiff, Nautische Information oder Schiff–Hafenbehörde
- ❑ d. Mindestens in drei der Verkehrskreise Schiff–Schiff, Nautische Information, Funkverkehr an Bord oder Schiff–Hafenbehörde

21. Was bedeutet die Betriebsart „Simplex"?

- ❑ a. Sprechen über Ober- und Unterband
- ❑ b. Gegensprechen
- ❑ c. Sprechen mit einem Funkgerät
- ❑ d. Wechselsprechen

22. Wie erfolgt die Leistungsreduzierung beim Sendebetrieb einer Schiffsfunkstelle auf dem UKW-Kanal 10?

- ❑ a. Automatisch
- ❑ b. Durch die Revierzentrale
- ❑ c. Manuell
- ❑ d. Durch längeres Drücken der Sendetaste

23. Welcher UKW-Kanal darf im Binnenschifffahrtsfunk auf den Bundeswasserstraßen der Zonen 3 und 4 nicht benutzt werden?
- ❏ a. 16
- ❏ b. 72
- ❏ c. 77
- ❏ d. 10

24. Vor jeder Aussendung ist durch kurzzeitiges Öffnen der Rauschsperre sicherzustellen, dass ...
- ❏ a. die Sendeleistung auf 25 Watt eingestellt ist
- ❏ b. der DSC-Controller ausgeschaltet ist
- ❏ c. kein anderer Funkverkehr gestört wird
- ❏ d. die ATIS-Kennung zuvor ausgesendet wird

25. Was kann die Funkverbindung zwischen einer Schiffsfunkstelle und einer Seefunkstelle beeinträchtigen?
- ❏ a. Die Seefunkstelle kann die ATIS-Aussendung der Schiffsfunkstelle auf bestimmten UKW-Kanälen nicht auswerten
- ❏ b. Die Schiffsfunkstelle sendet auf bestimmten UKW-Kanälen nur mit automatisch reduzierter Leistung
- ❏ c. Die Schiffsfunkstelle kann die AIS-Aussendung der Seefunkstelle auf bestimmten UKW-Kanälen nicht auswerten
- ❏ d. Die Seefunkstelle sendet auf bestimmten UKW-Kanälen nur mit automatisch reduzierter Leistung

26. Wann müssen Meldungen grundsätzlich bestätigt werden?
- ❏ a. Bei Verständigungsschwierigkeiten
- ❏ b. Nie
- ❏ c. Immer
- ❏ d. Auf Verlangen

27. Wer bestätigt eine Notmeldung im Verkehrskreis „Nautische Information"?
- ❏ a. Ortsfeste Funkstelle
- ❏ b. Der Schiffsführer
- ❏ c. Behördenfahrzeug
- ❏ d. In der Nähe befindliche Schiffsfunkstelle

28. Was bedeuten die Worte SILENCE MAYDAY?
- ❏ a. Die am Notverkehr beteiligten Funkstellen genießen Vorrang
- ❏ b. Die Funkstelle in Not gebietet den nicht am Notverkehr beteiligten Funkstellen Funkstille
- ❏ c. Eine Notmeldung folgt
- ❏ d. Der Notverkehr ist beendet

29. Welcher Funkverkehr ist einzuleiten, wenn bei einer Person an Bord eine nicht lebensbedrohliche Verletzung festgestellt wurde, die kurzfristig ärztlicher Versorgung bedarf?
- ❏ a. Routineverkehr
- ❏ b. Sicherheitsverkehr
- ❏ c. Dringlichkeitsverkehr
- ❏ d. Notverkehr

30. Welche Meldungen werden mit dem Sicherheitszeichen SECURITE angekündigt?
- ❏ a. Nachrichten, die eine wichtige Wetterwarnung oder eine Warnung zur Vermeidung von Umweltschäden beinhalten
- ❏ b. Nachrichten, die eine wichtige nautische Warnnachricht oder eine dringende medizinische Meldung beinhalten
- ❏ c. Nachrichten, die eine wichtige nautische Warnnachricht oder den Radareinsatz bei unsichtigem Wetter beinhalten
- ❏ d. Nachrichten, die eine wichtige nautische Warnnachricht oder eine wichtige Wetterwarnung beinhalten

Lösungen UBI-Übungsbogen 3: 1d, 2a, 3b, 4a, 5d, 6c, 7b, 8a, 9b, 10d, 11c, 12b 13a, 14c, 15d, 16a, 17b, 18c, 19b, 20b, 21d, 22a, 23a, 24c, 25b, 26d, 27a, 28b, 29c, 30d

Schritt 8: Englische Seefunktexte und Begriffe

Katalog Seefunktexte für das UKW-Funkbetriebszeugnis (SRC)

Der Katalog enthält die amtlichen Seefunktexte in deutscher und englischer Sprache. In der theoretischen Prüfung wird dem Bewerber einer der englischen Texte diktiert. Dabei werden Namen und geografische Begriffe mithilfe der Buchstabiertafel (siehe Seite 202) buchstabiert. Der Bewerber muss den Text aufschreiben und anschließend schriftlich ins Deutsche übersetzen. In einer zweiten Übersetzungsaufgabe wird dem Bewerber einer der deutschen Texte vorgelegt. Dieser Text muss schriftlich ins Englische übersetzt werden. Für jede Aufgabe stehen 15 Minuten Zeit zur Verfügung. Bei fehlerhafter oder unvollständiger Übersetzung erfolgt eine mündliche Nachprüfung.

1	1
In vicinity of light and whistle buoy Humber 5, capsized life raft observed. Survivors were not sighted. Ships in area are requested to keep sharp lookout.+	In der Nähe der Leucht-Heultonne Humber 5 wurde ein gekentertes Rettungsfloß beobachtet. Überlebende wurden nicht gesichtet. Schiffe in dem Gebiet werden gebeten, scharf Ausschau zu halten.+

2	2
Seydisfjord/DFBY in position 61-10 N 003-45 E, after explosion fire in engine room, 2 persons are seriously injured, we have to abandon the vessel, require immediate help.+	Seydisfjord/DFBY auf Position 61-10 N 003-45 E, nach einer Explosion Feuer im Motorraum, 2 Personen schwer verletzt, wir müssen das Schiff verlassen, benötigen sofortige Hilfe.+

3	3
M/V Freyburg/DCAW reports person over board, last seen in position 53-53 N 008-56 E at 0730 UTC. All ships in vicinity are requested to keep sharp lookout and report to Maritime Rescue Co-ordination Centre Bremen.+	M/S Freyburg/DCAW berichtet Mensch über Bord, um 0730 UTC zuletzt gesichtet auf Position 53-53 N 008-56 E. Alle Schiffe in der Nähe werden gebeten, scharf Ausschau zu halten und die Seenotleitung Bremen zu informieren.+

4	4
Vikingbank/DESI in position 54-07 N 008-46 E, rudder broken, drifting in rough sea towards the banks, require immediate assistance.+	Vikingbank/DESI auf Position 54-07 N 008-46 E Ruder gebrochen, treiben in rauer See auf die Sände zu, benötigen sofortige Hilfe.+

5

Person over board in position 54-12 N 012-03 E at 2110 UTC. Ships in vicinity are requested to keep sharp lookout and report to Maritime Rescue Co-ordination Centre Bremen.+

5

Mensch über Bord auf Position 54-12 N 012-03 E um 2110 UTC. Schiffe in der Nähe werden gebeten, scharf Ausschau zu halten und der Seenotleitung Bremen zu berichten.+

6

M/V Kybfels/DEJM in position 48-28 N 005-14 W, heavy list to port side. Ships in vicinity please indicate position, course and speed for possible assistance.+

6

M/S Kybfels/DEJM auf Position 48-28 N 005-14 W, habe starke Schlagseite nach Backbord. Schiffe in der Nähe bitte Position, Kurs und Geschwindigkeit für mögliche Hilfeleistung angeben.+

7

Red rockets observed in position 55-16 N 016-23 E, true bearing of 45 degrees, all ships in this area please keep sharp lookout and report to MRCC Gothenburg.+

7

Rote Raketen beobachtet auf Position 55-16 N 016-23 E, rechtweisende Peilung 45 Grad, alle Schiffe in diesem Gebiet bitte scharf Ausschau halten und MRCC Göteborg berichten.+

8

Gale warning for Skagerrak and Kattegat, W force 8 to 9, decreasing to force 7, rough sea, showers, moderate to poor visibility.+

8

Sturmwarnung für Skagerrak und Kattegat, W 8 bis 9, abnehmend auf 7, raue See, Schauer, mäßige bis schlechte Sicht.+

9

M/V Gutenfels/DEEV in position 16-28 S 174-51 E, flooding, ship is in critical condition, ships in area are requested to approach to this position for assistance.+

9

M/S Gutenfels/DEEV auf Position 16-28 S 174-51 E, Wassereinbruch, Schiff befindet sich in kritischem Zustand, Schiffe in dem Gebiet werden gebeten, diese Position anzusteuern, um Hilfe zu leisten.+

10

Following received at 0732 UTC on VHF channel 16:[1] "Mayday Fjaellfjord/LGBX in position 54-14 N 007-52 E, explosions in engine room, 6 persons are injured, require helicopter and medical assistance."+

10

Um 0732 UTC Folgendes auf UKW-Kanal 16 empfangen: „Mayday Fjaellfjord/LGBX auf Position 54-14 N 007-52 E, Explosionen im Maschinenraum, 6 Personen verletzt, benötigen Hubschrauber und medizinische Hilfe."+

11

M/V Undine/DCBY in position 54-32 N 012-56 E, fire in superstructures, vessels in area are requested to assist in fire fighting.+

11

M/S Undine/DCBY auf Position 54-32 N 012-56 E, Feuer in den Aufbauten, Schiffe in dem Gebiet werden gebeten, Hilfe bei der Brandabwehr zu leisten.+

12

M/V Hanseatic/DABR in position 51-10 N 003-45 E, due to defective steering gear vessel is not under command, require tug assistance.+

12

M/S Hanseatic/DABR auf Position 51-10 N 003-45 E, Schiff ist wegen defekter Ruderanlage manövrierunfähig, benötige Schlepperhilfe.+

[1] Doppelpunkt = colon
Anführungsstriche = quotation marks

13
Yacht Spiekeroog/DB8434 in position 12 nm south of Cape Spartivento, a crew member has fallen off the mast and is seriously injured, require urgent medical assistance, true course 275 degrees, speed 13 kn.+

13
Yacht Spiekeroog/DB8434 auf Position 12 sm südlich Kap Spartivento ist ein Besatzungsmitglied vom Mast gefallen und schwer verletzt, benötige dringend ärztliche Hilfe, rechtweisender Kurs 275°, Geschwindigkeit 13 kn.+

14
S/Y Hadriane/DD2663 in position 54-38 N 011-13 E, in collision with fishing vessel Meyenburg/DCYJ, yacht is sinking after flooding, require immediate assistance.+

14
Segelyacht Hadriane/DD 2663 auf Position 54-38 N 011-13 E, Kollision mit Fischereifahrzeug Meyenburg/DCYJ, Yacht sinkt nach Wassereinbruch, benötigen sofortige Hilfe.+

15
Sailing boat Rubin/OZMO, length 12 m, red hull and white sails, two persons on board, left Klintholm on July 16th at 0600 local time, bound for Visby and has not yet arrived there, shipping is requested to keep sharp lookout and report to Lyngby Radio.+

15
Segelboot Rubin/OZMO, 12 m Länge, roter Rumpf und weiße Segel, zwei Personen an Bord, verließ Klintholm am 16. Juli um 0600 Uhr Ortszeit mit Bestimmungshafen Visby, ist bisher dort nicht eingetroffen, Schifffahrt wird gebeten, scharf Ausschau zu halten und Lyngby Radio zu berichten.+

16
Tazacorte/DCAX in position 53-54 N 008-47 E, vessel on fire, fire not under control, require immediate assistance.+

16
Tazacorte/DCAX auf Position 53-54 N 008-47 E, Schiff brennt, Feuer nicht unter Kontrolle, benötige sofortige Hilfe.+

17
M/V Tete Oldendorff/DKOV in position 55-12 N 005-08 E, a crew member 56 years old, is unconscious, suspect of heart attack, require urgently medical assistance by helicopter.+

17
M/S Tete Oldendorff/DKOV auf Position 55-12 N 005-08 E, ein Besatzungsmitglied, 56 Jahre, ist bewusstlos, Verdacht auf Herzinfarkt, benötige dringend medizinische Hilfe per Hubschrauber.+

18
M/V Atlantica/DEAQ in position 55-23 N 006-18 E, due to engine trouble ship is not under command and drifting in very rough sea and high swell, require immediate tug assistance.+

18
M/S Atlantica/DEAQ auf Position 55-23 N 006-18 E, Schiff treibt wegen Maschinenausfall manövrierunfähig in sehr schwerer See und hoher Dünung, benötigen dringend Schlepperhilfe.+

19
Sailing yacht Relaxe/SWLU, description:[1] length 40 feet, white hull and white superstructures, brown sails, underway from Martinique to the Azores overdue since January 16th, ships on this route are requested to keep sharp lookout and report to US Coast Guard.+

[1] Doppelpunkt = colon

19
Segelyacht Relaxe/SWLU, Beschreibung: Länge 40 Fuß, weißer Rumpf und weiße Aufbauten, braune Segel, unterwegs von Martinique zu den Azoren, seit dem 16. Januar überfällig, Schiffe, die sich auf dieser Route befinden, werden gebeten, scharf Ausschau zu halten und der US-Küstenwache zu berichten.+

20
Sailing yacht Acatenanco/DB2932, in position 61-17 N 004-28 E, broken mast, damaged rudder, vessel is not under command, drifting in rough sea, require tug assistance.+

20
Segelyacht Acatenanco/DB 2932, auf Position 61-17 N 004-28 E, gebrochener Mast, Ruderschaden, Schiff treibt manövrierunfähig in schwerer See, benötigen Schlepperhilfe.+

21
Forecast area Dogger Bank strong westerly winds increasing to gale force 8 to 9, veering later, drizzle at times, moderate to poor visibility.+

21
Im Vorhersagegebiet Dogger Bank starke westliche Winde, zunehmend auf Sturmstärke 8 bis 9, später rechtdrehend, zeitweise Sprühregen, mäßige bis schlechte Sicht.+

22
In position 43-00 N 009-19 W observed several drifting 40-feet containers, red painted, one container marked with Texascon, ships in this area are requested to navigate carefully.+

22
Auf der Position 43-00 N 009-19 W sind mehrere rot gestrichene 40-Fuß-Container gesichtet worden, ein Container mit der Aufschrift Texascon, Schiffe in diesem Gebiet werden gebeten, vorsichtig zu navigieren.+

23
M/V Xanthippe in position 51-28 N 002-40 E, has lost anchor. Shipping in this area is requested neither to anchor nor to use fishing gear.+

23
M/S Xanthippe hat auf Position 51-28 N 002-40 E Anker verloren, Schiffe in dem Gebiet werden gebeten, dort weder zu ankern noch Fischereigeschirr zu nutzen.+

24
Fairway between Den Helder and Den Oever light and whistle buoy MG 18 is reported unlit. Shipping in this area is requested to navigate with caution.+

24
Fahrwasser zwischen Den Helder und Den Oever, die Leucht- und Heultonne MG 18 ist als verlöscht gemeldet. Die Schifffahrt in diesem Gebiet wird gebeten, vorsichtig zu navigieren.+

25
Weather forecast for the area north of Portugal: rain or showers, at times SW force 6, rapidly increasing to W force 8, veering to NW force 5 later.+

25
Wettervorhersage für das Gebiet nördlich von Portugal: Regen oder Schauer, zeitweise SW 6, rasch zunehmend auf W 8, später rechtdrehend auf NW 5.+

26
Underwater cable operations in progress until February 16th by M/V Leon Thevesin. Shipping is requested to keep a berth of more than 2 nm of position 33-55 N 008-04 W.+

26
Unterwasser-Kabelarbeiten werden bis zum 16. Februar durch M/S Leon Thevesin fortgeführt. Die Schifffahrt wird gebeten, mehr als 2 sm Abstand von der Position 33-55 N 008-04 W zu halten.+

27
Navigational warning, western Baltic (Sea): Traffic separation scheme south of Gedser. Replacement of buoyage of deep water lane and traffic separation scheme will be carried out from 28 Mai to 03 June according to German notices to mariners 41/01.+

27
Nautische Warnung, westliche Ostsee: Verkehrstrennungsgebiet südlich Gedser. Austausch der Betonnung des Tiefwasserwegs und des Verkehrstrennungsgebiets wird laut Nachrichten für Seefahrer 41/01 vom 28. Mai bis 3. Juni durchgeführt werden.+

Englische Begriffe aus dem Seefunk

Nachfolgend werden alle wichtigen Begriffe aus den englischen Seefunktexten noch einmal übersichtlich und lernfreundlich dargestellt:

1	1
in vicinity of	in der Nähe der
light and whistle buoy	Leucht-Heultonne
capsized life raft	gekentertes Rettungsfloß
observed	beobachtet
survivors were	Überlebende wurden
not sighted	nicht gesichtet
ships in area	Schiffe in dem Gebiet
are requested	werden gebeten
to keep sharp lookout	scharf Ausschau halten

2	2
after explosion	nach einer Explosion
fire in engine room	Feuer im Maschinenraum
seriously injured	schwer verletzt
we have to abandon	wir müssen verlassen
the vessel	das Schiff
require immediate help	benötigen sofortige Hilfe

3	3
reports person over board	berichtet Person über Bord
all ships in vicinity	alle Schiffe in der Nähe
are requested	werden gebeten
to keep sharp lookout	scharf Ausschau zu halten
ro report to	informieren
Maritime Rescue Co-ordination Centre Bremen	Seenotleitung Bremen

4	4
rudder broken	Ruder gebrochen
drifting in rough sea	treiben in rauer See
towards the banks	auf die Sände zu
require immediate help	benötigen sofortige Hilfe

5	5
person over board	Mensch über Bord
ships in vicinity	Schiffe in der Nähe
are requested	werden gebeten
to keep sharp lookout	scharf Ausschau zu halten
to report to	berichten an
Maritime Rescue Co-ordination Centre Bremen	Seenotleitung Bremen

6	6
heavy list to	starke Schlagseite nach
port side	Backbord
ships in vicinity	Schiffe in der Nähe
are requested	werden gebeten
please indicate	bitte angeben
course and speed	Kurs und Geschwindigkeit
for possible assistance	für mögliche Hilfeleistung

7	7
red rockets	rote Raketen
observed in position	beobachtet auf Position
true bearing	rechtweisende Peilung
45 degrees	45 Grad
keep sharp lookout	scharf Ausschau halten
report to	berichten an
Gothenburg	Göteborg

8
gale warning
force 8
rough sea
showers
decreasing to
moderate to
poor visibility

8
Sturmwarnung
Stärke 8
raue See
Schauer
abnehmend auf
mäßige bis
schlechte Sicht

9
flooding
in critical condition
ships in area
are requested
to approach
to this position
for assistance

9
Wassereinbruch
in kritischem Zustand
Schiffe in dem Gebiet
werden gebeten
ansteuern
diese Position
um Hilfe zu leisten

10
Following received
on VHF channel 16
engine room
6 persons are injured
require helicopter
medical assistance

10
Folgendes empfangen
auf UKW-Kanal 16
Maschinenraum
6 Personen verletzt
benötigen Hubschrauber
medizinische Hilfe

11
fire in superstructures
vessels in area
are requested
to assist in
fire fighting

11
Feuer in den Aufbauten
Schiffe in dem Gebiet
werden gebeten
Hilfe leisten bei
Brandabwehr

12
due to
defective steering
vessel is
not under command
require tug assistance

12
wegen
defekte Ruderanlage
Schiff ist
manövrierunfähig
benötige Schlepperhilfe

13
south of cape S.
a crew member has
fallen off the mast
seriously injured
require urgent
medical assistance
true course
275 degrees
speed 13 knots

13
südlich von Kap S.
ein Besatzungsmitglied ist
vom Mast gefallen
schwer verletzt
benötigen dringend
medizinische Hilfe
rechtweisender Kurs
275 Grad
Geschwindigkeit 13 kn

14
S/Y
in collision with
fishing vessel
yacht is sinking
after flooding
require
immediate assistance

14
Segelyacht
Kollision mit
Fischereifahrzeug
Yacht sinkt
nach Wassereinbruch
benötigen
sofortige Hilfe

15
Sailing boat
length 12 m
red hull
white sails
left Klintholm

15
Segelboot
Länge 12 m
roter Rumpf
weiße Segel
verließ Klintholm

on July 16th
at 0600 local time
bound for Visby
not yet
arrived there
shipping is requested
to keep sharp lookout
to report to

am 16. Juli
um 0600 Ortszeit
mit Bestimmgshafen Visby
bisher nicht
dort eingetroffen
Schifffahrt wird gebeten
scharf Ausschau zu halten
berichten an

16

vessel on fire
fire not under control
require
immediate assistance

16

Schiff brennt
Feuer nicht unter Kontrolle
benötige
sofortige Hilfe

17

a crew member
56 years old
is unconscious
suspect of heart attack
require urgently
medical assistance
by helicopter

17

ein Besatzungsmitglied
56 Jahre alt
ist bewusstlos
Verdacht auf Herzinfarkt
benötige dringend
medizinische Hilfe
per Hubschrauber

18

due to engine trouble
ship is drifting
not under command
in very rough sea
high swell
require immediate
tug assistance

18

wegen Maschinenausfall
Schiff treibt
manövrierunfähig
in sehr schwerer See
hohe Dünung
benötige dringend
Schlepperhilfe

19

description
length 40 feet
white hull
white superstructures
brown sails
underway from M. to A.
overdue since
January 16th
ships on this route
are requested
to keep sharp lookout
to report to
US Coast Guard

19

Beschreibung
Länge 40 Fuß
weißer Rumpf
weiße Aufbauten
braune Segel
unterwegs von M. nach A.
überfällig seit
16. Januar
Schiffe auf dieser Route
werden gebeten
scharf Ausschau zu halten
berichten an
US-Küstenwache

20

broken mast
damaged rudder
vessel is drifting
not under command
in rough sea
require tug assistance

20

gebrochener Mast
Ruderschaden
Schiff treibt
manövrierunfähig
in schwerer See
benötigen Schlepperhilfe

21

forecast area
strong westerly winds
increasing to
gale force 8 to 9
veering later
drizzle at times
moderate to
poor visibility

21

Vorhersagegebiet
starke westliche Winde
zunehmend auf
Sturmstärke 8 bis 9
später rechtdrehend
zeitweise Sprühregen
mäßige bis
schlechte Sicht

22
observed
several drifting
40-feet containers
red painted
one container
marked with T.
ships in this area
are requested
to navigate carefully

23
has lost anchor
shipping in this area
is requested
neither to anchor
nor to use
fishing gear

24
fairway between
light and whistle buoy
is reported unlit
shipping in this area
is requested
to navigate with caution

25
weather forecast
for the area
rain or showers
at times
southwest force 6

22
gesichtet
mehrere treibende
40-Fuß-Container
rot angestrichen
ein Container
mit der Aufschrift T.
Schiffe in diesem Gebiet
werden gebeten
vorsichtig zu navigieren

23
Anker verloren
Schifffahrt in diesem Gebiet
wird gebeten
weder zu ankern
noch zu benutzen
Fischereigeschirr

24
Fahrwasser zwischen
Leucht-Heultonne
ist als verlöscht gemeldet
Schifffahrt in diesem Gebiet
wird gebeten
vorsichtig zu navigieren

25
Wettervorhersage
für das Gebiet
Regen oder Schauer
zeitweise
Südwest Stärke 6

rapidly increasing to
west force 8
veering to
northwest force 5
later

26
Underwater cable
operations
in progress by
shipping is requested
to keep a berth of
more than 2 nm

27
navigational warning
western baltic (sea)
traffic separation scheme
south of
replacement of
buoyage
of deep water lane
will be carried out
from 28 May
to 03 June
according to
German notices
to mariners

rasch zunehmend auf
West Stärke 8
rechtdrehend auf
Nordwest Stärke 5
später

26
Unterwasser-Kabel
Arbeiten
werden fortgeführt von
Schifffahrt wird gebeten
Abstand zu halten von
mehr als 2 sm

27
nautische Warnung
westliche Ostsee
Verkehrstrennungsgebiet
südlich von
Austausch der
Betonnung
des Tiefwasserweges
wird durchgeführt
vom 28. Mai
bis 3. Juni
laut/gemäß
(deutsche) Nachrichten
für Seefahrer

Schritt 9: Übungen zur praktischen Prüfung

UKW-Funkbetriebszeugnis (SRC)

Die praktische Prüfung wird zumeist an zwei Funkgeräten IC-M503 mit DSC-Controllern DS-100 durchgeführt. Für diese Geräte sind die Musterlösungen beschrieben. Die Prüfung be-steht aus vier Pflichtaufgaben und zwei bis drei sonstigen Fertigkeiten. Die Aufgaben werden schriftlich auf Englisch und auf Deutsch gestellt (hier zur Übung nur auf Englisch). Die Meldungen müssen auf Englisch abgegeben werden (Aufgabentext vorlesen). Die praktische Prüfung ist bestanden, wenn alle vier Pflichtaufgaben und zwei sonstige Fertigkeiten – spätestens im zweiten Versuch – mit *ausreichend* bewertet werden.

Pflichtaufgaben sind entweder

- 1a) Controller editieren und Senden eines Notalarms
- 2a) Aussenden der Notmeldung
- 3a) Beenden des Notverkehrs
- 4a) Controller editieren, Senden eines Dringlichkeitsanrufes und Abgabe der Dringlichkeitsmeldung

oder

- 1b) Speicherabfrage und Bestätigung des Empfangs eines DSC-Notalarms
- 2b) Weiterleitung eines Notalarms bzw. einer Notmeldung per Sprechfunk (Distress Relay)
- 3b) Aufheben eines Fehlalarms
- 4b) Controller editieren und Senden eines Sicherheitsanrufes; Abgabe der Sicherheitsmeldung

Die elf **sonstigen Fertigkeiten** sind:

1. DSC-Speicherabfrage und Empfangsbestätigung
2. Abwicklung des Notverkehrs
3. Funkstille gebieten
4. Abwicklung des Funkverkehrs vor Ort
5. Aufheben einer Dringlichkeitsmeldung
6. DSC-Controller editieren und Senden eines Routineanrufes an eine SeeFuSt
7. Kanalwechsel
8. Abwicklung des Routinefunkverkehrs mit einer SeeFuSt
9. DSC-Controller editieren und Senden eines Routineanrufes an eine KüFuSt
10. Abwicklung des Routinefunkverkehrs mit einer KüFuSt
11. Einstellen des Controllers

Die DMYV-Prüfungsausschüsse prüfen die Pflichtaufgaben 1a und 2a zusammen. Eine Notlage wird vorgelegt und der „notwendige Funkverkehr ist einzuleiten". Nun soll zuerst 1a und danach 2a gemacht werden.

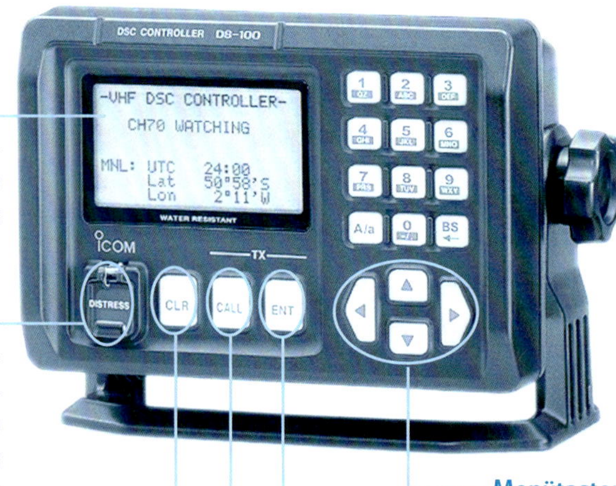

Display
Aus der hier gezeigten Grundeinstellung gelangt man durch Drücken der CALL-Taste in das Hauptmenü.

Distress-Taste
Wird die Distress-Taste 5 Sekunden lang gedrückt gehalten, so wird ein DSC-Notalarm gesendet. In der Prüfung muss jedoch zunächst der Controller editiert – d. h. Notfallart, Position und Zeit eingegeben – werden.

Clear-Taste
Drücken dieser Taste macht die letzte Eingabe rückgängig.

BS-Taste
BS steht für Back Space. Damit kann eine Ziffer gelöscht werden – etwa um einen anderen Kanal zu wählen als vorgeschlagen.

A/a-Taste
Dient u. a. zum Löschen empfangener Rufe.

Ziffern-, Buchstabentastatur
Zum Eingeben von Position, Zeit und Adressbuch.

Menütasten
Mit ▲ und ▼ kann man durch das Menü blättern, mit ▶ und ◀ den Cursor positionieren.

Enter-Taste
Mit ENT wird die Eingabe bestätigt.

Calltaste
Diese Taste öffnet das Menü. Sie muss in der Prüfung immer zuerst gedrückt werden. Zum Senden müssen CALL und ENT gleichzeitig gedrückt werden.

Ein-/Aus-Schalter
Der DSC-Controller wird am Funkgerät ein- und ausgeschaltet (Taste Power).

Icom DSC-Controller Klasse D. Dieses Gerät wird zu Prüfungszwecken verwendet.

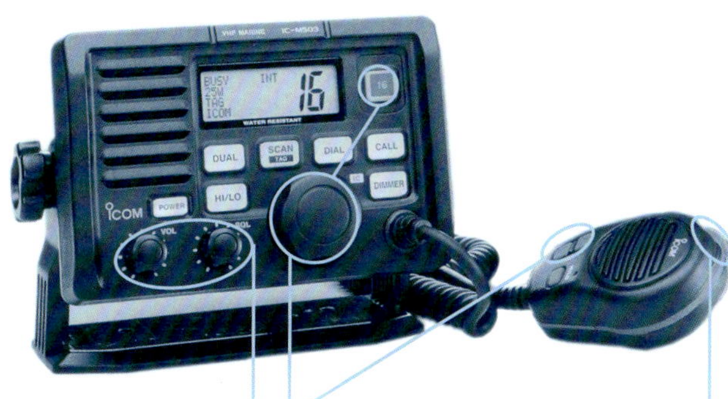

Betriebsart

Die Taste HI/LO gedrückt halten und dabei kurz DIAL drücken – so wird die Betriebsart eingestellt: Seefunk (Anzeige INT/DSC) oder Binnenschifffahrtsfunk (Anzeige ATIS).

DUAL

Zweikanalüberwachung; hört neben dem eingestellten Arbeitskanal auch Kanal 16.

HI/LO

Zum Umschalten der Sendeleistung von 1 W auf 25 W und zurück. Die Sendeleistung wird im Display angezeigt.

SCAN/TAG

Startet und stoppt den Kanalsuchlauf. Um einen TAG-Kanal (Suchlaufkanal) zu programmieren, den Kanal einstellen und die Taste SCAN/TAG eine Sekunde lang gedrückt halten. Um den Kanalsuchlauf auszuschalten, SCAN/TAG drei Sekunden lang drücken. Um alle TAG-Kanäle zu löschen, HI/LO und SCAN/TAG gleichzeitig drei Sekunden lang drücken.

DIAL

DIAL stellt auf den zuletzt gewählten Arbeitskanal zurück.

CALL

CALL stellt im Seefunkbetrieb Kanal 06 und im Binnenschifffahrtsfunk Kanal 10 ein.

Sendetaste

Drücken, um zu senden; Taste zum Empfang loslassen. Mikrofon (kleine Öffnung) 2 bis 5 cm neben den Mund halten. Vor dem Senden prüfen, ob der Kanal belegt ist (Anzeige BUSY).

Kanalwahl

Das Gerät bietet fünf Möglichkeiten, den Kanal einzustellen:

1. *mit dem Drehknopf*
2. *mit den Tasten am Mikro*
3. *mit Taste 16*
4. *mit Taste DIAL (siehe links)*
5. *mit CALL (siehe links)*

Rauschsperre, Lautstärke

Knopf SQL nach ganz links drehen, der Lautsprecher rauscht. Nun mit VOL die gewünschte Lautstärke einstellen. Schließlich SQL so weit nach rechts drehen, bis das Rauschen verstummt.

Das Icom UKW-Sprechfunkgerät ist mit dem DSC-Controller DS-100 verbunden.

Pflichtaufgabe 1a

Send a distress alert!

Your ship and data:
- Techno/DLXC 211222330
- position: 57-35N 007-50E
- position time: 1730 UTC
- flooding

```
-VHF DSC Controller-

   CH 70 WATCHING

MNL:  UTC    08:44[1]
      Lat    59°15'N
      Lon     8°32'E
```

CALL

```
   <Select a subject>

 ▸ Entry position/time
   Individual call
   Group call
   All ships call
   Position request
   Received calls
```

▼ *6x*

```
   <Select a subject>

   Individual call
   Group call
   All ships call
   Position request
   Received calls
 ▸ Distress setting
```

ENT

```
   <Select a nature>

 ▸ Undesignated
   Fire, Explosion
   Flooding
   Collision

   <CLR->Exit / ENT->OK>
```

 *2x*

```
   <Select a nature>

   Undesignated
   Fire, Explosion
 ▸ Flooding
   Collision

   <CLR->Exit / ENT->OK>
```

ENT

```
   <Input a position>

   Latitude
       59°15' N[1]
   Longitude
      008°32' E[1]
   <A/a->Null data>[1]
   <CLR->Exit / ENT->OK>
```

5 7 3 5 ENT

```
   <Input a position>

   Latitude
       57°35' N
   Longitude
      008°32' E[1]
   <A/a->Null data>
   <CLR->Exit / ENT->OK>
```

0 0 7 5 0 ENT

```
   <Input a time>

   UTC   08:44[1]   Null


   <A/a->Null data>
   <CLR->Exit / ENT->OK>
```

1 7 3 0 ENT

```
<Push and hold
[DISTRESS] for 5 sec>

Nature of Distress
        Flooding
MNL:    UTC  17:30
        Lat   57°35'N
        Lon    7°50'E
```

DISTRESS *5 sec*

```
<Distress alert
          Completed>

Now waiting for
      acknowledgement


       <CLR->Exit>
```

[1] Diese Daten stammen aus de vorangegangenen Aufgabe. Sie können einfach überschrieben werden. Die Position soll durch Drücken der Taste A/a gelöscht werden, wenn sie unbekannt is oder nicht in geografischen Koordinaten vorliegt, z. B. „10 sm NW-lich Cap Finisterre". Die Position kann in diesem Fall erst in de Notmeldung angegeben werden.

Fragen zu Aufgabe 1a

1. Wann ist – nach Abgabe eines DSC-Notalarms – die Taste *CLR zu* drücken? Was passiert dann?

Die Taste *CLR* wird gedrückt, wenn keine weitere Hilfe benötigt wird (auch bei einem Fehlalarm). Dann empfängt der andere DSC-Controller eine Notalarm-Bestätigung (Distress Ack). Dass es keine echte Notalarm-Bestätigung (z. B. von Bremen Rescue) ist, erkennt man am Absender (MMSI) und daran, dass dieser DSC-Ruf auf dem anderen Controller nicht unter den *Distress messages,* sondern unter den *Other messages* abgelegt wird.

2. Was bedeuten die Buchstaben *MNL* in der ersten Display-Anzeige?

MNL steht für Manuell. Die angezeigten Daten wurden manuell erfasst und müssen regelmäßig aktualisiert werden – etwa alle 30 Minuten. Andernfalls zeigt sie der Controller weiterhin an, blendet aber jede Sekunde Fragezeichen ein. – Ist ein GPS-Gerät an den DSC-Controller angeschlossen, so erscheint statt *MNL* die Anzeige *GPS.*

3. Was passiert, wenn Sie nach dem Editieren die DISTRESS-Taste nicht fünf Sekunden, sondern z. B. nur drei Sekunden lang gedrückt halten?

Dann wird kein DSC-Notalarm gesendet. Der Controller schaltet in die Grundstellung zurück.

4. Welche Notfallarten bietet der DSC-Controller an?

1. Undesignated (keine Angabe)
2. Fire, Explosion
3. Flooding
4. Collision
5. Grounding
6. Capsizing
7. Sinking
8. Disabled adrift
9. Abandoning ship
10. Piracy attack
11. Man overboard
12. Epirb emission

5. Wie schaltet man bei der Erfassung der Notfallposition von nördlicher Breite auf südliche um?

Indem die Taste *7/PRS* gedrückt wird. Mit der Taste *6/MNO* kann zurück auf N geschaltet werden.

6. Was bedeutet die Anzeige *A/a–>Null data?*

Durch Drücken der Taste A/a wird die manuell erfasste Position (und Uhrzeit) gelöscht, z. B. wenn die Position nicht in geografischen Koordinaten vorliegt.

7. Die Aufgabenstellung enthält auch die MMSI des Havaristen. Wird sie nicht eingegeben?

Nein, die MMSI ist fest einprogrammiert. Sie wird bei jeder Aussendung automatisch übertragen und kann vom Nutzer nicht verändert werden.

Pflichtaufgabe 1b

Your boat

- Hip Hop/DYJU 211666440

You received a distress alert.[1] Recall the complete alert with all data from the memory (log).

Acknowledge the receipt of this distress call.

```
-RCV Distress-

Distress ID:
   211222330
Distress time & pos
   Time: UTC    17:30
   Pos.: Lat    57°35' N
         Lon   007°50' E
```

CLR

1

```
-VHF DSC Controller-

   CH 70 WATCHING

MNL:  UTC    17:30
      Lat    57°39' N
      Lon   007°48' E
```

CALL

```
   <Select a subject>

 ▸ Entry position/time
   Individual call
   Group call
   All ships call
   Position request
   Received calls
```

 *5x*

```
   <Select a subject>

   Entry position/time
   Individual call
   Group call
   All ships call
   Position request
 ▸ Received calls
```

ENT

```
   <Select a message>

 ▸ Distress message
   Other messages



   <CLR->Exit / ENT->OK>
```

ENT

```
   <Select a message>

 ▸ 1: Distress      17:30



   <CLR->Exit / ENT->OK>
```

ENT

```
   <Message contents>

Distress ID:
   211222330
flooding
Distress time & pos

   <A/a->Data clear>
```

[1] Gelegentlich wird diese Aufgabe auch gestellt, wenn der Controller in der Grundeinstellung steht.

 3x

```
<Message contents>

Distress time & pos
Time:  UTC    17:30
  Pos.: Lat    57°35' N
        Lon  007°50' E
  <A/a->Data clear>
```

 3x

```
<Message contents>

Distress ID:
  211222330
flooding
Distress time & pos

  <A/a->Data clear>
```

Auf Kanal 16, volle Leistung:

Mayday
211222330
This is
Hip Hop call sign DYJU
Received Mayday

Mayday
211222330
Hier ist
Hip Hop/DYJU
Erhalten Mayday

Fragen zu Aufgabe 1b

1. Was bedeutet die unterste Zeile in der letzten Display-Anzeige?

Durch Drücken der Taste A/a wird diese Meldung aus dem Speicher gelöscht. Das sollte nicht vor dem Ende des Notverkehrs geschehen (*Silence fini*).

2. Wie schalten Sie das Gerät in die Grundeinstellung zurück?

Ich drücke die Taste CALL.

3. Wann bestätigen Sie den Empfang eines DSC-Notalarms?

Nach dem Empfang eines DSC-Notalarms warte ich die DSC-Notalarm-Bestätigung des MRCC (bzw. der zuständigen KüFuSt) ab. Wenn ich – wie in Aufgabe 1b – nahe beim Havaristen liege und helfen kann, nehme ich unmittelbar nach Eingang des DSC-Notalarms Kurs zum Havaristen auf und bestätige den Empfang des Notalarms während einer Pause im Notverkehr.

4. Was hätten Sie – bei Verständigungsproblemen – anstelle von *Erhalten Mayday* oder *Received Mayday* – auch sagen können?

RRR Mayday, gesprochen: Romeo Romeo Romeo Mayday.

5. Können Sie die Notalarm-Bestätigung auch per DSC senden?

Nein, das ist bei einem Klasse-D-Controller nicht möglich. Eine DSC-Notalarm-Bestätigung sendet – von ganz seltenen Ausnahmen abgesehen – nur die zuständige KüFuSt (MRCC).

Pflichtaufgabe 2a

Your ship and data:

- Techno/DLXC 211222330
- position: 57-35N 007-50E
- at 081730 UTC AUG[1]
- flooding
- 5 persons on board abandon the ship

Send a distress message!

Lösung am Sprechfunkgerät, ohne DSC-Controller: Kanal 16 einstellen; nicht prüfen, ob der Kanal frei ist; Sprechmuschel nehmen; Sendetaste drücken und sprechen:

Mayday Mayday Mayday
This is
Techno Techno Techno
call sign DLXC 211222330
Mayday Techno call sign DLXC 211222330
position 57-35N 007-50E at 1730 UTC
flooding
five persons on board abandon the ship
Over

Mayday Mayday Mayday
Hier ist
Techno Techno Techno/DLXC 211222330
Mayday Techno/DLXC 211222330
Position 57-35N 007-50E um 1730 UTC
Wassereinbruch
Fünf Personen an Bord verlassen das Schiff
Over

[1] Datum-Zeitgruppe aus Navtex-Meldungen, wird auch in Prüfungen verwendet, bedeutet 8. August, 17:30 UTC

Fragen zu Aufgabe 2a

1. In welchen Fällen wird im Seefunk eine Notmeldung (und kein DSC-Notalarm) gesendet?

   Wenn kein DSC-Controller verfügbar ist oder der Notalarm nicht beantwortet wurde oder um FuSt zu alarmieren, die nicht mit einem DSC-Controller ausgerüstet sind.

2. Wie ist der übliche Ablauf, nachdem Sie in einem A1-Gebiet einen Notalarm (wie in Aufgabe 1a) gesendet haben?

   Die zuständige KüFuSt (in Deutschland Bremen Rescue) bestätigt den Empfang des Notalarms per DSC – normalerweise innerhalb von 15 Sekunden. Das schaltet die automatische Wiederholung des DSC-Notalarms ab. Diese DSC-Notalarm-Bestätigung empfangen alle FuSt im Sendebereich der betreffenden KüFuSt, also nicht nur der Havarist, sondern auch die übrigen Schiffe. Sie enthält noch einmal den kompletten DSC-Notalarm. Falls der Havarist dazu noch in der Lage ist, eröffnet er nun den Notverkehr. Erst dann bestätigen Schiffe den Empfang des DSC-Notalarms per Sprechfunk auf Kanal 16 – und auch nur dann, wenn sie in der Nähe des Havaristen liegen und helfen können.

3. Wie würde der Havarist den Notverkehr eröffnen?

   Mayday
   This is
   Techno Techno Techno

call sign DLXC 211222330
position 57-35N 007-50E at 1730 UTC
flooding
five persons on board
abandon the ship
Over

Mayday
Hier ist
Techno Techno Techno/DLXC 211222330
Position 57-35N 007-50E um 1730 UTC
Wassereinbruch
Fünf Personen an Bord
verlassen das Schiff
Over

4. Wann wird *Mayday* ein Mal und wann wird *Mayday* drei Mal gesprochen?

Mayday wird nur im Notanruf drei Mal gesprochen, vor der Notmeldung, also wenn der Havarist ohne DSC um Hilfe ruft. Das kommt lediglich in drei Fällen vor:

1. Wenn kein funktionsfähiger DSC-Controller an Bord ist
2. Wenn der Notalarm unbeantwortet bleibt
3. Wenn Yachten ohne DSC-Controller um Hilfe gebeten werden sollen

Während des Notverkehrs muss vor jedem Anruf ein Mal *Mayday* gesprochen werden. Damit soll klar gemacht werden, dass nur diejenigen FuSt senden dürfen, die am Notverkehr teilnehmen. Zudem erfahren alle FuSt, die sich erst später eingeschaltet haben, dass Notverkehr läuft und auf diesem Kanal Funkstille einzuhalten ist.

5. Beschreiben Sie den Aufbau eines Notanrufes und einer Notmeldung!

Der Notmeldung geht ein Notanruf voran. Er besteht aus dem drei Mal zu sprechenden Notzeichen *Mayday*, den Worten *Hier ist* und den Daten des Havaristen (Namen/Rufzeichen/MMSI). Dann kommt die Notmeldung. Sie ist mitzuschreiben und beginnt immer mit drei Worten: *Mayday*, Name und Rufzeichen des Havaristen. Darauf folgt die Position, die Notfallart, die Anzahl der in Not befindlichen Menschen und alles, was die Suche und Rettung erleichtern könnte. Zuletzt: *Over*.

Pflichtaufgabe 2b

Your yacht
- Ernie/DA1045 211001650

is sailing near Germany in the North Sea at the border of an A1-Area when you receive the following call on channel 16:

Mayday Mayday Mayday
This is
Bert Bert Bert/DA 1046
Mayday Bert/DA1046
position 55-10 N 004-30 E at 10:30 UTC
we are sinking, 4 persons on board
we enter a liferaft now
immediate help requested
Over

Five minutes later you did not receive any acknowledgement of the receipt of the distress message. What will you do now?

Da ich keine Empfangsbestätigung der Notmeldung empfangen habe, leite ich die

Notmeldung per Sprechfunk auf Kanal 16 an Bremen Rescue weiter:

Mayday Relay
Mayday Relay
Mayday Relay
Bremen Rescue
Bremen Rescue
Bremen Rescue
This is
Ernie
Ernie
Ernie/DA1045
I just received following distress message on channel 16:

> *Mayday Bert/DA1046*
> *position 55-10 N 004-30 E at 10:30 UTC*
> *we are sinking, 4 persons on board*
> *we enter a liferaft now*
> *immediate help requested*

Over

Falls Bremen Rescue den Empfang auch nach mehrfachen Versuchen nicht bestätigt:

Mayday Relay
Mayday Relay
Mayday Relay
All Stations
All Stations
All Stations
This is
Ernie
Ernie
Ernie/DA1045
I just received following distress message on channel 16:

> *Mayday Bert/DA1046*
> *Position 55-10 N 004-30 E um 10:30 UTC*
> *Wir sinken, 4 Personen an Bord*
> *Wir gehen jetzt in eine Rettungsinsel*
> *Sofortige Hilfe erbeten*

Over

Sofern die See-FuSt in Not noch empfangsbereit ist, kann sie die Weiterleitung an Bremen Rescue mithören. Wenn ich in der Nähe des Havaristen liege und zur Rettung beitragen kann, dann muss ich dies auch tun. In dem Falle bestätige ich während einer Pause im nachfolgenden Notverkehr den Empfang der Notmeldung wie folgt (Kanal 16, volle Leistung):

Mayday	
Bert/DA1046	
This is	*Hier ist*
Ernie/DA1045	
Received Mayday	*Erhalten Mayday*

Das beruhigt nicht nur den Havaristen. Vielmehr wissen er und alle empfangenden FuSt, dass ich dem Havaristen zu Hilfe eile.

Fragen zu Aufgabe 2b

1. Warum leiten Sie die Notmeldung nicht sofort an alle FuSt weiter?

   Eine Weiterleitung an alle FuSt soll nach den Radio Regulations der ITU nur geschehen, wenn nach mehrfachen erfolglosen Versuchen keine Sprechfunkverbindung zu einem MRCC oder einer KüFuSt hergestellt werden kann.

2. Wie geht es nun weiter?

Ich werde umgehend eine Bestätigung der zuständigen KüFuSt empfangen. Danach eröffne ich den Notverkehr. Eventuell erhalte ich noch per Sprechfunk Bestätigungen umliegender Schiffe.

3. Wie eröffnen Sie den Notverkehr?

Ich sende auf Kanal 16 mit voller Leistung:

Mayday
This is
Ernie Ernie Ernie/DA1045
My position 55-03 N 004-35 E
(my actual GPS-Position)
No further informations about Bert. Please help with search and rescue
Over

Mayday
Hier ist
Ernie Ernie Ernie/DA1045 211 001 650
Meine Position ist 55-03 N 004-35 E
(Die Position entnehme ich dem GPS)
Ich habe keine weiteren Informationen zum Notfall Bert, benötige Unterstützung bei der Suche und Rettung.
Over

4. Warum dürfen Sie in einem solchen Fall nicht einfach die DISTRESS-Taste drücken?

Weil nicht ich in Not bin, sondern eine andere SeeFuSt (siehe Seite 48).

Sonstige Fertigkeit 4 (siehe Seite 157)

Your yacht
- Ernie/DA1045

is coordinating distress traffic for
- Bert/*DA1046*

Impose silence on two unknown stations which interfere with distress traffic.

All stations	*An alle Funkstellen*
Silence Mayday[1]	*Silence Mayday*

Fragen zur Fertigkeit 4

1. Warum sprechen Sie nicht das Notzeichen vor dem Anruf?

Laut Radio Regulations (RR 32.42) soll im Notverkehr das Notzeichen jedem Anruf vorangestellt werden. In der Prüfung wird diese Meldung mal mit, mal ohne Mayday verlangt, derzeit ohne Mayday.

2. Wer darf Störern im Notverkehr Funkstille auferlegen?

Das dürfen nur das MRCC, die Funkstelle, welche die Such- und Rettungsarbeiten koordiniert und am Funkverkehr beteiligte KüFuSt.

3. Dürfen Störer des Notverkehrs ihren Funkverkehr auf einem anderen Kanal, auf

[1] Französisch gesprochen wie ßilaanß mädeh.

dem kein Notverkehr stattfindet, fortsetzen?

Grundsätzlich muss jedes Schiff, das auf See (nicht im Hafen) Kenntnis erhält, das sich Menschen in Seenot befinden, ihnen mit größtmöglicher Geschwindigkeit zu Hilfe eilen. Schiffe, die nicht helfen können, müssen den Notverkehr bis zu seiner Beendigung abhören. Wenn der Notverkehr störungsfrei abläuft, dürfen Schiffe Funkverkehr auf anderen Frequenzen führen, wenn sie dabei den Notverkehr weiterhin verfolgen und sichergestellt ist, dass sie den Notverkehr nicht stören.

Pflichtaufgabe 3a

Your yacht
- Ernie/DA1045

is on scene co-ordinator for the ship in distress
- Bert/*DA1046*

At 1420 UTC distress traffic ends, silence on channel 16 is no longer necessary.

Kanal 16; Sendetaste drücken, sprechen:

Mayday	*Mayday*
All stations (3x)	*An alle FuSt (3 x)*
This is	*Hier ist*
Ernie Ernie Ernie	*Ernie Ernie Ernie*
callsign DA1045	*DA1045*
1420 UTC	*1420 UTC*
Bert callsign DA1046	*Bert/DA1046*
Silence fini	*Silence fini*

Pflichtaufgabe 3b

Your boat

- Jule/DD7535 211935710
- at 1925 UTC

sent a false distress alert.

Cancel the false alert!

Der DSC-Controller liefert nach Abgabe eines DSC-Notalarms folgende Anzeige.

```
<Distress alert
          completed>
Now waiting for
    acknowledgemet

      <CLR->Exit>
```

CLR

```
-VHF DSC Controller-

  CH 70 WATCHING

GPS: UTC  21:25
     Lat  53°46'N
     Lon  007°51'E
```

Durch Drücken der Taste CLR wird der Notalarm nicht mehr automatisch wiederholt. Zudem wird eine Notalarm-Bestätigung (Distress Ack) gesendet, die unter Other Messages gespeichert wird. Deshalb und weil die Bestätigung vom Havaristen stammt, ist klar, dass es ein falscher

Notalarm war. Trotzdem muss ich den falschen Alarm noch per Sprechfunk widerrufen. Ich schalte daher sofort Kanal 16 ein, prüfe, ob der Kanal frei ist (Rauschsperre, keine Anzeige *BUSY*) und sende mit voller Leistung:

All Stations
All Stations
All Stations
This is
Jule Jule Jule call sign DD7535 211935710
Please cancel my distress alert of
1925 UTC

An alle Funkstellen
An alle Funkstellen
An alle Funkstellen
Hier ist
Jule Jule Jule/DD7535 211935710

Ich widerrufe meinen Notalarm von
1925 UTC

Fragen zu Aufgabe 3b

1. Wie verhalten Sie sich, wenn Sie bereits während des Sendens den Fehlalarm bemerken?

Ich schalte sofort den Sender ab. Danach schalte ich den Sender wieder ein und widerrufe den Fehlalarm wie oben beschrieben (s. Seite 50).

2. Warum stellen Sie Ihrem Widerruf nicht das Notzeichen Mayday voran?

Weil es kein Notfall, sondern eine Routinemeldung ist, weil weder Menschenleben noch ein Schiff in Gefahr sind.

3. Mit welchen Konsequenzen müssen Sie in diesem Fall rechnen?

Wenn ich umgehend den falschen Alarm widerrufe, erwarte ich keine weiteren Konsequenzen. Würde ich hingegen den falschen Alarm nicht widerrufen, so müsste ich zumindest die entstehenden Kosten übernehmen. Weitergehende Maßnahmen hängen von den Einzelheiten des Falles ab.

4. Ist der formale Aufbau des Widerrufs international vorgeschrieben – so wie in der nebenstehenden Lösung dargestellt?

Ja, die Radio Regulations verlangen, dass ein Fehlalarm wie folgt widerrufen wird:

1. das Gerät umgehend zurückzusetzen ist (durch Drücken der Taste CLR)
2. Kanal 16 einzustellen
3. eine Meldung an alle FuSt unter Angabe des Schiffsnamens, des Rufzeichens und der MMSI auszusenden und der falsche Alarm zu widerrufen ist.

5. Wie verhalten Sie sich, wenn versehentlich eine Seenotfunkbake ausgelöst hat?

Ich muss eine entsprechende Meldung abgeben, die jedoch nicht an alle FuSt, sondern an die nächstgelegene zuständige KüFuSt (MRCC) zu richten ist. Das darf auch per Handy geschehen.

Pflichtaufgabe 4a

Your yacht
- Suleika/DG 2525 211042760
- in position 54-12 N 012-01 E at 1130 UTC

At 1130 UTC dismasted and engine broken down. Danger of grounding.
Tug assistance urgently required.

-VHF DSC Controller-
CH 70 WATCHING
GPS: UTC 11:30
Lat 54°12' N
Lon 012°01' E

CALL

<Select a subject>
▸ Entry position/time
Individual call
Individual ACK[1]
Group call
All ships call
Position request

 4x

<Select a subject>
Entry position/time
Individual call
Individual ACK[1]
Group call
▸ All ships call
Position request

ENT

<Select a category>
▸ Routine
Safety
Urgency
Distress
<CLR->Exit / ENT->OK>

 2x

<Select a category>
Routine
Safety
▸ Urgency
Distress
<CLR->Exit / ENT->OK>

ENT

<Push [CALL] & [ENT] simultaneously>
To stop the call, push [CLR]

CALL ENT

-VHF DSC Controller-
CH 70 WATCHING
GPS: UTC 11:30
Lat 54°12' N
Lon 012°01' E

[1] Wird angezeigt, solange nicht die received calls gelöscht sind.

Das Sprechfunkgerät ist bereits auf Kanal 16 geschaltet. Falls nötig noch die Sendeleistung (HI/LO) auf 25 W einstellen. Hinweisen, dass kein Seenotverkehr läuft, Sprechmuschel nehmen; Sendetaste drücken und sprechen:

Pan Pan Pan Pan Pan Pan
All stations All stations
All stations
This is
Suleika Suleika Suleika
call sign DG2525 211042760
position 54-12N 012-01E at 1130 UTC
dismasted and engine broken down
tug assistance urgently required
Danger of grounding
Over

Pan Pan Pan Pan Pan Pan
An alle Funkstellen An alle Funkstellen
An alle Funkstellen
Hier ist
Suleika Suleika Suleika/DG2525 211042760
Position 54-12N 012-01E um 1130 UTC
Mastbruch und Maschinenschaden
Dringend Schlepphilfe benötigt
Gefahr von Strandung
Over

Fragen zu Aufgabe 4a

1. Obwohl Sie wie nebenstehend beschrieben den DSC-Controller editiert haben, wird der DSC-Ruf nicht gesendet. Warum?

   Das Funkgerät ist auf Binnenschifffahrtsfunk eingestellt. Dies ist an der Anzeige *ATIS* oben im Display erkennbar. In dieser Einstellung kann das Funkgerät nicht auf Kanal 70 schalten und den DSC-Ruf senden. Das Funkgerät wird auf Seefunkbetrieb umgeschaltet, indem gleichzeitig die Tasten HI/LO und DIAL gedrückt werden.

2. Obwohl Sie wie nebenstehend beschrieben den DSC-Ruf gesendet haben, ertönt beim zweiten Gerät nur ein leises Alarmsignal und der Kanal wird nicht umgeschaltet. Woran liegt das?

   Das andere Funkgerät ist auf Binnenschifffahrtsfunk eingestellt (an der Anzeige *ATIS* oben im Display erkennbar). Zum Umschalten HI/LO und DIAL drücken.

3. Warum haben Sie die Position nicht per DSC übermittelt?

   Das ist nur bei einem DSC-Notalarm möglich. Nur bei einem DSC-Notalarm ist keine Abgabe einer Meldung nötig. In allen anderen Fällen muss nach dem Senden eines DSC-Rufes eine Meldung gesprochen werden. Sie enthält die Position.

4. Muss der Empfang eines Dringlichkeitsanrufes bestätigt werden? Muss diese Dringlichkeitsmeldung widerrufen werden?

   Dringlichkeitsanrufe an alle FuSt werden nicht bestätigt, es sei denn, man kann helfen.

   Nein, diese Dringlichkeitsmeldung wird nicht widerrufen, weil nicht alle (sondern nur eine) FuSt eine Maßnahme ergreifen sollte (s. Seite 51).

Pflichtaufgabe 4b

Your ship
- Dr. Dempe/DE6699 211772770
- at 1111 in position 56-54 N 003-21 E

observed a drifting fishing net about 200 sqm large. Send a navigational warning and announce it by a DSC-Call.

```
-VHF DSC Controller-

   CH 70 WATCHING

GPS:  UTC    13:11
      Lat    56°54' N
      Lon     3°21' E
```

Call

```
   <Select a subject>

   Individual call
   Group call
   All ships call
   Position request
 ▸ Received calls
   Distress setting
```

 *2x*

```
   <Select a subject>

   Individual call
   Group call
 ▸ All ships call
   Position request
   Received calls
   Distress setting
```

ENT

```
   <Select a category>

 ▸ Routine
   Safety
   Urgency
   Distress

   <CLR->Exit / ENT->OK>
```

```
   <Select a category>

   Routine
 ▸ Safety
   Urgency
   Distress

   <CLR->Exit / ENT->OK>
```

ENT

```
   <Push [CALL] & [ENT]
             simultaneously>



   To stop the call,
   push [CLR]
```

CALL *ENT*

```
-VHF DSC Controller-

   CH 70 WATCHING

GPS:  UTC    13:11
      Lat    56°54' N
      Lon     3°21' E
```

Seefunkbetrieb, Kanal 16, Rauschsperre kurz aufdrehen, Kanal nicht *Busy:*

Sécurité Sécurité Sécurité
All stations All stations All stations
This is
Dr. Dempe Dr. Dempe Dr. Dempe
call sign DE6699 211772770
Safety Message on Channel 13

Sécurité Sécurité Sécurité
An alle Funkstellen An alle Funkstellen
An alle Funkstellen
Hier ist
Dr. Dempe Dr. Dempe Dr. Dempe/
DE6699 211772770
Sicherheitsmeldung auf Kanal 13

Umschalten auf Kanal 13, Rauschsperre kurz aufdrehen, Kanal nicht *Busy:*

Sécurité Sécurité Sécurité
All stations All stations All stations
This is
Dr. Dempe Dr. Dempe Dr. Dempe
call sign DE6699 211772770
At 1111 UTC in position 56-54 N 003-21 E.
I observe a drifting fishing net about 200 square metres large. (End of message.)

Sécurité Sécurité Sécurité
An alle Funkstellen An alle Funkstellen
An alle Funkstellen
Hier ist
Dr. Dempe Dr. Dempe Dr. Dempe/
DE6699 211772770
Um 1111 UTC auf Position 56-54 N 003-21 E.
Ich beobachte ein treibendes, etwa 200 m² großes Fischernetz. (Ende der Meldung.)

Sonstige Fertigkeit 2 (siehe Seite 157)

Your yacht
- Bruno Lepa/DH8855 211543210
- at 1745 UTC in position 55-35 N 003-13 E

At 1735 UTC you had received a distress alert from
- Anni Graner/DD3443 211333220

You have already acknowledged the receipt.

Now you have to inform the ship in distress about your position and that you are proceeding with a speed of 8 kn to the distress position that will be reached at 1815 UTC.

Mayday
Anni Graner Anni Graner Anni Graner
This is
Bruno Lepa Bruno Lepa Bruno Lepa
call sign DH8855 211543210
At 1745 in position 55-35 N 003-13 E.
I am proceeding with a speed of 8 knots to the distress position that will be reached at 1815 UTC
Over

Mayday
Anni Graner Anni Graner Anni Graner
Hier ist
Bruno Lepa Bruno Lepa Bruno Lepa/
DH8855 211543210
Meine Position um 1745: 55-35 N 003-13 E
Ich laufe mit 8 kn zur Unfallstelle und werde dort um 1815 UTC eintreffen.
Over.

Sonstige Fertigkeit 1 (siehe Seite 157)

Your boat

- Scheherazade/DE3443 211344430

received Suleika's urgency call (see exercise 4a, page 170).

1. Recall the complete dsc-urgency call from the log.
2. You are half a mile away from Suleika and you can offer tug assistance. Acknowledge the receipt and inform Suleika that you can offer tug assistance!

```
-VHF DSC Controller-

   CH 70 WATCHING

GPS:  UTC    13:30
      Lat    54°12' N
      Lon   012°02' E
```

```
-RCV All ships call-

From:  211042760
Category:  Urgency


   <CLR->Exit / ENT->OK>
```

CLR

```
-VHF DSC Controller-

   CH 70 WATCHING

GPS:  UTC    13:30
      Lat    54°12' N
      Lon   012°02' E
```

CALL

```
   <Select a subject>

 ▸ Entry position/time
   Individual call
   Group call
   All ships call
   Position request
   Received calls
```

 *5x*

```
   <Select a subject>

   Entry position/time
   Individual call
   Group call
   All ships call
   Position request
 ▸ Received calls
```

ENT

```
   <Select a message>

 ▸ Distress message
   Other messages


   <CLR->Exit / ENT->OK>
```

```
   <Select a message>

   Distress message
 ▸ Other messages


   <CLR->Exit / ENT->OK>
```

ENT

<Select a message>

▸ 1: All ships call
2: Individual call
3: All ships call

<CLR->Exit / ENT->OK>

ENT

<Message contents>

Urgency to all ships
From: 211042760
F3E/G3E simplex
CH 16

<A/a->Data clear>

<Message contents>

From: 211042760
F3E/G3E simplex
CH 16
No information

<A/a->Data clear>

CLR

-VHF DSC Controller-

CH 70 WATCHING

GPS: UTC 13:30
Lat 54°12' N
Lon 012°02' E

Zu 2.: Im Notverkehr ist vor jedem Anruf das Notzeichen zu senden. Für den Dringlichkeitsverkehr gibt es keine derartige Vorschrift. Daher steht es im Ermessen der FuSt, ob sie es für erforderlich hält, auch nachfolgenden Anrufen das Dringlichkeitszeichen Pan Pan (drei Mal gesprochen) voranzusetzen. Bei einer Routineangelegenheit wird der weitere Funkverkehr als Routine abgewickelt. In diesem Beispiel droht aber Strandung. Wenn auf Kanal 16 kein Notverkehr herrscht, ruft Scheherazade daher:

Pan Pan Pan Pan Pan Pan
Suleika Suleika Suleika call sign DG2526
This is
Scheherazade Scheherazade Scheherazade
call sign DE3443 211344430
I can offer tug assistance
Over

Pan Pan Pan Pan Pan Pan
Suleika Suleika Suleika/DG2526
Hier ist
Scheherazade Scheherazade Scheherazade/
DE3443 211344430
Ich kann Schlepphilfe anbieten.
Over

Wäre Kanal 16 mit Notverkehr belegt, müsste Scheherazade den Kanal wechseln (s. Seite 52), bevor obige Meldung gesendet wird. Zunächst für Suleika per DSC (s. Folgeseite) und danach für alle FuSt während einer Pause im Notverkehr auf Kanal 16 ankündigen:

Pan Pan
This is DE3443
Transmitting on channel 06

Fragen 86, 100 – 102, 139, 156 (SRC)

Weil die Meldung nur Suleika betrifft und der Notverkehr nicht weiter gestört werden soll:

```
-VHF DSC Controller-

   CH 70 WATCHING

GPS:  UTC    13:30
      Lat    54°12' N
      Lon   012°02' E
```

Call

```
   <Select a subject>

   Individual call
   Group call
   All ships call
   Position request
 ▸ Received calls
   Distress setting
```

 *4x*

```
   <Select a subject>

 ▸ Individual call
   Group call
   All ships call
   Position request
   Received calls
   Distress setting
```

ENT

```
   <Select address ID>

 ▸ Manual Entry
   Bremen Rescue
   Bert


   <CLR->Exit / ENT->OK>
```

ENT

```
   <Input address ID>

   ID:     (9digit)
           _________



   <CLR->Exit / ENT->OK>
```

2 1 1 0 4 2 7 6 0

```
   <Input address ID>

   ID:     (9digit)
           211042760



   <CLR->Exit / ENT->OK>
```

ENT

```
   <Select a category>

 ▸ Routine
   Safety
   Urgency
   Distress

   <CLR->Exit / ENT->OK>
```

 *2x*

```
   <Select a category>

   Routine
   Safety
 ▸ Urgency
   Distress

   <CLR->Exit / ENT->OK>
```

ENT

<Input a traffic CH>
CH: 16
<CLR->Exit / ENT->OK>

BS 2x

<Input a traffic CH>
CH: _
<CLR->Exit / ENT->OK>

0 6

<Input a traffic CH>
CH: 06
<CLR->Exit / ENT->OK>

ENT

<Push [CALL] & [ENT] simultaneously>
To stop the call, push [CLR]

CALL ENT

-VHF DSC Controller-
CH 70 WATCHING
GPS: UTC 13:30
Lat 54°12' N
Lon 012°02' E

Sonstige Fertigkeit 1 (siehe Seite 157)

Your boat
- Suleika/DG2525 211042760

received this dsc-call (see left).

1. Recall message contents from the memory.
2. Acknowledge the call. You are able to comply.

Lösung von 1:.

-RCV Individual call-
From: 211344430
<CLR->Exit / ENT->OK>

ENT

<Select an address ID>
▸ 211344430
Other
<CLR->Exit / ENT->OK>

ENT

<Select a comply>

▸ Able to comply
Unable to comply

<CLR->Exit / ENT->OK>

ENT

<Input a traffic CH>

CH: 06

<CLR->Exit / ENT->OK>

ENT

<Push [CALL] & [ENT] simultaneously>

To stop the call,
push [CLR]

CALL *ENT*

-VHF DSC Controller-

CH 70 WATCHING

GPS: UTC 13:32
Lat 54°12' N
Lon 012°01' E

Nun sind beide Funkgeräte auf Kanal 06 geschaltet. *Scheherazade* empfängt die Anruf-Bestätigung (Individual Ack) von 211042760 mit *Able to comply* und eröffnet:

Pan Pan Pan Pan Pan Pan
Suleika Suleika Suleika call sign DG2526
This is
Scheherazade Scheherazade Scheherazade
call sign DC3443 211344430
I am only half a mile away
I can offer tug assistance
Over

Pan Pan Pan Pan Pan Pan
Suleika Suleika Suleika/DG2526
Hier ist
Scheherazade Scheherazade Scheherazade/
DC3443 211344430
Ich bin nur etwa eine halbe Meile entfernt
und kann Schlepphilfe leisten.
Over

Suleika antwortet ohne Dringlichkeitszeichen:

Scheherazade
This is
Suleika/GD 2525 211042760
Thanks for your offer. You are welcome

Scheherazade
Hier ist
Suleika/GD 2525 211042760
Danke für Ihr Angebot. Ich erwarte Sie.

Hinweis zur Prüfung:
Zwei Bewerber können gleichzeitig geprüft werden. Sie bearbeiten dann abwechselnd die Pflichtaufgaben 1a bis 4a und 1b bis 4b.

Fragen zu diesen Aufgaben

1. Das ist aber verdammt kompliziert. Kommt so etwas überhaupt in der Praxis vor?

Nein, das ist graue Theorie und kommt wohl kaum in der Praxis der Sportschifffahrt vor. Wie viel Zeit wird vertan, die besser genutzt würde, um Suleika zu helfen! Weil dies aber eine SRC-Prüfungsfrage ist, sollte sie ausführlich vorgeführt werden.

2. Hätte Suleika in ihrem DSC-Dringlichkeitsanruf aus Pflichtaufgabe 4a nicht gleich Kanal 06 als Arbeitskanal angeben sollen?

Ja, das ist sogar vorgeschrieben, wenn auf Kanal 16 Notverkehr herrscht. Aber davon war in Aufgabe 4a noch keine Rede.

3. Wie können Sie eine Anruf-Bestätigung senden, wenn Sie den Controller zwischendurch in die Grundeinstellung zurückgeschaltet haben?

Solange Anrufe noch nicht bestätigt wurden, zeigt das Hauptmenü die Option *Individual Ack* an. Damit kann die Anrufbestätigung gesendet werden.

4. Wie erhält *Suleika* Kenntnis von dem Arbeitskanal, wenn sie den Anruf nicht per DSC, sondern als offenen Sprachanruf bestätigen möchte?

Im Anrufspeicher *Other* (*Received calls*) ist der DSC-Anruf mit Arbeitskanal 06 gespeichert. DSC-Selektivanrufe an eine FuSt müssen jedoch per DSC bestätigt werden.

Sonstige Fertigkeit 5 (siehe Seite 157)

Your yacht
- Suleika/DG 2525 211042760
- in position 54-12 N 012-01 E at 1130 UTC

At 1130 UTC you have sent an urgency message after having lost your mast. Danger of grounding because your engine was broken down. Now you got tug assistance.

Cancel the urgency message.

Seefunkbetrieb, Kanal 16, Rauschsperre kurz aufdrehen, Kanal nicht *Busy:*

Pan Pan Pan Pan Pan Pan
All stations All stations All stations
This is
Suleika Suleika Suleika
call sign DG2525 211042760
Please cancel the urgency message of 1130 UTC.
Now I got tug assistance.
End of message.

Pan Pan Pan Pan Pan Pan
An alle Funkstellen An alle Funkstellen
An alle Funkstellen
Hier ist
Suleika Suleika Suleika/DG2525 211042760
Ich hebe meine Dringlichkeitsmeldung von 1130 UTC auf.
Ich habe jetzt Schlepphilfe erhalten.
Ende der Meldung.

Sonstige Fertigkeit 6 (siehe Seite 157)

Your boat

- Ernie/DA1045 211001650

You want a small talk with your friend

- Bert / DA1046 211001660

on channel 69.

```
-VHF DSC Controller-

   CH 70 WATCHING

GPS:  UTC    13:11
      Lat    56°54' N
      Lon     3°21' E
```

Call

```
   <Select a subject>

   Individual call
   Group call
   All ships call
   Position request
 ▸ Received calls
   Distress setting
```

 *4x*

```
   <Select a subject>

 ▸ Individual call
   Group call
   All ships call
   Position request
   Received calls
   Distress setting
```

ENT

```
   <Select address ID>

 ▸ Manual Entry
   Bert


   <CLR->Exit / ENT->OK>
```

```
   <Select address ID>

   Manual Entry
 ▸ Bert


   <CLR->Exit / ENT->OK>
```

ENT

```
   <Select a category>

 ▸ Routine
   Safety
   Urgency
   Distress

   <CLR->Exit / ENT->OK>
```

ENT

```
   <Input a traffic CH>

   CH:   16


   <CLR->Exit / ENT->OK>
```

BS ← *2x*

<Input a traffic CH>

CH: ▮_

<CLR->Exit / ENT->OK>

6 9

<Input a traffic CH>

CH: 69

<CLR->Exit / ENT->OK>

ENT

<Push [CALL] & [ENT] simultaneously>

To stop the call, push [CLR]

CALL *ENT*

Nach Empfang der Anrufbestätigung (siehe nächste Fertigkeit) kann das Gespräch begonnen werden, sobald Kanal 69 frei ist (Rauschsperre, keine Anzeige *BUSY*):

Ernie	*Ernie*
This is	*Hier ist*
Bert	*Bert*
How are you ...	*Moin Moin ...*

Sonstige Fertigkeit 1 (siehe Seite 157)

Your boat

- Bert/DA1046 211001660

received a dsc-call.

1. Recall message contents from the memory.
2. Acknowledge the call. You are able to comply.

-RCV Individual call-

From: 211001650

<CLR->Exit / ENT->OK>

CLR

-VHF DSC Controller-

CH 70 WATCHING

GPS: UTC 13:12
Lat 56°56' N
Lon 3°21' E

CALL

<Select a subject>

▸ Entry position/time
Individual call
Individual ACK
Group call
All ships call
Position request

 *6x*

```
<Select a subject>

 Individual call
 Individual ACK
 Group call
 All ships call
 Position request
▸Received calls
```

ENT

```
<Select a message>

▸Distress message
 Other messages


<CLR->Exit / ENT->OK>
```

 *1x*

```
<Select a message>

 Distress message
▸Other message


<CLR->Exit / ENT->OK>
```

ENT

```
<Select a message>

▸1: Individual call
 2: All ships call
 3: Individual call


<CLR->Exit / ENT->OK>
```

ENT

```
<Message contents>

Routine to Individual
From:  211001650
F3E/G3E simplex
CH 69

<A/a->Data clear>
```

```
<Message contents>

From:  211001650
F3E/G3E simplex
CH 69
No information

<A/a->Data clear>
```

CLR

```
-VHF DSC Controller-

   CH 70 WATCHING

GPS:  UTC    13:12
      Lat    56°56' N
      Lon     3°21' E
```

Der Ruf ist ein Routine-Selektivruf (nur an Bert gerichtet). Er stammt von 211001650. Die Sendeart *F3E/G3E* ist Sprechfunk auf UKW (Phasenmodulation) auf Kanal 69. Keine weitere Information. Damit ist erst Teil 1 gelöst. Teil 2 folgt auf der nächsten Seite. Weil der digitale Selektivruf derart kompliziert ist, wendet ihn außerhalb der Prüfung niemand an. In der Praxis ruft man sich gleich im offenen Sprachanruf an (s. Seite 15).

```
-VHF DSC Controller-

  CH 70 WATCHING

GPS:  UTC    13:12
      Lat    56°56' N
      Lon     3°21' E
```

CALL

```
  <Select a subject>

  Individual call
  Individual ACK
  Group call
  All ships call
  Position request
▸ Received calls
```

▲ *4x*

```
  <Select a subject>

  Individual call
▸ Individual ACK
  Group call
  All ships call
  Position request
  Received calls
```

ENT

```
  <Select address ID>

▸ 211001650
  Other


  <CLR->Exit / ENT->OK>
```

ENT

```
  <Select a comply>

▸ Able to comply [1]
  Unable to comply


  <CLR->Exit / ENT->OK>
```

ENT

```
  <Input a traffic CH>

  CH:   69


  <CLR->Exit / ENT->OK>
```

ENT

```
  <Push [CALL] & [ENT]
           simultaneously>


  To stop the call,
  push [CLR]
```

CALL *ENT*

```
-VHF DSC Controller-

  CH 70 WATCHING

GPS:  UTC    13:12
      Lat    56°56' N
      Lon     3°21' E
```

[1] Bereit, den Wunsch zu erfüllen

Sonstige Fertigkeit 2 (siehe Seite 157)

Your yacht
- Adlerauge/DJ7227 211015380

was observing distress traffic being carried out for
- Walking Disaster/DB6205 211163830

having lost a person over board.

In position 39-41.8N 000-27.5E you have found and rescued the lost person.
The person seems to be in good health.
Nevertheless you need a helicopter transport.

Mayday
All Stations All Stations All Stations
This is
Adlerauge Adlerauge Adlerauge
call sign DJ7227 211015380
In position 39°41.8'N 000°27.5'E.
I have found and rescued the lost person.
The person seems to be in good health.
Nevertheless I need a helicopter transport.
Over

Mayday
An alle Funkstellen An alle Funkstellen
An alle Funkstellen
Hier ist
Adlerauge Adlerauge Adlerauge/
DJ7227 211015380
Auf Position 39°41.8'N 000°27.5'E.
habe ich die über Bord gegangene Person gefunden und gerettet.
Die Person scheint wohlauf zu sein.
Dennoch brauche ich jetzt einen Helikopter-Transport.
Over.

Sonstige Fertigkeit 3 (siehe Seite 157)

Your yacht
- Bruno Lepa/DH8855 211543210

is coordinating distress traffic for
- Anni Graner/DD3443 211333220

Impose silence for a station called Labermax which interferes with distress traffic.

Labermax
Silence Mayday[1]

Labermax
Silence Mayday

Sonstige Fertigkeit 4 (siehe Seite 157)

Your yacht
- Bruno Lepa/DH8855 211543210

is on scene co-ordinator for
- Anni Graner/DD3443 211333220

At 1825 UTC you have rescued all persons being on board of the ship in distress.
Inform all stations.

Mayday
All stations All stations All stations
This is
Bruno Lepa Bruno Lepa Bruno Lepa
call sign DH8855 211543210
At 1825 UTC I rescued all persons being on board of the ship in distress.
Over

[1] Französisch gesprochen wie ßilaanß mädeh.

Mayday
An alle Funkstellen An alle Funkstellen
An alle Funkstellen
Hier ist
Bruno Lepa Bruno Lepa Bruno Lepa/
DH8855 211543210
Ich habe um 1825 UTC alle Personen von Bord des Havaristen geborgen.
Over

Sonstige Fertigkeit 5 (siehe Seite 157)

Your boat
- Kollege Kühnert/DA6622 211484840

At 1220 UTC you had requested all ships in vicinity to keep a sharp lookout for a person missing and to report any sighting to you. At 1430 UTC the person was rescued. Cancel the urgency message.

Seefunkbetrieb, Kanal 16, Rauschsperre kurz aufdrehen, Kanal nicht *Busy*:

Pan Pan Pan Pan Pan Pan
All stations All stations All stations
This is
Kollege Kühnert Kollege Kühnert
Kollege Kühnert call sign DA6622 211484840
Please cancel the urgency message of 1220 UTC. The lost person was rescued.

Pan Pan Pan Pan Pan Pan
An alle Funkstellen An alle Funkstellen
An alle Funkstellen
Hier ist
Kollege Kühnert Kollege Kühnert
Kollege Kühnert/DA6622 211484840
Dringlichkeitsmeldung von 1220 UTC aufgehoben. Die vermisste Person wurde gerettet.

Sonstige Fertigkeit 6 (siehe Seite 157)

Your boat
- Spray/DF7802 211920250

You want a small talk with your friend
- Kathena / DC1526 211050200

on channel 72.

```
-VHF DSC Controller-

   CH 70 WATCHING

GPS:  UTC    13:11
      Lat    56°54' N
      Lon     3°21' E
```

Call

```
  <Select a subject>

  Individual call
  Group call
  All ships call
  Position request
▸ Received calls
  Distress setting
```

▲ *4x*

```
  <Select a subject>

▸ Individual call
  Group call
  All ships call
  Position request
  Received calls
  Distress setting
```

ENT

```
<Select address ID>

▸ Manual Entry
  Kathena
  Bert

<CLR->Exit / ENT->OK>
```

[▼]

```
<Select address ID>

  Manual Entry
▸ Kathena
  Bert

<CLR->Exit / ENT->OK>
```

[ENT]

```
<Select a category>

▸ Routine
  Safety
  Urgency
  Distress

<CLR->Exit / ENT->OK>
```

[ENT]

```
<Input a traffic CH>

CH:   16

<CLR->Exit / ENT->OK>
```

[BS ←] *2x*

```
<Input a traffic CH>

CH:   _

<CLR->Exit / ENT->OK>
```

[7] [2]

```
<Input a traffic CH>

CH:   72

<CLR->Exit / ENT->OK>
```

[ENT]

```
<Push [CALL] & [ENT]
        simultaneously>

To stop the call,
push [CLR]
```

[CALL] [ENT]

Nach Empfang der Anrufbestätigung kann das Gespräch begonnen werden, sobald Kanal 72 frei ist (Rauschsperre, keine Anzeige *BUSY*):

Kathena	*Kathena*
This is	*Hier ist*
Spray	*Spray*
How are you ...	*Moin Moin ...*

Fragen 108, 139 (SRC)

Sonstige Fertigkeit 7 (siehe Seite 157[1])

Your boat

- Ernie/DA1045 211001650

received from your friend

- Bert/DA1046 211001660

a dsc-routine call. Bert made a mistake by entering channel 79 instead of channel 69. You are unable to comply – channel unable.

-RCV Individual call-
From: 211001660
<CLR->Exit / ENT->OK>

ENT

<Select address ID>
▸ 211001660
Other
<CLR->Exit / ENT->OK>

ENT

<Select a comply>
▸ Able to comply
Unable to comply
<CLR->Exit / ENT->OK>

ENT

<Input a traffic CH>
CH: 79
<CLR->Exit / ENT->OK>

CLR

Ernie erkennt den falschen Kanal und geht einen Schritt zurück.

<Select a comply>
▸ Able to comply
Unable to comply
<CLR->Exit / ENT->OK>

▼

<Select a comply>
Able to comply
▸ Unable to comply
<CLR->Exit / ENT->OK>

ENT

<Select a reason>
▸ Busy
Queue indication
Station barred
No operator
<CLR->Exit / ENT->OK>

 6 x

[1] Zum Kanalwechsel siehe auch Seite 193.

```
<Select a reason>

No operator
operator unavailable
Equipment disable
▸ Channel unable

<CLR->Exit / ENT->OK>
```

ENT

```
<Push [CALL] & [ENT]
          simultaneously>



To stop the call,
push [CLR]
```

CALL *ENT*

Bert empfängt daraufhin die Mitteilung, dass *Ernie* nicht bereit ist, das Gespräch zu führen, weil der Kanal ungeeignet ist:

```
-RCV Individual call-

From: 211001650
Unable to comply
Channel unable


<CLR->Exit / ENT->OK>
```

Hinweis: Anstatt zurückzugehen (oben blaue Schrift) und „Unable to comply" zu senden, hätte *Ernie* auch mit der Taste BS – Backspace – Kanal 79 löschen und stattdessen Kanal 69 eingeben können.

Doch dann wird nur auf der Yacht *Ernie* das Funkgerät auf Kanal 69 eingestellt. Auf der Yacht *Bert* bleibt das Funkgerät weiter auf dem falschen Kanal 79; das Gespräch wird daher nicht zustande kommen. *Bert* kann das an seinem DSC-Controller erkennen, er hat nämlich keine Anrufbestätigung empfangen, sondern einen normalen Selektivruf. Bei Anrufbestätigungen wird immer der Zusatz „Able to comply" oder „Not able to comply" angezeigt und der fehlt dann.

Berts DSC-Controller zeigt also den Empfang eines ganz normalen Selektivrufs an. Erst wenn *Bert* diesen Ruf erneut bestätigt, werden beide Funkgeräte auf Kanal 69 gestellt und das Gespräch kann geführt werden. – Sorry, so hat der Hersteller die Geräte eben programmiert.

Sonstige Fertigkeit 8 (siehe Seite 157)

Your sailing boat
- Lina Unverzagt/DF1122 211445440
- in position 54-03N 011-17E

calls a white motor yacht shipping half a mile north. You kindly ask the motor yacht to tow you through Offentief to Wismar.

Seefunkbetrieb, Kanal 72, Rauschsperre kurz aufdrehen, Kanal nicht *Busy*:

White Motoryacht White Motoryacht
White Motoryacht
This is
Lina Unverzagt Lina Unverzagt Lina Unverzagt/DF1122 211445440

the sailing boat half a mile south of you
I kindly ask you to tow me through Offentief
to Wismar
Over

Weiße Motoryacht Weiße Motoryacht
Weiße Motoryacht
Hier ist
Lina Unverzagt Lina Unverzagt Lina Unverzagt/DF1122 211445440
das Segelboot eine halbe Seemeile südlich von Ihnen.
Ich möchte höflich fragen, ob Sie mich durch das Offentief nach Wismar schleppen können
Over

Sonstige Fertigkeit 9 (siehe Seite 157)

Your boat
- Lord Kenterbury/DF3311 211887880

You want to make a phone call to Munich, 089/12345678, your AAIC is DP07.
Next coast station for public calling is Lübeck Radio, MMSI 002113200

-VHF DSC Controller-

CH 70 WATCHING

GPS: UTC 17:50
Lat 54°20' N
Lon 11°45' E

Call

<Select a subject>

Entry position/time
Individual call
Individual ACK
Group call
All ships call
▸ Position request

▲ *4x*

<Select a subject>

▸ Individual call
Group call
All ships call
Position request
Received calls
Distress setting

ENT

<Select address ID>

▸ Manual Entry
Bert
Bremen Rescue

<CLR->Exit / ENT->OK>

ENT

<Input address ID>

ID: ▯______

<CLR->Exit / ENT->OK>

0	0	2	1	1	3	2	0	0

```
<Input address ID>

ID:     002113200

<CLR->Exit / ENT->OK>
```

ENT

```
<Select a category>

▸ Routine
  Safety
  Urgency
  Distress

<CLR->Exit / ENT->OK>
```

ENT

```
<Push [CALL] & [ENT]
        simultaneously>

To stop the call,
push [CLR]
```

CALL ENT

```
-VHF DSC Controller-

   CH 70 WATCHING

GPS:  UTC    17:50
      Lat    54°20' N
      Lon    11°45' E
```

Nach Empfang der Anrufbestätigung kann das Telefongespräch angemeldet werden:

Lübeck Radio
This is
Lord Kenterbury Lord Kenterbury
call sign DF3311
My AAIC ist DP07.
I need a phone call to 089/12345678.
Over

Fragen dazu

1. Warum geben Sie keinen Arbeitskanal ein?
   Das ist nicht vorgesehen, weil beim Anruf an eine KüFuSt der Arbeitskanal von der KüFuSt vorgegeben wird; dieser Kanal wird automatisch eingestellt.

2. Woher „weiß" das Gerät, dass Sie eine KüFuSt anrufen?
   Das ist an der MMSI erkennbar, die mit zwei Nullen beginnt.

3. Warum soll hier entgegen Seite 16 per DSC angerufen werden?
   Lübeck Radio (KüFuSt DP07) erbittet ausdrücklich offene Sprachanrufe. Dennoch wird ein DSC-Anruf verlangt.

Sonstige Fertigkeit 10 (siehe Seite 157)

Your ship
- Gelber Sack/DA3274 211569420

is nearby Kiel Lighthouse.
You observe a vessel with a long and wide oil slick behind it. Report to Kiel traffic radio (channel 67, cf. page 204)!

Seefunkbetrieb, Kanal 67, Rauschsperre kurz aufdrehen, Kanal nicht *Busy:*

Kiel Traffic
This is
Gelber Sack Gelber Sack
call sign DA3274 211569420
Nearby Kiel Lighthouse I observe a vessel with a long and wide oil slick behind it
Over

Kiel Traffic
Hier ist
Gelber Sack Gelber Sack/ DA3274 211569420
Ich beobachte in der Nähe des Leuchtturms Kiel ein Frachtschiff, das eine lange, breite Ölspur hinter sich herzieht.
Over

Die KüFuSt antwortet (macht der Prüfer nicht):

Gelber Sack
This is
Kiel Traffic
Could you please tell me the ship's name and port of registry, Sir?
Over

Gelber Sack
Hier ist
Kiel Traffic
Können Sie mir den Namen und den Heimathafen des Schiffs nennen?
Over

Sorry Sir, I couldn't see it.

Das konnte ich leider nicht erkennen.

Sonstige Fertigkeit 10 (siehe Seite 157)

Your sailing yacht
- Stangenspargel/DB2255 211112210

is sailing inward and waiting in front of Oldenburg bridge. You want to know, when the bridge will open (channel 73).

Seefunkbetrieb, Kanal 73, 1 W, Rauschsperre kurz aufdrehen, Kanal nicht *Busy:*

Oldenburg Bridge[1]
This is
Stangenspargel Stangenspargel
call sign DB2255 211112210
Inward
Waiting in front of the bridge.
When will you open the bridge?
Over

Oldenburg Bridge[1]
Hier ist
Stangenspargel Stangenspargel/DB2255 211112210
Von See kommend vor der Brücke.
Wann wird die Brücke geöffnet?
Over

Frage dazu

1. Wann wird eine Brücke mit *Ortsname Bridge* und wann mit ... *Brücke gerufen?*
   Im Seefunk werden Brücken mit *Ortsname Bridge* gerufen, im Binnenschifffahrtsfunk mit *Ortsname Brücke.*

[1] Mancher Prüfer will zuerst den DSC-Anruf von Seite 189

Sonstige Fertigkeit 10 (siehe Seite 157)

Your boat
- Wirtschaftskrise/DD7887 211661660

is calling Norderney Port (Channel 17).
Is there a crane for an 8-tons-yacht?

Seefunkbetrieb, Kanal 17, Rauschsperre kurz aufdrehen, Kanal nicht *Busy:*

Norderney Port[1]
This is
Wirtschaftskrise Wirtschaftskrise/ (3x)
call sign DD7887 211661660
Question: Is there a crane for an 8-tons-yacht
Over

Norderney Port[1]
Hier ist
Wirtschaftskrise Wirtschaftskrise/ (3x)
DD7887 211661660
Eine Frage: Gibt es im Hafen Norderney einen Kran für eine 8-Tonnen-Yacht
Over

Fragen dazu

1. Warum nennen Sie Ihr Rufzeichen und Ihre MMSI im Anruf?
   Das ist in der Tat überflüssig.

2. Warum nennen Sie die gerufene FuSt nur ein Mal?
   Weil auf dem Arbeitskanal nur die KüFuSt betreffende Anrufe ankommen.

[1] Mancher Prüfer will zuerst den DSC-Anruf von Seite 189

Sonstige Fertigkeit 10 (siehe Seite 157)

Your boat
- Außendienst/DB4951 211495110

going outward and wants to pass Eider lock.
When is locking possible? (channel 14)

Seefunkbetrieb, Kanal 14, Rauschsperre kurz aufdrehen, Kanal nicht *Busy:*

Eider Lock[1] (3x)
This is
Außendienst Außendienst
call sign DB4951 211495110
Outward. When is locking possible?
Over

Eider Lock[1] (3x)
Hier ist
Außendienst Außendienst/
DB4951 211495110
Von Land kommend.
Wann kann ich geschleust werden.
Over

Sonstige Fertigkeit 10 (siehe Seite 157)

Your yacht
- Baltica/DB1111 211999990

needs a berth in Amrum port.
(channel 67)

Seefunkbetrieb, Kanal 67, Rauschsperre kurz aufdrehen, Kanal nicht *Busy:*

Amrum Port[1]
This is
Baltica Baltica
callsign DB1111 211999990

I need a berth
Over

Amrum Port
Hier ist
Baltica Baltica/DB1111 211999990
Ich möchte einen Liegeplatz anmelden.
Over

Sonstige Fertigkeit 7 (siehe Seite 157)

Your vessel
• Off Course/DGFA 211458210

You need a pilot for Kiel channel.
A working channel is not available.

Seefunkbetrieb, Kanal 16, Rauschsperre kurz aufdrehen, Kanal nicht *Busy*

Kiel Pilot Kiel Pilot Kiel Pilot
This is
Off Course Off Course Off Course
call sign DGFA 211458210
Your working channel please
Over

Kiel Pilot Kiel Pilot Kiel Pilot
Hier ist
Off Course (3x) /DGFA 211458210
Was ist Ihr Arbeitskanal?
Over

Kiel Pilot antwortet:

Off Course
This is
Kiel Pilot
working channel thirteen, one-three

Off Course
Hier ist
Kiel Pilot
Arbeitskanal 13, eins-drei

Off Course ruft nun auf Kanal 13:

Kiel Pilot
This is
Off Course/DGFA
I need a pilot for Kiel channel
Over

Kiel Pilot
Hier ist
Off Course/DGFA
Ich benötige einen Lotsen für den NOK.

Fragen dazu

1. Hätten Sie im letzten Anruf *Kiel Pilot* nicht weglassen können?
   Das ist eine Auslegungssache. Da Kanal 13 der Arbeitskanal von Kiel Pilot ist, kann ich dort auf Kanal 13 keine andere FuSt erreichen. Insofern ist das richtig. Ein korrekter Anruf jedoch beginnt stets mit dem Namen der gerufenen FuSt.

2. Benötigen Sie auf einem Sportboot einen Lotsen?
   Bei der üblichen Größe eines Sportbootes nicht. Eine große Yacht mit zugelassenem Radar dürfte mit Lotsen auch nachts durch den Nord-Ostsee-Kanal fahren. Ein Lotse muss allerdings frühzeitig bestellt werden.

Sonstige Fertigkeit 11 (siehe Seite 157)

1. Stellen Sie im DSC-Controller die „local time" auf MESZ ein (UTC+2 h).
2. Fügen Sie dem Adressbuch einen neuen Eintrag hinzu: Secret Love, 211212120.
3. Rufen Sie die MMSI Ihres Controllers auf.
4. Fragen Sie die Position von Secret Love ab.

```
-VHF DSC Controller-

   CH 70 WATCHING

MNL:  UTC    14:10
      Lat    54°45' N
      Lon    11°58' E
```

CALL

```
   <Select a subject>

 ▸ Entry position/time
   Individual call
   Group call
   All ships call
   Position request
   Received calls
```

 *7x*

```
   <Select a subject>

   Group call
   All ships call
   Position request
   Received calls
   Distress setting
 ▸ Set-up
```

ENT

```
   <Select a subject>

 ▸ Address ID
   Offset time
   Brightness
   Contrast

   <CLR->Exit / ENT->OK>
```

Diese ersten Schritte sind für alle drei Aufgaben gleich. Die erste Aufgabe wird so fortgesetzt:

```
   <Select a subject>

   Address ID
 ▸ Offset time
   Brightness
   Contrast

   <CLR->Exit / ENT->OK>
```

ENT

```
   <Offset time>

   01:00



   <CLR->Exit / ENT->OK>
```

    *0*

```
<Offset time>

 02:00



<CLR->Exit / ENT->OK>
```

ENT danach CLR

```
-VHF DSC Controller-

  CH 70 WATCHING

MNL:  UTC   15:10
      Lat   54°45' N
      Lon   11°58' E
```

Zur zweiten Aufgabe:

ENT

```
<Select a subject>

▸ Add an address ID
  Delete address ID
  Add a group ID
  Delete a group ID

<CLR->Exit / ENT->OK>
```

ENT

```
<Add an address ID>

▸ ID: (9digit)
  __________
  Name: (15characters)
  ________________

<CLR->Exit / ENT->OK>
```

Nun werden MMSI und Name eingegeben und die Eingabe wird jeweils mit ENT bestätigt.

Zur dritten Aufgabe:

 *4x*

```
<Select a subject>

  Offset time
  Brightness
  Contrast
▸ MMSI check

<CLR->Exit / ENT->OK>
```

ENT

```
<MMSI check>

211001650



      <CLR->Exit>
```

Zur Lösung der vierten Aufgabe wählt man im Menü <Select a subject> Position request und im Untermenü <Select address ID> *Secret Love* aus. Die Positionsanfrage muss dann wie ein Selektivruf (vergleiche sonstige Fertigkeit 7, Seite 185) abgeschickt werden. Erst wenn *Secret Love* die Positionsanfrage bestätigt, wird sie beantwortet. Die notwendigen Menüschritte werden stets im Display angezeigt.

UKW-Sprechfunkzeugnis (UBI)

Die **praktische Prüfung** beginnt mit vier Pflichtaufgaben, die spätestens im zweiten Versuch mit ausreichendem Ergebnis auszuführen sind:

1. **Grundeinstellung des Funkgerätes**

Betriebsart *ATIS*, Kanal 10 mit 1 W Sendeleistung, einstellen; Rauschsperre *SQL* und Lautstärke *VOL* abstimmen (siehe Seite 159)

2. **Gerätekunde**

Tasten *Distress*, *SCAN*, *DUAL* und *Hi/Lo*

3. **Praktische Funkabwicklung Rang**

Abgabe einer Not- oder einer Dringlichkeits- oder einer Sicherheitsmeldung (mit korrekter Kanalauswahl aus dem Handbuch Binnenschifffahrtsfunk) und bei Bedarf vorher eine Meldung im Verkehrskreis Schiff-Schiff

4. **Praktische Funkabwicklung Routine**

Routinemeldung an Revierzentrale oder Schleuse oder Hafen oder Schiffsfunkstelle (mit korrekter Kanalauswahl).

Es folgen ein bis zwei **sonstige Fertigkeiten**, zwei Versuche, ausreichendes Ergebnis:

1. Eine Notmeldung/-lage weiterleiten
2. Notverkehr beenden
3. Eine Dringlichkeits- oder Sicherheitsmeldung aufheben
4. Empfang einer Notmeldung bestätigen
5. Funkstille gebieten

Binnenschifffahrtsfunk Aufgabe 1

Ihr Motorboot
- Binsenbummler/DC2255
- bei Rheinkilometer 794 zu Tal fahrend

hat ein großes Feuer an Bord und benötigt schnell Hilfe (Revierzentrale Duisburg, Kanal 22).

1. Kanal 22 einstellen (siehe Seite 159)
2. Wird *ATIS* angezeigt? (Falls nein, bei gedrückter Taste *HI/LO* einmal kurz *DIAL* drücken.)
3. Wird **25 W** angezeigt? (Falls nein, mit Taste HI/LO umschalten.)
4. Rauschsperre kurz öffnen
5. Muschel nehmen, Sendetaste drücken und sprechen:

Mayday Mayday Mayday
This is
Motorboot Binsenbummler
*Binsenbummler Binsenbummler/*DC2255
*Mayday Motorboot Binsenbummler/*DC2255
Bei Rheinkilometer 794 zu Tal fahrend
Großes Feuer an Bord
Benötige schnell Hilfe
Bitte kommen

Binnenschifffahrtsfunk Aufgabe 2

Ihr Motorboot
- Hot Dog/DA4455
- bei Rheinkilometer 795 zu Berg fahrend

bestätigt den Empfang einer Notmeldung, die Binsenbummler auf Kanal 10 gesendet hatte.

1. Kanal 10 einstellen
2. Wird *ATIS* angezeigt? (Falls nein, bei gedrückter Taste *HI/LO* einmal kurz *DIAL* drücken.)
3. Wird **1 W** angezeigt? (Falls nein, mit Taste HI/LO umschalten.)
4. Rauschsperre kurz öffnen
5. Muschel nehmen, Sendetaste drücken und sprechen:

Mayday
Motorboot Binsenbummler/DC2255
This is
Motorboot Hot Dog/DA4455
Received Mayday

Binnenschifffahrtsfunk Aufgabe 3

Ihre Segelyacht
• Kleopatra/DA4994
• bei Moselkilometer 45 zu Berg segelnd
beobachtet eine gekenterte Jolle, deren Segler Notzeichen geben (den Kanal der Revierzentrale der Karte auf Seite 210 entnehmen).

1. Kanal 79 einstellen (Seite 210)
2. Wird *ATIS* angezeigt? (Falls nein, bei gedrückter Taste *HI/LO* einmal kurz *DIAL* drücken.)
3. Wird **25 W** angezeigt? (Falls nein, mit Taste HI/LO umschalten.)
4. Rauschsperre kurz öffnen
5. Muschel nehmen, Sendetaste drücken und sprechen:

Mayday Relay Mayday Relay
Mayday Relay
Müden Schleuse Müden Schleuse
Müden Schleuse
This is
Kleopatra Kleopatra
Kleopatra/DA4994
Bei Moselkilometer 45 zu Berg segelnd
Ich beobachte eine gekenterte Segeljolle, deren Segler Notzeichen geben
Bitte kommen

Binnenschifffahrtsfunk Aufgabe 4

Auf Ihrem Motorboot Binsenbummler/DC2255 hatten Sie Notverkehr eingeleitet. Nun stört die Schiffsfunkstelle Sphinx/DA4712 den Notverkehr auf Kanal 10 durch einen Routineanruf. Sorgen Sie dafür, dass Sphinx den Notverkehr nicht weiter stört.

1. Kanal 10 einstellen
2. Wird *ATIS* angezeigt? (Falls nein, bei gedrückter Taste *HI/LO* einmal kurz *DIAL* drücken.)
3. Wird **1 W** angezeigt? (Falls nein, mit Taste HI/LO umschalten.)
4. Rauschsperre kurz öffnen
5. Muschel nehmen, Sendetaste drücken und sprechen:

Sphinx
Silence Mayday

Binnenschifffahrtsfunk Aufgabe 5

Im Notfall Binsenbummler/DC2255 gibt um 12 Uhr 15 die Revierzentrale Duisburg den Betrieb auf Kanal 22 wieder frei. Was sendet sie?

Auf Kanal 22, mit 25 Watt Sendeleistung:

Mayday
All Stations (3x)
This is
Duisburg Revierzentrale (3x)
12 Uhr 15
Binsenbummler/DC2255
Silence Fini

Binnenschifffahrtsfunk Aufgabe 6

Um 12 Uhr 20 hat Ihr Motorboot Tauchsieder/DB7227 bei Rheinkilometer 647 zu Tal fahrend nach einer Grundberührung Wassereinbruch und droht zu sinken (Kanal siehe Seite 210).

1. Kanal 18 einstellen
2. Wird *ATIS* angezeigt? (Sonst bei gedrückter Taste *HI/LO* kurz *DIAL* drücken.)
3. Wird **25 W** angezeigt? (Sonst mit Taste HI/LO umschalten.)
4. Rauschsperre kurz öffnen
5. Muschel nehmen, Sendetaste drücken und sprechen:

Mayday Mayday Mayday
This is
Motorboot Tauchsieder
Tauchsieder Tauchsieder/DB7227
Mayday Motorboot Tauchsieder/DB7227
Bei Rheinkilometer 647 zu Berg fahrend
Wassereinbruch, drohe zu sinken
Bitte kommen

Binnenschifffahrtsfunk Aufgabe 7

Ihr Motorboot
- Feuerstuhl/DC9999
- bei Rheinkilometer 551 zu Tal fahrend

hat Motorschaden und treibt manövrierunfähig. Sie benötigen dringend Schlepphilfe und wenden sich an die Revierzentrale Oberwesel (Kanal siehe Seite 210).

1. Kanal 18 einstellen (siehe Seite 210)
2. Wird *ATIS* angezeigt? (Sonst bei gedrückter Taste *HI/LO* kurz *DIAL* drücken.)
3. Wird **25 W** angezeigt? (Sonst mit Taste HI/LO umschalten)
4. Rauschsperre kurz öffnen
5. Muschel nehmen, Sendetaste drücken und sprechen:

Pan Pan Pan Pan Pan Pan
Oberwesel Revierzentrale (3x)
This is
Feuerstuhl Feuerstuhl Feuerstuhl/DC9999
Bei Rheinkilometer 551 zu Tal fahrend
Motorschaden, treibe manövrierunfähig
Benötige dringend Schlepphilfe
Bitte kommen

Binnenschifffahrtsfunk Aufgabe 8

Ihr Segelboot
- Knockout/DC7585
- bei Moselkilometer 11 zu Tal segelnd

Eine Person wurde vom Großbaum getroffen. Starke Schädelblutung, Verdacht auf Schädelbruch. Ein Rettungsfahrzeug wird dringend benötigt (Kanal siehe Seite 210).

1. Kanal 20 einstellen (Koblenz Schleuse)
2. Wird *ATIS* angezeigt? (Sonst bei gedrückter Taste *HI/LO* kurz *DIAL* drücken.)
3. Wird **25 W** angezeigt? (Sonst mit Taste HI/LO umschalten.)
4. Rauschsperre kurz öffnen
5. Muschel nehmen, Sendetaste drücken und sprechen:

Pan Pan Pan Pan Pan Pan
Oberwesel Revierzentrale (3x)
This is
Knockout Knockout Knockout/DC7585
Bei Moselkilometer 11 zu Tal
Eine Person wurde vom Großbaum

getroffen, starke Schädelblutung, Verdacht auf Schädelbruch, ein Rettungsfahrzeug wird dringend benötigt
Bitte kommen

Binnenschifffahrtsfunk Aufgabe 9

Ihre Motoryacht
• Deutsche Eiche/DC5555
• im Dortmund-Ems-Kanal, bei Kilometer 33 beobachtet, dass ein Baum umgefallen ist und im Fahrwasser liegt. Warnen Sie die Schifffahrt.

1. Kanal 10 einstellen
2. Wird *ATIS* angezeigt? (Sonst bei gedrückter Taste *HI/LO* kurz *DIAL* drücken.)
3. Wird **1 W** angezeigt? (Sonst mit Taste HI/LO umschalten.)
4. Rauschsperre kurz öffnen
5. Muschel nehmen, Sendetaste drücken und sprechen:

Sécurité Sécurité Sécurité
All Stations (3x)
This is
Deutsche Eiche Deutsche Eiche
Deutsche Eiche/DC5555
Dortmund-Ems-Kanal, bei KM 33 zu Berg
Ein Baum ist umgefallen und liegt im Fahrwasser. Die Schifffahrt wird gewarnt.
Ende

Binnenschifffahrtsfunk Aufgabe 10

Ihr Segelboot Raumwunder/DC6789, bei Rhein-Kilometer 665 zu Tal fahrend, möchte in den Godorfer Hafen einlaufen (Kanal 14).

1. Kanal 14 einstellen (siehe Seite 210)
2. Wird *ATIS* angezeigt? (Sonst bei gedrückter Taste *HI/LO* kurz *DIAL* drücken.)
3. Wird **1 W** angezeigt? (Sonst mit Taste HI/LO umschalten.)
4. Rauschsperre kurz öffnen
5. Sprechmuschel nehmen, Kanal nicht *BUSY*, Sendetaste drücken, sprechen:

Godorf Hafen (höchstens 3x)
This is
Raumwunder (Name höchstens 3x)
Bei Rheinkilometer 665 zu Tal fahrend
Ich möchte in den Godorfer Hafen einlaufen.
Bitte kommen

Binnenschifffahrtsfunk Aufgabe 11

Ihre Motoryacht
• True Love/DDFR
• bei Rhein-Kilometer 287 zu Berg fahrend möchte in Iffezheim geschleust werden (Kanal 18).

1. Kanal 18 einstellen
2. Wird *ATIS* angezeigt? (Sonst bei gedrückter Taste *HI/LO* kurz *DIAL* drücken.)
3. Wird **25 W** angezeigt? (Dann mit Taste HI/LO umschalten.)
4. Rauschsperre kurz öffnen
5. Sprechmuschel nehmen, Kanal nicht *BUSY*, Sendetaste drücken, sprechen:

Iffezheim Schleuse (höchstens 3x)
This is
True Love (Name höchstens 3x)
Bei Rheinkilometer 287 zu Berg fahrend.
Wann kann ich geschleust werden?
Bitte kommen

Schritt 10: Funkzeugnisse, Prüfungsinhalte

Funkzeugnisse

Inhaber eines gültigen deutschen Seefunkzeugnisses sind zur Teilnahme am mobilen Seefunkdienst auf deutschen Seefunkstellen berechtigt. Welche Funkanlagen sie bedienen dürfen, hängt von ihrem Zeugnis ab.

Das **UKW-Funkbetriebszeugnis** heißt amtlich „Beschränkt Gültiges Funkbetriebszeugnis (**SRC**)". Beschränkt ist es allein auf den Frequenzbereich, nämlich UKW. Der Inhaber eines SRC darf am mobilen Seefunkdienst auf UKW teilnehmen, d. h., er darf UKW-Funkgeräte auf Sportbooten und Traditionsschiffen bedienen, jedoch nicht auf funkausrüstungspflichtigen Schiffen.

Das Seefunkzeugnis für die Sport- und Kleinschifffahrt, das auch noch für Grenz- und Kurzwelle sowie für den Inmarsat-Satellitenfunk gilt, heißt **Allgemeines Funkbetriebszeugnis** (**LRC**). Inhaber des UKW-Funkbetriebszeugnisses können es durch eine vereinfachte Zusatzprüfung (Fragebogen, 30 Min. und praktische Prüfung an den Geräten) erwerben. Diese beiden Zeugnisse SRC und LRC wurden 2003 eingeführt und berechtigen nicht zur Teilnahme am Binnenschifffahrtsfunk.

Das **UKW-Sprechfunkzeugnis für den Binnenschifffahrtsfunk** (**UBI**) berechtigt zur Teilnahme am Binnenschifffahrtsfunk und in den Zonen 1 und 2 auch zur Teilnahme am Seefunk[1]. Es gilt in allen 17 Ländern, die der Regionalen Vereinbarung über den Binnenschifffahrtsfunk beigetreten sind (Frankreich, Niederlande, Belgien ...). Ein Amateurfunkzeugnis gilt nicht für den Binnenschifffahrtsfunk (eine Amateurfunkanlage darf mit Zustimmung des Schiffs- oder Bootsführers auf einem Binnenschiff betrieben werden).

Die Funkzeugnisse SRC, LRC und UBI werden von Prüfungsausschüssen des DSV und des DMYV erteilt. Abschließend sei erwähnt, dass im Seefunk der Bootsführer – und nicht irgendeine Person an Bord – ein Funkzeugnis besitzen muss, das ihn zur Bedienung aller Seefunkgeräte an Bord berechtigt.

[1] Die Zonen 1 und 2 umfassen z. B. Ems, Jade, Weser, Elbe, Meldorfer Bucht, Eider, Flensburger Förde, Schlei, Eckernförder Bucht, Kieler Förde, Trave, Wismarbucht, Kirchsee, Breitling, Salzhaff, Warnow sowie den Nord-Ostsee-Kanal. Dazu kommen noch die Gewässer, die vom Festland und den Halbinseln Darß und Zingst sowie den Inseln Hiddensee und Rügen eingeschlossen sind, der Greifswalder Bodden und die Gewässer zwischen dem Festland und der Insel Usedom bis zur polnischen Grenze.

Fragen 25, 26, 71 (SRC), 9 – 13, 47 (UBI)

Prüfungsinhalte

Für das **UKW-Funkbetriebszeugnis (SRC)** muss eine theoretische und eine praktische Prüfung abgelegt werden. Die **theoretische Prüfung** besteht aus drei Teilen: a) Diktat in englischer Sprache aufnehmen und schriftlich ins Deutsche übersetzen; b) schriftliche Übersetzung eines deutschen Textes ins Englische; c) Fragebogen bearbeiten.

Als **Diktat** wird einer der 27 Texte, die auf den Seiten 149 ff. wiedergegeben sind, verwendet. Aus diesen Texten stammt auch die **schriftliche Übersetzung** vom Deutschen ins Englische. Die beiden Übersetzungen müssen in jeweils 15 Minuten angefertigt werden. Der **Fragebogen** besteht aus 24 Fragen; er ist in 30 Minuten zu beantworten, höchstens 5 Fehler dürfen gemacht werden. Die Prüfungsfragen sind auf den Seiten 83 ff. abgedruckt. Übungsbögen stehen auf den Seiten 108 ff.

Ein Schwerpunkt der Prüfung liegt im **praktischen Teil**, der von zwei Prüfern abgenommen wird. Die praktische Prüfung dauert für jeden Bewerber bis zu 20 Minuten; sie besteht aus **vier Pflichtaufgaben** und höchstens **drei „sonstigen Fertigkeiten"**. Für jede Aufgabe bzw. sonstige Fertigkeit hat man zwei Versuche. Die praktische Prüfung ist bestanden, wenn alle vier Pflichtaufgaben und zwei sonstige Fertigkeiten spätestens im zweiten Versuch mit ausreichendem Erfolg absolviert werden. Beispiele für die Aufgaben der praktischen Prüfung (Pflichtaufgaben und sonstige Fertigkeiten) sind auf den Seiten 157 ff. beschrieben.

In der **theoretischen Prüfung** für das **UKW-Sprechfunkzeugnis für den Binnenschifffahrtsfunk UBI** muss ein Fragebogen (siehe Seite 120 ff.) bearbeitet werden. Die **praktische Prüfung** besteht aus vier Teilen:

1. Fehlerfreies Übermitteln einer Meldung; hier ist eine Meldung ähnlich den Seefunktexten auf Seite 149 ff. so vorzulesen, wie es auf Seite 202 beschrieben ist. Die Texte aus dem Binnenschifffahrtsfunk werden nicht veröffentlicht.
2. Fehlerfreie Aufnahme einer Meldung; hier wird eine Meldung ähnlich den Seefunktexten auf Seite 149 ff. so diktiert, wie es auf Seite 202 beschrieben ist.
3. Bedienen des Sprechfunkgerätes (siehe Seiten 159, 196).
4. Drei oder vier praktische Meldungen, wie sie auf Seite 196 beschrieben sind.

Inhaber des Funkbetriebszeugnisses müssen nur eine **vereinfachte Ergänzungsprüfung** ablegen. In theoretischen Prüfung gibt es einen verkürzten Fragebogen. Auch das Übermitteln und die Aufnahme einer Meldung entfallen. Im praktischen Teil (siehe Seite 196) gibt es keine Erleichterungen.

Die vereinfachte UBI-Zusatzprüfung kann am selben Tag wie die Seefunkprüfung abgelegt werden, aber nur wenn alle Teile der Seefunkprüfung bestanden wurden.

Besteht der Bewerber einen Teil der Prüfung nicht, so kann er ihn nach einer Woche (UKW-Funkbetriebszeugnis) oder nach zwei Wochen (UKW-Sprechfunkzeugnis) wiederholen (spätestens nach sechs Monaten).

Übermitteln von Meldungen

Beim Übermitteln von Meldungen ist langsam und deutlich zu sprechen. Wenn mitgeschrieben werden soll, sind Pausen einzulegen. Endsilben der Wörter dürfen nicht unterdrückt (verschluckt) werden. Wörter, über deren Schreibweise Zweifel bestehen (z. B. geografische Begriffe), sind erst zusammenhängend zu sprechen und dann zu buchstabieren. Das Buchstabieren wird – ausgenommen bei Rufzeichen – mit „ich buchstabiere" angekündigt. Rufzeichen werden in jedem Fall buchstabiert. Für Punkte als Satzzeichen wird „Stop" gesagt. Das Ende der Meldung wird durch ein „+" markiert; es wird gelesen als „Ende der Meldung" oder „End of message". In Ziffern geschriebene Zahlen werden durch „in Ziffern" angekündigt. Anschließend werden die einzelnen Ziffern der Zahl wiederholt und in Landessprache oder nach dem Zifferncode gesprochen (Ankündigung durch „ich wiederhole"). Zahlen, die in Buchstaben geschrieben sind, werden durch „in Buchstaben" angekündigt. Buchstabiertafel und Zifferncode entstammen dem Anhang 14 der World Radiocommunication Conference (APPENDIX 14, REV.WRC-07).

Buchstabiertafel, Zifferncode

Buchstabe	Schlüsselwort	Aussprache[1]
A	Alfa	**AL** FAH
B	Bravo	**BRAH** VOH
C	Charlie	**CHAR** LEE oder **SHAR** LEE
D	Delta	**DELL** TAH
E	Echo	**ECK** OH
F	Foxtrott	**FOKS** TROT
G	Golf	GOLF
H	Hotel	HOH **TELL**
I	India	**IN** DEE AH
J	Juliett	**JEW** LEE **ETT**
K	Kilo	**KEY** LOH
L	Lima	**LEE** MAH
M	Mike	MIKE
N	November	NO **VEM** BER
O	Oscar	**OSS** CAH
P	Papa	PAH **PAH**
Q	Quebec	KEH **BECK**
R	Romeo	**ROW** ME OH
S	Sierra	SEE **AIR** RAH
T	Tango	**TANG** GO
U	Uniform	**YOU** NEE FORM o. **OO** NEE FORM
V	Viktor	**VIK** TAH
W	Whiskey	**WISS** KEY
X	X-ray	**ECKS** RAY
Y	Yankee	**YANG** KEY
Z	Zoulou	**ZOO** LOO
Punkt	Stop	STOP

Ziffer	Schlüsselwort	Aussprache[2]
0	Nadazero	NAH-DAH-ZAY-ROH
1	Unaone	OO-NAH-WUN
2	Bissotwo	BEES-SOH-TOO
3	Terrathree	TAY-RAH-TREE
4	Kartefour	KAR-TAY-FOWER
5	Pantafive	PAN-TAH-FIVE
6	Soxisix	SOK-SEE-SIX
7	Setteseven	SAY-TAY-SEVEN
8	Oktoeight	OK-TOH-AIT
9	Novenine	NO-VAY-NINER
Komma	Decimal	DAY-SEE-MAL

1 Fett gedruckte Silben werden betont.
2 Alle Silben werden gleich stark betont.

Vorhersagegebiete in Seewetterberichten

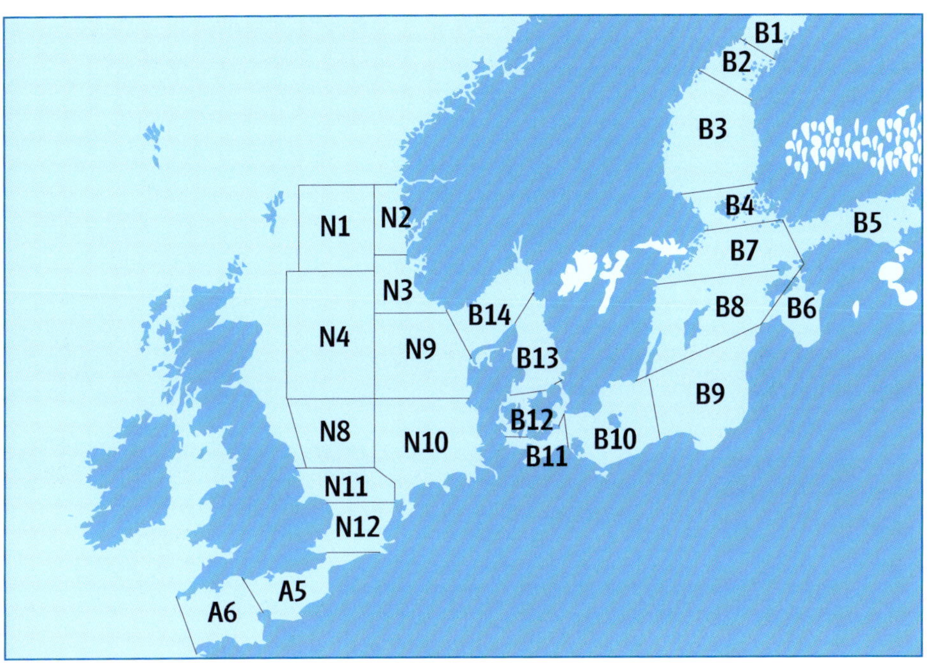

Der Deutsche Wetterdienst gibt für die Vorhersagegebiete N1 bis N4, N8 bis N12 und B7 bis B14 Starkwind- und Sturmwarnungen heraus.

B1	*Bottenvik*	*N1*	*Viking*
B2	*Norra Kvarken*	*N2*	*Utsira-Nord*
B3	*Bottensee*	*N3*	*Utsira-Süd*
B4	*Åland-See und Åland-Inseln*	*N4*	*Forties*
B5	*Finnischer Meerbusen*	*N8*	*Dogger*
B6	*Rigaischer Meerbusen*	*N9*	*Fischer*
B7	*Nördliche Ostsee*	*N10*	*Deutsche Bucht*
B8	*Zentrale Ostsee*	*N11*	*Humber*
B9	*Südöstliche Ostsee*	*N12*	*Themse*
B10	*Südliche Ostsee*		
B11	*Westliche Ostsee*	*A5*	*Englischer Kanal Ostteil*
B12	*Belte und Sund*	*A6*	*Englischer Kanal Westteil*
B13	*Kattegat*		
B14	*Skagerrak*		

Anruf- und Arbeitskanäle deutscher KüFuSt[1]

KüFuSt	Kanäle

MRCC

Bremen Rescue (Zentrale Leitstelle)	16

Verkehrszentralen

German Bight Traffic	16, 79/80
Ems Traffic	15, 16, 18, 20, 21
Jade Traffic	16, 20, **63**
Bremerhaven Weser Traffic	02, 04, 22, 05, 07, 21, 82
Bremen Weser Traffic	16, 78, 81
Hunte Traffic	16, 63
Cuxhaven Elbe Traffic	16, 71
Brunsbüttel Elbe Traffic	16, 68
Hamburg Port Traffic	14, **74**
Kiel Kanal 1 (Schleuse Brunsbüttel)	13
Kiel Kanal 2 (Brunsbüttel - Breiholz)	02
Kiel Kanal 3 (Breiholz - Kiel)	03
Kiel Kanal 4 (Schleuse Holtenau)	12
Kiel Traffic	67
Kiel Bight Traffic (Flensburg, Schlei, Eckernförde)	73
Fehmarnbelt Traffic	68
Trave Traffic	13
Kadetrenden Traffic	16, 71
Wismar Traffic	12, 16
Warnemünde Traffic	16, 73
Sassnitz Traffic	13, 16
Stralsund Traffic	16, 67
Wolgast Traffic	09, 16
Todendorf Naval	11

Häfen

Emden Port	13
Borkum Port	14, 16
Norddeich Port	17
Norderney Port	17
Bensersiel Port	17
Langeoog Port	17
Neusiel Port (Neuharlingersiel)	17
Wangerooge Port	17
Harlesiel Lock (Hafen)	17
Wilhelmshaven Port	11, 16
Bremerhaven Port	12, 16
Bremen Port	03, 16
Helgoland Port	16, 67
Cuxhaven Port	69
Kappeln Port	11
Eckernförde Port	11
Kiel Port	11, 16
Heiligenhafen Port	14
Puttgarden Port	16, 74
Travemünde Port	16, 19
Wismar Port	11
Marienehe Port	13
Mukran Port	11
Peenemünde Port	15

Yachthäfen, Marinas

Amrum Port	67
Barth Port	15
Neuer Hafen Lock (B'haven)	69
Burkana Port	17
Büsum Port (Sperrwerk)	11
Friedrichskoog Port	10
Hörnum Port	14
Husum Port	11
List Port	11
Neustadt Port	11
Ancora Marina	72
Pellworm Port	11
Rostock Port	10
Sassnitz Port	69
Stralsund Port	11
Ueckermünde Port Radio	14
Wolgast Port	15
Wyk Port (Föhr)	11

Brücken

Leer Bridge	15
KW Bridge (W'haven)	11
Deichbridge (W'haven)	11
Elsfleth Bridge	73
Hunte Bridge	73
Oldenburg Bridge	73
Cäcilien Bridge (Oldb.)	73
Oste Bridge (Sperrw.)	69
Geversdorf Bridge	69
Oberndorf Bridge	69
Este Bridge	10
Rethe Bridge (HH)	13
Kattwyk Bridge (HH)	13
Kappeln Bridge	11
Lübeck Hubbrücken	18

Schleusen

Emden Lock	13, 16
Nesserland Lock	13, 16
Oldersum Lock	13
Leer Lock	13, 16
Weener Lock	13, 16
Papenburg Lock	13, 16
Leysiel Lock	17
Wilhelmshaven Lock	13
Varel Lock	13
Brake Lock	10
Hunte Lock (Sperrw.)	73
Oldenburg Lock	20
Bhv-Fischereihafen Lock	10
Oslebshausen Lock	12
Hemelingen Lock	20
Eider Lock	14, 16
Cuxhaven Lock	69
Stör Lock (Sperrwerk)	09
Glückstadt Lock	11
Este Lock (Sperrwerk)	10
Krückau Lock	09
Pinnau Lock	09
Harburg Lock	13
Tiefstack Lock	11

[1] Ohne Radar Radio und Pilot Radio

Frequenzen und Verwendung der UKW-Kanäle

Kanal	Sendefrequenzen der SeeFuSt	Sendefrequenzen der KüFuSt	Schiff-Schiff[1]	Revier- u. Hafenfunk simplex	Revier- u. Hafenfunk duplex	Öffentl. Verkehr
60	156,025	160,625			x	x
01	156,050	160,650			x	x
61	156,075	160,675			x	x
02	156,100	160,700			x	x
62	156,125	160,725			x	x
03	156,150	160,750			x	x
63	156,175	160,775			x	x
04	156,200	160,800			x	x
64	156,225	160,825			x	x
05	156,250	160,850			x	x
65	156,275	160,875			x	x
06	156,300	–	1			
66	156,325	160,925			x	x
07	156,350	160,950			x	x
67	156,375	156,375	9	x		
08	156,400	–	2			
68	156,425	156,425		x		
09	156,450	156,450	5	x		
69	156,475	156,475	8	x		
10	156,500	156,500	3	x		
70	**156,525**	**156,525**	**Nur für digitalen Selektivruf**			
11	156,550	156,550		x		
71	156,575	156,575		x		
12	156,600	156,600		x		
72	156,625	–	6			
13	156,650	156,650	4	x		
73	156,675	156,675	7	x		
14	156,700	156,700		x		
74	156,725	156,725		x		
15	156,750	156,750	11	x		
75	156,775	156,775		x		
16	**156,800**	**156,800**				
76	156,825	156,825		x		
17	156,850	156,850	12	x		
77	156,875	–	10			
18	156,900	161,500		x	x	x
78	156,925	161,525			x	x
19	156,950	161,550			x	x
79	156,975	161,575			x	x
20	157,000	161,600			x	x
80	157,025	161,625			x	x
21	157,050	161,650			x	x
81	157,075	161,675			x	x
22	157,100	161,700		x	x	x
82	157,125	161,725		x	x	x
23	157,150	161,750		x	x	x
83	157,175	161,775		x	x	x
24	157,200	161,800		x	x	x
84	157,225	161,825		x	x	x
25	157,250	161,850		x	x	x
85	157,275	161,875		x	x	x
26	157,300	161,900		x	x	x
86	157,325	161,925		x	x	x
27	157,350	161,950		x	x	x
87	157,375	161,975		x		
28	157,400	162,000			x	x
88	157,425	–		x		
AIS 1	161,975	161,975				
AIS 2	162,025	162,025				

[1] Die Zahlen in der Spalte Schiff-Schiff geben die im Ausland übliche Reihenfolge an, in der die Kanäle von den SeeFuSt benutzt werden sollen.

Frage 79 (SRC)

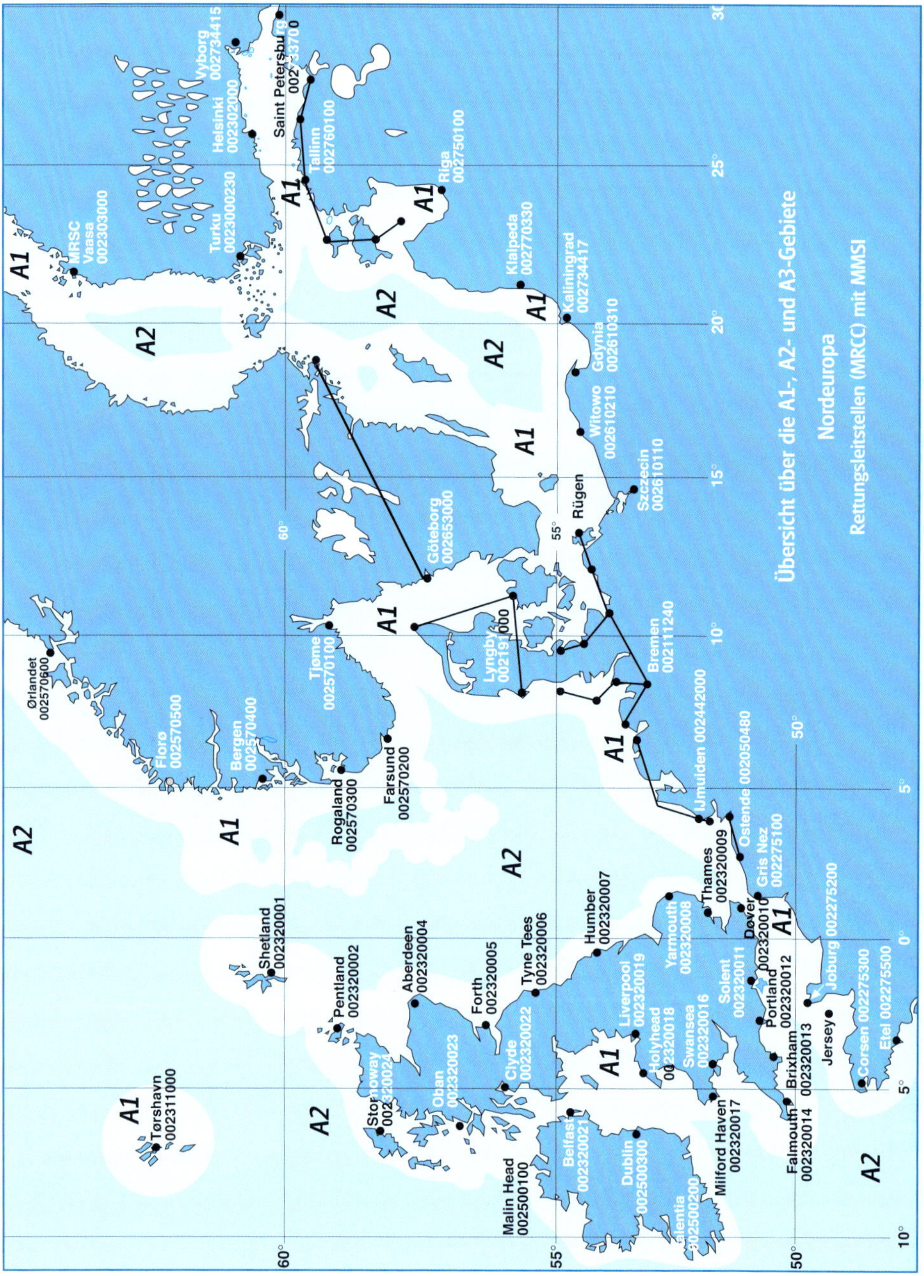

Übersicht über die A1-, A2- und A3-Gebiete

Nordeuropa

Rettungsleitstellen (MRCC) mit MMSI

Tørshavn 002311000
Ørlandet 002570600
Florø 002570500
Bergen 002570400
Shetland 002320001
Pentland 002320002
Stornoway 002320024
Aberdeen 002320004
Oban 002320023
Forth 002320005
Malin Head 002500100
Clyde 002320022
Tyne Tees 002320006
Belfast 002320021
Humber 002320007
Dublin 002500300
Liverpool 002320019
Holyhead 002320018
Valentia 002500200
Yarmouth 002320008
Swansea 002320016
Milford Haven 002320017
Thames 002320009
Solent 002320011
Dover 002320010
Portland 002320012
Falmouth 002320014
Brixham 002320013
Jersey
Joburg 002275200
Corsen 002275300
Etel 002275500
Gris Nez 002275100
Ostende 002050480
IJmuiden 002442000
Rogaland 002570300
Farsund 002570200
Tjøme 002570100
Lyngby 002191000
Göteborg 002653000
Bremen 002111240
Rügen
Szczecin 002610110
Witowo 002610210
Gdynia 002610310
Kaliningrad 002734417
Klaipeda 002770330
Riga 002750100
Tallinn 002760100
Saint Petersburg 002733700
MRSC Vaasa 002303000
Turku 0023000230
Helsinki 002302000
Vyborg 002734415

A1 A2

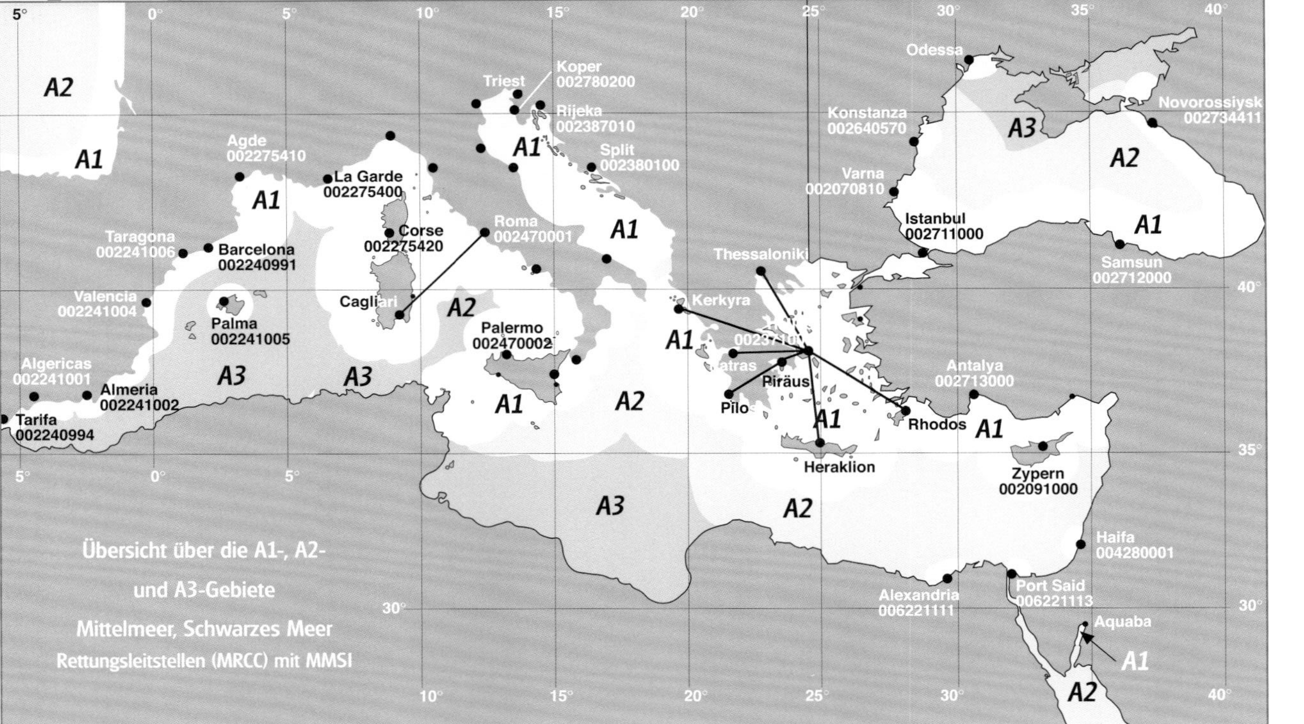

Die Seegebietskarten zeigen die Alarmierungsmöglichkeiten im GMDSS (zur Definition der A1-, A2- und A3-Gebiete siehe Seiten 22, 23). Diese Karten können lediglich zur ersten Orientierung oder zur Reiseplanung verwendet werden. Während der Reise werden aktuelle amtliche Unterlagen benötigt, z. B. die „Admiralty List of Radio Signals", vol. 5 (GMDSS), welche nicht nur genaue Informationen über die jeweiligen Sendeeinrichtungen enthält, sondern auch die Möglichkeiten zum Empfang von maritimen Sicherheitsinformationen (MSI) über Navtex und Inmarsat beschreibt.

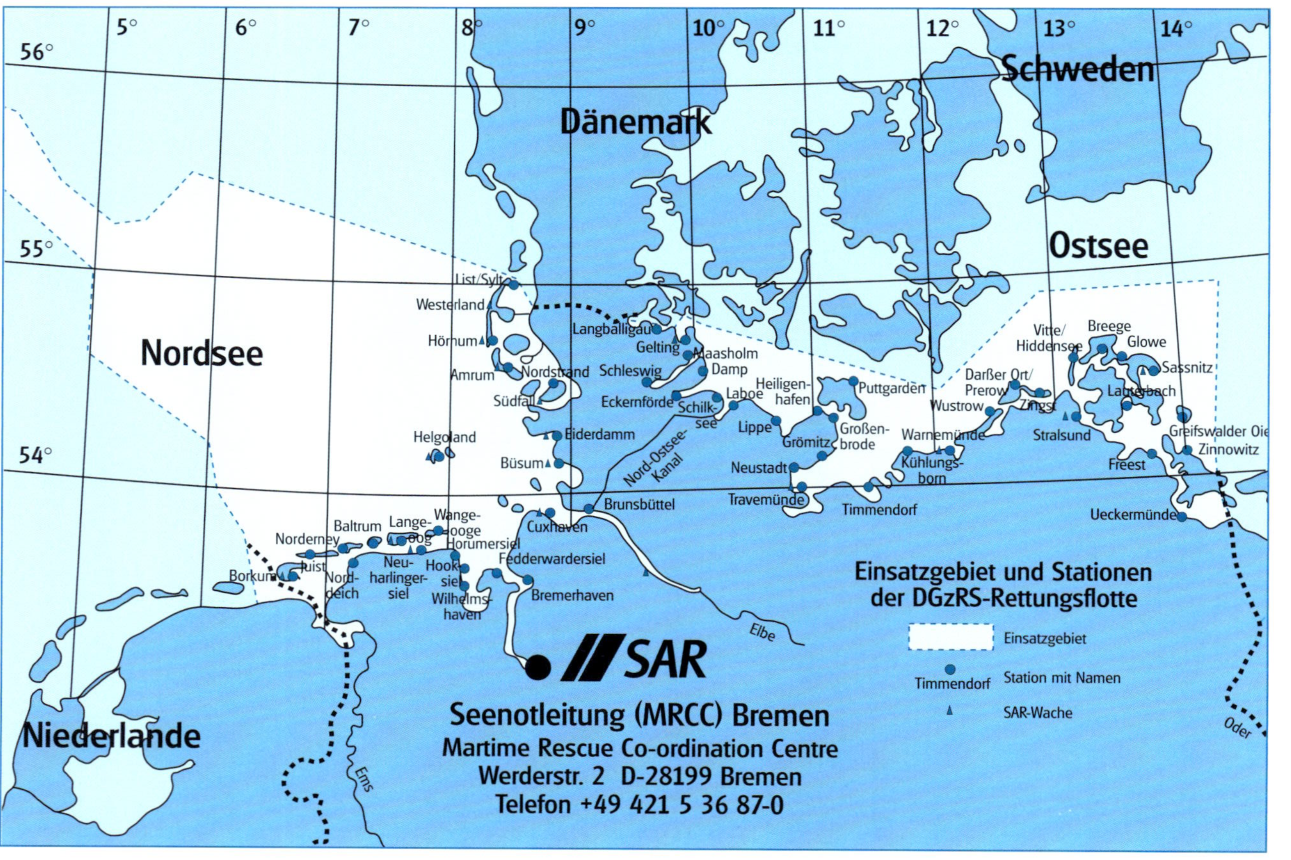

Die DGzRS ist nicht nur im Notfall für die Schifffahrt da (s. Seite 60). Ihre Hilfe kostet in so einem Fall auch nicht viel Geld.

Stationen, Namen und Rufzeichen deutscher Rettungskreuzer

Nordsee

Borkum ständig besetzt
Hamburg/DBAF

Juist bei Bedarf
Hans Dittmer/DK7002

Norddeich bei Bedarf
Otto Diersch/DBKX

Norderney ständig besetzt
Eugen/DBAV

Baltrum bei Bedarf
Elli Hoffmann-Röser/DK3090

Langeoog bei Bedarf
Secretarius/DD9495

Neuharlingersiel bei Bedarf
Neuharlingersiel/DD4980

Wangerooge bei Bedarf
Fritz Thieme/DA6179

Horumersiel bei Bedarf
Paul Lorenz/DBKT

Hooksiel ständig besetzt
Bernhard Gruben/DBBS

Wilhelmshaven bei Bedarf
Peter Habig/DBAJ

Fedderwardersiel bei Bedarf
Emil Zimmermann/DD4662

Bremerhaven ständig besetzt
Hermann Rudolf Meyer/DBAC

Helgoland ständig besetzt
Hermann Marwede/DBAR

Cuxhaven ständig besetzt
Anneliese Kramer/DBAM

Brunsbüttel bei Bedarf
Gillis Gullbransson/DD4598

Büsum ständig besetzt
Theodor Storm/DBAI

Eiderdamm bei Bedarf
Paul Neisse/DJ5386

Nordstrand ständig besetzt
Eiswette/DBAB

Amrum ständig besetzt
Ernst Meier-Hedde/DBAQ

Hörnum bei Bedarf
Horst Heiner Kneten/DH2306

List ständig besetzt
Pidder Lüng/DBAP

Ostsee

Langballigau bei Bedarf
Werner Kuntze/DD4639

Gelting bei Bedarf
Ursula Dettmann/DD4353

Maasholm bei Bedarf
Hemut Manthey/DK3849

Schleswig bei Bedarf
Herwil Götsch/DBAC23

Olpenitz ständig besetzt
Fritz Knack/DBAO

Damp bei Bedarf
Nimanoa/DA6180

Eckernförde bei Bedarf
Eckernförde/DK3088

Schilksee bei Bedarf
Gerhard Elsner/DH5366

Laboe ständig besetzt
Berlin/DBAH

Lippe/Weißenhaus bei Bedarf
Woltera/DG7348

Heiligenhafen bei Bedarf
Heiligenhafen/DD4988

Puttgarden bei Bedarf
Romy Frank/DBKW

Großenbrode ständig besetzt
Bremen/DBAS

Grömitz ständig besetzt
Felix Sand/DBAA2

Neustadt bei Bedarf
Henrich Wuppesahl/DK8116

Travemünde bei Bedarf
Erich Koschubs/DBAF

Timmendorf/Poel bei Bedarf
Wolfgang Wiese/DH3207

Kühlungsborn bei Bedarf
Konrad Otto/DH2558

Warnemünde ständig besetzt
Arkona/DBAD

Wustrow bei Bedarf
Barsch/DH3784 (Boot auf Trailer)

Darßer Ort ständig besetzt
Nis Randers/DBAE2

Prerow Wieck bei Bedarf
Pug/DBAF2

Zingst bei Bedarf
Zander/DH3782 (Boot auf Trailer)

Vitte/Hiddensee bei Bedarf
Nausikaa/DH2356

Breege bei Bedarf
Manfred Hessdörfer/DBBL

Glowe bei Bedarf
Kurt Hoffmann/DB3015

Sassnitz ständig besetzt
Harro Köbke/DBAK

Lauterbach bei Bedarf
Caspar Otten/DG7347

Stralsund bei Bedarf
Herta Jeep/DD4564

Freest bei Bedarf
Heinz Orth/DD4654

Greifswalder Oie ständig bes.
Berthold Beitz/DBAE

Zinnowitz bei Bedarf
Hecht/DH3783 (Boot auf Trailer)
Otto Behr/DH3774 (im Schuppen)

Ueckermünde bei Bedarf
Gerhard ten Doornkaat/DH3768
Eva Ahrens-Thies/DBAL

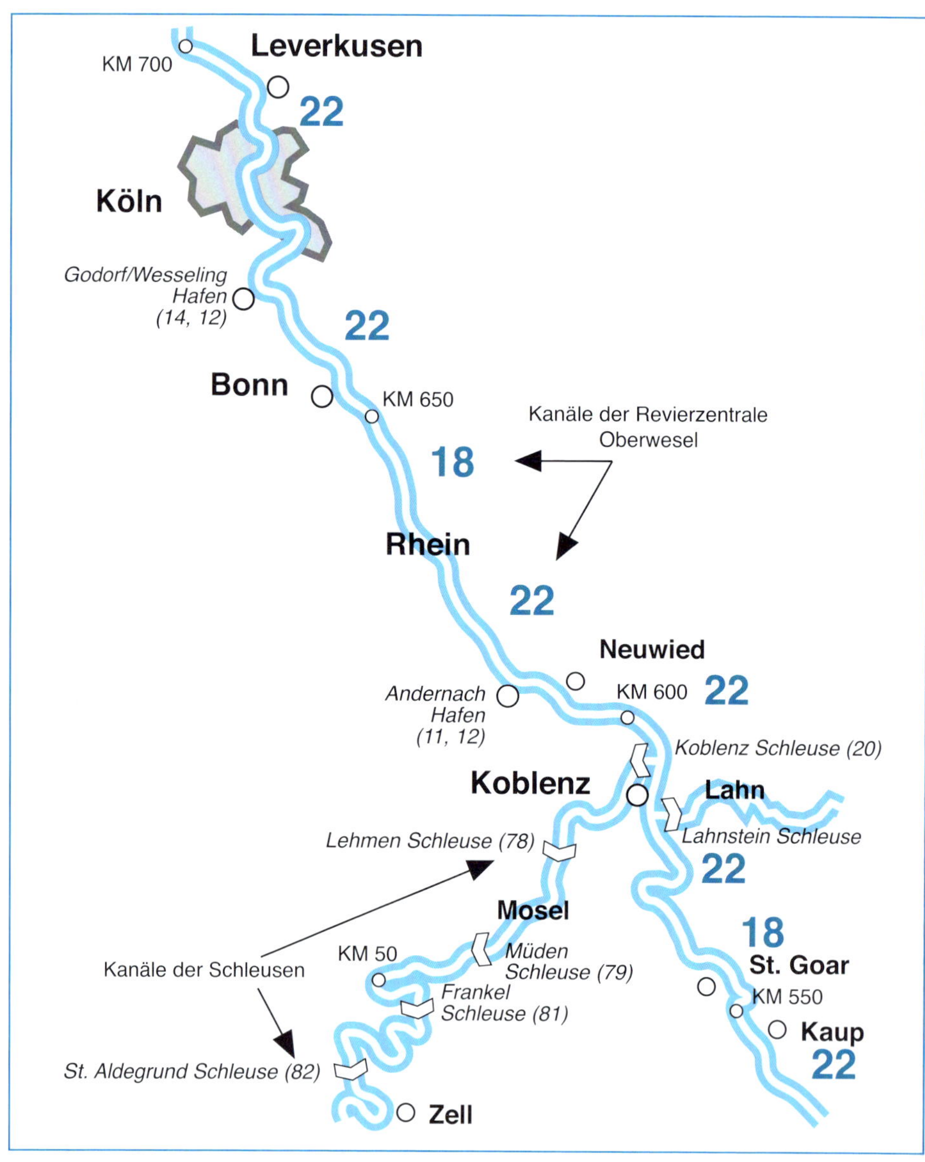

Solche Karten sind im „Handbuch Binnenschifffahrtsfunk" und im „Schnellfinder" abgedruckt. In der Prüfung zum UKW-Sprechfunkzeugnis für den Binnenschifffahrtsfunk muss manchmal dort der Arbeitskanal herausgesucht werden.

markers	**Spruchkennzeichen**
answer	kündigt eine Antwort an
correction	kündigt eine Berichtigung an
information	kündigt eine beobachtete Tatsache an
instruction	kündigt einen Hinweis auf eine Rechtslage an
intention	kündigt eine unmittelbar bevorstehende Absicht an
query oder question	kündigt eine Frage an
request	kündigt eine Aufforderung an
warning	kündigt eine Warnung vor Gefahren an
repeat	kündigt eine Wiederholung an
acknowledgement	Bestätigung

numbers, exact times	**Zahlen, Zeitangaben**
two-one-zero	210
five-point-six	5,6
local (shore) time	gesetzliche Landeszeit
zone time	Zonenzeit
UTC	Weltzeit UTC
seventeenhundred UTC	1700 UTC
190745 Sep UTC	19. 9., 07.45 Uhr UTC
190745Z Sep	19. 9., 07.45 Uhr UTC
190745Z Sep 01	19. 9. 01, 07.45 Uhr UTC

questions, answers	**Fragen, Antworten**
must I	muss ich
do I require	benötige ich
may I	darf ich
is there	gibt es
do you wish	möchten Sie
how do you read me	wie empfangen Sie mich
which is your call sign	wie lautet Ihr Rufzeichen
what is your present position	was ist Ihre derzeitige Position
yes oder affirmative	ja; anschließend wird der Satz in vollem Wortlaut wiederholt.
no oder negative	nein; anschließend wird der verneinte Satz in vollem Wortlaut wiederholt.
standby	warten Sie
say again	wiederholen Sie
I cannot read you	ich empfange Sie nicht
message not understood	Nachricht nicht verstanden
no information	keine Information
change/switch to channel	schalten Sie um auf Kanal
please use channel	benutzen Sie bitte Kanal
standby on channel	warten Sie auf Kanal
I am not able to comply	ich kann Ihrer Bitte nicht nachkommen

radio telephony	**Sprechfunk**
to be in radiocontact with	in Funkkontakt stehen mit
radio message	Funkspruch
VHF channel 06	UKW-Kanal 06
to transmit	senden
to receive	empfangen
I wish a call	ich möchte ein Gespräch

I am passing a message for	ich übermittele eine Nachricht für
I read you	ich empfange Sie
barely perceptible	kaum wahrnehmbar
poor	mangelhaft
weak	schwach
fair	ausreichend
good	gut
excellent	ausgezeichnet
I am ready to receive	ich bin empfangsbereit
carrier/radio signal	Träger
calling-in point	Meldestelle
radio reporting point	Meldestelle
to promulgate	verbreiten
promulgation	Verbreitung
to disseminate	verbreiten
dissemination of safety communications	Verbreitung von Sicherheitsmeldungen

navigation	**Schifffahrt**
shipping	Schifffahrt
naval force/navy	Kriegsmarine
merchant navy	Handelsmarine
coastguard	Küstenwache
master	Kapitän
vessel crossing	Schiff, das ein Fahrwasser kreuzt
vessel inward	Schiff, das von See kommend in einen Hafen einläuft
vessel leaving	Schiff, das seinen Liegeplatz verlässt
vessel outward	Schiff, das Richtung See ausläuft
vessel turning	Schiff, das erhebliche Kursänderung vornimmt

transitting shipping	durchgehende Schifffahrt
freighter	Frachter
freight vessel	Frachtschiff
container-ship	Containerschiff
tanker	Tanker
ferry	Fähre
rescue vessel	Rettungsschiff
tug	Schlepper
barge	Lastkahn
tow	1. Schleppanhang, 2. Schlepptrosse
hull	Rumpf
superstructures	Aufbauten
accommodation	Unterkunft
hold	Laderaum
cargo (Am. freight)	Ladung
draught/draft	Tiefgang
maximum permitted draught	höchstzulässiger Tiefgang
air draught	Höhe über dem Wasser
vertical clearance	Durchfahrthöhe
on the high seas	auf hoher See
strait	Meerenge, Straße
ashore	an der/in Richtung Küste
approach	Ansteuerung
gateway/entrance	Einfahrt
breakwater	Wellenbrecher
levee	Damm
groyne	Buhne
harbour	Hafen
port	Handelshafen
harbour depth	Hafentiefe
harbour-masters office	Hafenbüro
harbour dues	Hafengebühr
basin	Hafenbecken
pier	Pier, Landungsbrücke

depth at a jetty	Tiefe an einem Steg
pontoon	Schwimmsteg
to dock alongside	längsseits anlegen
to tie-up alongside	längsseits festmachen
dockyard	Werft
underway	in Fahrt
ground speed	Fahrt über Grund
way through the water	Fahrt durch das Wasser
knots (pl.)	Knoten (naut. und seemänn.)
slow down	fahren Sie langsamer
go ahead	fahren Sie voraus
I proceed by fairway	ich benutze das Fahrwasser
I am approaching to	ich nähere mich
I keep course and speed	ich behalte Kurs und Geschwindigkeit bei
current	Strom, Strömung
I am altering my course to ...	ich ändere meinen Kurs auf ...
you are heading towards fishing gear	Sie fahren auf Fanggeschirr zu
I require a pilot	ich benötige einen Lotsen
to come alongside	längsseits kommen
wait for lock clearance	warten Sie, bis die Schleuse klar ist
bridge will not open	Brücke wird nicht geöffnet
bascule bridge	Klappbrücke
I am at anchor	ich liege vor Anker
anchorage	Ankerplatz
anchoring	vor Anker liegend
my anchor is dragging	mein Anker hält nicht
anchoring is prohibited	Ankern verboten
I heave up anchor	ich gehe ankerauf
to sight	sichten
to keep clear	sich klar halten, ausweichen

to report	berichten
light	Leuchtfeuer
lighthouse	Leuchtturm
leading lights	Richtfeuer
direction light	Leitfeuer
light vessel	Feuerschiff
light buoy	Leuchttonne
fixed light	Festfeuer
occulting light	unterbrochenes Feuer
isophase light	Gleichtaktfeuer
long flashing light	Blinkfeuer
short flashing light	Blitzfeuer
quick flashing light	Funkelfeuer
very quick flashing light	schnelles Funkelfeuer
sector light	Sektorenfeuer
all-round light	rundumscheinendes Feuer
fairway buoy	Fahrwassertonne
marker buoy	Markierungsboje
whistle buoy	Heultonne
barrel buoy	Fasstonne
pillar buoy	Bakentonne
spar buoy	Spierentonne
buoy with topmark	Tonne mit Toppzeichen
unlit mark	nicht befeuertes Seezeichen
visitors mooring	Festmachetonne für Gastyachten
beacon	Bake
prohibited area	ziviles Sperrgebiet
military restricted area	militärisches Sperrgebiet
firing danger area	militärisches Übungsgebiet
firing range	Schießgebiet
area to be avoided	zu meidendes Gebiet
precautionary area	Vorsichtsgebiet
restricted area	Gebiet mit Schifffahrtsbeschränkungen

dumping ground	Schüttstelle
spoil ground	Baggerschüttstelle
dredging area	Baggergebiet
incination area	Abfallverbrennungsgebiet
foul	gefährlich, unrein
flat/shoal	Flach, Untiefe, flach
fairway	Fahrwasser
channel	Fahrwasser, Durchfahrt
traffic separation scheme (TSS)	Verkehrstrennungsgebiet (VTG)
inshore traffic zone	Küstenverkehrszone
inshore waters	Küstengewässer (12-sm-Zone)
offshore	auf hoher See
onshore	von See her, auflandig
approximate position	ungefähre Position
degrees	Grad (Positionsangabe)
minutes	Minuten (Positionsang.)
latitude	Breite
longitude	Länge
in vicinity of	in der Nähe von
nearby	nahebei
position doubtful	Position zweifelhaft
nautical miles (nm)	Seemeilen (sm)
variation	Missweisung
course	Kurs (Soll-Kurs)
heading	Kurs (Ist-Kurs)
recommended track	empfohlener Kurs
true bearing	rechtweisende Peilung
chart	Karte
tidal datum/chart datum	Kartennull (Gezeitennull)
estimated time of arrival (ETA)	voraussichtliche Ankunftszeit
estimated time of departure (ETD)	voraussichtliche Abfahrtzeit
ebb	Ebbe
flood	Flut
neap tide	Nipptide

yachting	**Yachtsport**
chandlery	Yachtausrüster
GRP	GFK
glass reinforced polyester	Glasfaser verstärkter Kunststoff
sailboat	Segelboot
turn/sea turn	Törn
sturdy	stämmig, stäbig
seaworthy	seetüchtig
motor cruiser	Motorkreuzer
yacht	Yacht
tender	Beiboot
inflatable dinghy	aufblasbares Beiboot
undecked boat	offenes Boot
screw	Schraube
twin screw yacht	Doppelschraubenyacht
engine	Maschine
outboard	Außenborder
under power	unter Maschine
under canvas/sail	unter Segeln
length over all	Gesamtlänge
beam	Breite
ahead	voraus
astern	achteraus
abeam	querab
forward	nach vorn
aft	nach achtern
midships	mittschiffs
starboard	Steuerbord
port	Backbord
(to be) aboard	an Bord (sein)
(to go) on board	an Bord (gehen)
rudder	Ruder
wheel steering	Radsteuerung
tiller steering	Pinnensteuerung
deck	Deck
railing	Reling
rail	Schiene, Fußreling
to hoist	heißen

to hoist the colours	die Nationalflagge setzen	bow spring/ forward spring	Vorspring
courtesy flag	Gastlandflagge	aft spring	Achterspring
navigation lights	Positionslichter	shackle	Schäkel
companionway	Niedergang	skipper-owner	Skipper und Eigner
main cabin	Hauptkajüte, Salon	helmsman	Rudergänger
bunk	Koje	to sail out	auslaufen
berth	1. Liegeplatz eines Schiffes, 2. Koje	to reckon	aus-/berechnen
		dead reckoning	Koppeln
		dead reckoning navigation	Koppelnavigation
galley	Kombüse	dead reckoning position	Koppelort
garbage	Abfall	true position	wahrer Ort
shelf, pl. shelves	Regal, Bücherbrett	dead calm	Totenflaute
cabin trunk	Kajütaufbau	dead ahead	recht voraus
forecastle	Vorschiff	dead astern	recht achteraus
forecabin	Vorderkajüte	dead slow	ganz langsam
aftcabin	Achterkajüte		
hatch	Luke		
bow	Bug		
pulpit	Bugkorb		
pushpit	Heckkorb	**sailing**	**Segeln**
stem	Steven	rig/rigging	Rigg, Takelage
stern	Heck	fractional rig	Partialrigg, z. B, 7/8
transom	Spiegel	aloft	in der Takelage (Höhe)
keel	Kiel	mast	Mast
hull shape	Rumpfform	boom	Baum
topsides	Überwasserschiff	boom vang	Baumniederholer
underwater hull	Unterwasserschiff	shroud	Want
buoyancy	Auftrieb	spreader	Saling
wash	Wellenschlag, Kielwasser	stay	Stag
		headstay/forestay	Vorstag
to berth a boat	anlegen, ein Boot festmachen	backstay	Achterstag
		preventer	Backstag
rope	Tauwerk	halyard	Fall
tow line	Schleppleine	main halyard	Großfall
anchor warp	Ankerleine	to set a sail	ein Segel setzen
docking line	Festmacheleine	to take-down a sail	ein Segel bergen
bow line	Vorleine	sail batten	Segellatte
stern line	Heckleine	mizzen	Besan

mainsail	Großsegel
foresail	Vorsegel
genoa	Genua
jib	Fock
spinnaker	Spinnaker
reef	1. Reff, 2. Riff
winch handle	Winschkurbel
luffing sails	killende Segel
to luff	anluven
leeward	in Lee
windward	in Luv
starboard tack	Backbord (!) Bug
port tack	Steuerbord (!) Bug
same tack	gleicher Bug
tack	1. Wende, 2. Kreuzschlag, 3. Hals eines Segels
to tack	1. wenden, 2. kreuzen, 3. Hals anschlagen
to tack downwind	vor dem Wind kreuzen
beat	Kreuzschlag
to beat	kreuzen
to heel	krängen
close haul course	Amwindkurs
close-hauled/upwind	am Wind
to haul	holen, ziehen
to haul down	niederholen
downhaul	Niederholer
to haul taut (tight)/ to tauten	dichtholen
to haul/harden in a sheet	eine Schot anholen
jib sheet	Fockschot
main sheet	Großschot
to veer/to slack/ to lower	fieren
slack the sheets	fier die Schoten
jibe/gybe	Halse
to jibe/to gybe	halsen
wind abeam/ beam wind	halber Wind
reach	Raumschotkurs
reaching	raumschots
to reach	mit raumem Wind segeln
beam reach	raum seitlich
close-reach	raum vorlich
broad reach	raum achterlich
to run downwind	auf Vorwindkurs laufen
to sail before the wind	vor dem Wind segeln
wind aft	achterlicher Wind,
dead run	platt vor dem Wind

distress	**Seenot**
distress alert	Seenotalarm
distress communications	Funkverkehr im Seenotfall
search and rescue	Suche und Rettung
emergency transmitter	Notsender
epirb	Epirb, Seenotfunkboje
assistance immediately needed	sofortige Hilfe benötigt
radio beacon	Funkbake, -boje
assistance no longer required	Hilfe nicht länger erforderlich
what assistance is required	welche Art Hilfe ist erforderlich
send a lifeboat	schickt ein Rettungsboot
I am coming to your assistance	ich komme Ihnen zu Hilfe
helicopter is proceeding	Hubschrauber kommt
rescue by breeches-buoy	Abbergen mithilfe einer Hosenboje
life/survival raft	Rettungsinsel

life vest, life jacket	Rettungsweste
red rockets	rote Raketen
leak below the waterline	Leck im Unterwasserschiff
undesignated distress	Notfall ohne genaue Angabe
ship on fire	Feuer an Bord
fire fighting assistance	Feuerlöschhilfe
to strike (struck, struck)	rammen
iceberg	Eisberg
growler	kleiner Eisberg
sinking	Schiff sinkt
still afloat	noch schwimmend
grounding	Grundberührung, Strandung
flooding/ship is making water	Wassereinbruch
in collision with ...	Kollision mit ...
list/listing	Schlagseite
to list	Schlagseite haben
cargo has shifted	Ladung ist verrutscht
danger of capsizing	Kentergefahr
disabled and adrift	manövrierunfähig vertrieben
abandoning ship	Schiff wird verlassen
bottom up adrift	kieloben treibend
hit-and-run collision	Kollision mit Unfallflucht
salvage	Bergung
shipwrecked mariner/person	Schiffbrüchiger
to drown	ertrinken
aircraft is ditched	Flugzeug ist notgewassert
man overboard	Mann über Bord
one person missing	eine Person wird vermisst
missing diver	vermisster Taucher
help with search and rescue	Hilfe bei Suche und Rettung

urgency	**Dringlichkeit**
to assist	Beistand leisten
if possible	falls möglich
to keep a sharp lookout	scharf Ausguck halten
seriously injured person	schwer verletzte Person
heart attack suspected	Verdacht auf Herzinfarkt
unconscious	bewusstlos
medical assistance	ärztliche Hilfe
dismasted	Mastbruch
seacock	Seeventil
engine broken down	Maschine ausgefallen
to tow	schleppen
I need a tow	Ich brauche Schlepphilfe
tug assistance required	Schlepphilfe benötigt
to go aground	auf Grund laufen
vessel not under command	manövrierunfähiges Schiff
overdue yacht	überfällige Yacht
radiomedical assistance requested	funkärztliche Beratung erbeten
end of urgency traffic	Ende des Dringlichkeitsverkehrs

safety	**Sicherheit**
safety message	Sicherheitsmeldung
buoy unlit	Tonne verlöscht
buoy off station	Tonne nicht am Ort
buoy withdrawn	Tonne eingezogen
buoy with yellow flashlight	Tonne mit gelbem Blitzfeuer
temporary inoperative	zeitweilig außer Funktion
dangerous wreck	gefährliches Wrack
drilling rig	Bohrinsel
container adrift in position	treibender Container auf Position
drifting treetrunks	treibende Baumstämme
measuring works	Vermessungsarbeiten

seismograhic investigations	seismografische Untersuchungen
diving works will be carried out	Taucherarbeiten werden ausgeführt
vessel with difficult tow	außergewöhnlicher Schleppverband
right-of-way vessel	Wegerechtschiff
keep clear of this area	meiden Sie dieses Gebiet
wide berth to ... requested	großer Abstand um ... erbeten
area is closed for navigation	Gebiet gesperrt für die Schifffahrt
danger for navigation	Gefahr für die Schifffahrt
navigate with caution	fahren Sie vorsichtig
shallow water ahead	Untiefe voraus
rock awash	überspülter Felsen
rock which covers and uncovers	Fels trockenfallend
dangerous underwater rock	gefährliche Unterwasserklippe
partly submerged at high water	bei Hochwasser teilweise unter Wasser
submerged wreck	unter Wasser befindliches Wrack
submerged obstacle	Hindernis unter Wasser
fog bank ahead	Nebelbank voraus
risk of a collision imminent	eine Kollision droht unmittelbar
my radar is not working	meine Radaranlage ist ausgefallen
anchor chain parted	Ankerkette gebrochen/verloren
gas leakage from fractured pipeline	Gasausbruch aus gebrochener Rohrleitung
gunnery exercises	Schießübungen
extinguished/unlit	verlöscht
adrift/drifting	treibend

weather	**Wetter**
weather report	Wetterbericht
weather forecast	Wettervorhersage
weather service	Wetterdienst
area	Gebiet
inference	allgemeine Wetterlage
general synopsis	allgemeine Wetterlage
pressure	Luftdruck
outlook	Aussichten
gentle breeze	leichte Brise (Bft. 3)
moderate breeze	mäßige Brise (Bft. 4)
gale warning	Sturmwarnung
gale	stürmischer Wind (Bft. 8)
severe gale	Sturm (Bft. 9)
storm	schwerer Sturm (Bft. 10)
violent storm	orkanartiger Sturm (11)
hurricane	Orkan (Bft. 12)
tropical storm, vortex	Wirbelsturm
wind direction and speed	Windrichtung und -stärke
westerly	Westwind
veering	rechtdrehend
backing	rückdrehend
shifting of the wind	Drehen des Windes
variable/cyclonic	umlaufend
gust/squall	Bö
gusty/squally	böig
the storm will decrease	der Sturm wird abnehmen
increasing wind	zunehmender Wind
deterioration	Verschlechterung
cancellation	Aufheben (z. B. einer Sturmwarnung)
onshore wind	Seewind
offshore wind	Landwind
thunderstorm	Gewitter
thunder	Donner
lightning	Blitz
thundery	gewittrig

mist/haze	Dunst
fog at dawn	Frühnebel
fog in patches	stellenweise Nebel
floe	Treibeis, Eisscholle
local	örtlich
precipitation	Niederschlag
drizzle	Nieselregen, Sprühregen
rain/rainfall	Regen
sleet	Schneeregen
dew	Tau
rime	Reif
sleet	Schneeregen
hail	Hagel
soft hail	Graupel
shower	Regenschauer
showery	Schauerwetter
moderating	nachlassend
isolated/scattered	vereinzelt
slight	leicht
low	Tief
cyclone	Sturmtief
gradient	Druckunterschied
depression	Tiefdruckgebiet
extensive	ausgedehnt
filling	auffüllend
secondary depression	Teiltief
complex depression	Tiefdrucksystem
course line	Zugbahn
rear of depression	Rückseite des Tiefs
cold front	Kaltfront
warm front	Warmfront
dispersing	auflösend
trough	Trog, Tiefausläufer
high	Hoch
anticyclone	Hochdruckgebiet
ridge/wedge of high pressure	Hochdruckkeil
stationary	stationär
disturbance	Störung

overcast	bedeckt
cloudy	bewölkt
visibility	Sicht
good	gut (> 5 sm)
moderate	mäßig (2 – 5 sm)
poor	diesig (1000 m – 2 sm)
fog	Nebel (< 100 m)
wet fog	nässender Nebel
mainly fair	überwiegend heiter
seaway	Seegang
heavy sea	schwere See (Wellenhöhe > 4 m)
moderate sea	mäßige See (Wellenhöhe 2 – 4 m)
low sea	leichte See (Wellenhöhe 0 – 2 m)
breaker	Brecher
breakers/surf	Brandung
swell	Dünung

geographical names	**Geografische Namen**
Humber	Humber, südwestliche Nordsee (nördlicher Teil)
Thames	Themse, südwestliche Nordsee (südlicher Teil)
Dover Strait	Straße von Dover
Denmark Strait	Dänemark-Straße (Island–Grönland)
Fair Isle	Orkney, Shetland
Bay of Biscay	Bucht von Biscaya
Gulf of Finland	Finnischer Meerbusen
German Bight	Deutsche Bucht
Baltic sea	Ostsee
North sea	Nordsee
Mediterranean Sea	Mittelmeer

A

B

C

D

E

F

G

H

I

K

L

M

N

O

P

R

S

T

U

V

W

X

Z

TIPPS & TRICKS

Rolf Dreyer legt Wert auf praxisnahe Tipps. Checklisten, Farbfotos und Zusammenfassungen für die Törnplanung sowie 135 anwendungsbezogene Skippertipps erleichtern die Planung:

- Charter und Törnplanung
- Hafenmanöver und Tipps zum Hafenmanövertraining
- Umgang mit Bordelektrik und Bordinstrumenten
- Verhalten bei Nebel, Seegang und Sturm
- Entscheiden und Führen im Notfall: Mensch über Bord, Feuer, Wassereinbruch, Kentern

Skippertraining
ISBN 978-3-667-11211-8

Klaus Andrews / Lars Bolle
Hafenmanöver Schritt für Schritt
ISBN 978-3-7688-3256-4

Peter Bruce
Schwerwettersegeln
ISBN 978-3-667-11329-0

WISSEN FÜR DIE PRAXIS

Die Praxisbücher für Einsteiger und erfahrene Skipper: Mit vielen Bildern und prägnanten Texten informieren die handlichen Taschenbücher der Reihe Praxiswissen über die verschiedensten Themen des Wassersports, von der Bootspflege bis zum Wetter.

Neu an Bord
Die richtigen Handgriffe für Segler und Motorbootfahrer
ISBN 978-3-667-10172-3

Wilfried Krusekopf
Einfach segeln
Rückkehr zum Wesentlichen
ISBN 978-3-667-11969-8

Don Casey
Rumpf- und Decksreparaturen
ISBN 978-3-667-10396-3

Segeltrimm
Einfach schneller sein
ISBN 978-3-667-11209-5

Jens Feddern
Theorie und Praxis der Bordelektrik
ISBN 978-3-667-12384-8

Michael Sachweh
Wetterkunde für Wassersportler
ISBN 978-3-3667-11589-8

Egmonz Friedl
Knoten und Spleißen
Eine audiovisuelle Anleitung
ISBN 978-3-667-11384-9

Erich Sondheim
Knoten – Spleißen – Takeln
ISBN 978-3-667-12013-7

Knoten-Box
Eine audiovisuelle Anleitung
ISBN 978-3-667-11571-3

Andrew Simpson
Dieselmotoren
Funktion - Betrieb - Wartung
ISBN 978-3-667-10397-0